JN299849

図解

モノづくりのための

やさしい機械設計

有光 隆・八木秀次——著

技術評論社

カバーに貼り込んだ画像（歯車減速機）は SolidWorks で作成したものです。
SolidWorks は、Dassault Systèmes SolidWorks Corp. の登録商標です。©2010 Dassault Systèmes. All rights reserved.
Windows、Excel は、米国 Microsoft Corp. の米国およびその他の国における商標または登録商標です。
その他、本文中に掲載されている会社名、製品名などはそれぞれ各社の商標あるいは登録商標、商品名です。本文中に ™、®、© は明記していません。

はじめに

空を飛ぶ道具や宇宙を旅行する乗り物などは、それらが実際に存在していなかった頃から、数多く描かれてきました。また、たとえ実現不可能でもアニメーションの世界で活躍するロボットを頭の中で設計（空想）した経験のある人は多いことでしょう。人類は試行錯誤と経験の蓄積によりこのような夢を実現してきました。機械を設計することは人類の過去からの知恵を用いて夢を具体化する創造的な作業です。

設計は、やりたい目的に「求められる機能」を、単純な機能に分析・分解し、それを実現できる「形を持った機構」として具体化し、それらを「総合した構造」として完成することで完了します。例えば、力を伝えよう（機能）と思ったときに、それは、歯車やベルトなど（機構）で実現できます。すなわち、「機能から機構へ写像する作業」が設計において重要になります。機械設計は、まさにこの写像の過程をつかさどるものです。機能を実現するためには多くの機構に写像されますが、要求される機能に応じて最適な機構が存在するはずです。設計者は、その機構を正確に理解することで「正しい設計を行う」ことができ、幅広く知識を習得することで「より高機能の設計を実現する」ことができるようになります。

本書は設計を初めて学習する人を対象にした入門書です。機械設計の学習には以下のような側面が考えられるので、学習を進める上で参考にしてください。

1. 力学の応用

機械設計は、機械系の学科で学習する力学（特に材料力学）を実際の部品に応用する科目です。本書では、比較的やさしい力学の応用についてはどのように応用しているのか（公式をどのように導くのか）を詳しく説明しています。エンジニアには「どの部材にどのような力が作用するのか」を把握することが要求されます。

2. 機械要素のユーザー

将来、多くの読者はねじや歯車などの機械要素を購入して機械として組み立てる仕事をすることでしょう。このような機械要素のユーザーは部品自体を詳細に設計するのではなく、仕様に合った部品を選ぶことが必要になります。どのような機械要素があるのか、便覧をながめながら知識を広げることが大切でしょう。

3. ものづくりの基礎

機械要素の設計法を学習しながら、設計の考え方をつかみ、実際の機械全体の設計に発展できるように努めてください。個々の機械要素の設計方法を理解していても機械全体を設計できません。機械の設計では、全体から個々の要素の設計へと進むので、本書の学習とは逆のプロセスをたどることに注意しておきましょう。

本書で学習する機械要素が、身近にある機械の中でどのように使われているのか調べるなどして、機械の内部構造に関心を持つことがエンジニアとしての成長に欠かせない姿勢といえるでしょう。

2010 年 3 月　　　　著者らしるす

Contents

第1章 機械要素設計の基礎 13

1-1 機械要素と機械設計 14
- 1-1-1 ● 機械要素の分類 16
- 1-1-2 ● 機械設計の手順 16

1-2 力学の基礎 18
- 1-2-1 ● 荷重の種類 18
- 1-2-2 ● 応力の計算 18
- 1-2-3 ● 応力集中 21

1-3 材料の機械的性質と材料試験 24
- 1-3-1 ● 引張り試験と圧縮試験 24
- 1-3-2 ● 曲げ試験 25
- 1-3-3 ● 疲れ試験 25
- 1-3-4 ● 衝撃試験 29
- 1-3-5 ● クリープ試験 30
- 1-3-6 ● 硬さ試験 32

1-4 安全設計 34
- 1-4-1 ● 許容応力と安全率 34
- 1-4-2 ● 信頼性設計 35

1-5 標準と規格 36
- 1-5-1 ● 日本工業規格 36
- 1-5-2 ● 標準数 36

1-6 寸法公差とはめあい 37
- 1-6-1 ● 寸法公差 37
- 1-6-2 ● はめあい 39

1-7 粗さ 42
第 1 章：演習問題 44

第 2 章 ねじ 45

2-1 ねじとつる巻線 46
2-2 ねじの種類 49
2-3 ねじ部品の種類 51
2-3-1 ● ボルト・ナット 51
2-3-2 ● 小ねじ（machine screw） 53
2-3-3 ● 止めねじ（set screw） 53
2-4 座金の種類 55
2-5 ねじの力学 56
2-5-1 ● ねじ面に作用する力 56
2-5-2 ● 座面に作用する力 58
2-5-3 ● ねじの緩み止め 60
2-5-4 ● ねじの効率 61
2-5-5 ● ボルトの締め付け力 63
2-6 ねじの強度設計 68
2-6-1 ● おねじの直径 68
2-6-2 ● ねじのかみ合い長さ 73
第 2 章：演習問題 76

第 3 章 溶接継手 77

3-1 溶接の種類 78
3-2 溶接に関する用語と継手の種類 79
3-3 溶接による変形と残留応力 82
3-4 溶接継手の強度計算 84
3-4-1 ● 溶接の「のど部」 84

3-4-2 ● 溶接継手の応力の計算公式……84

第 3 章：演習問題……88

第4章 軸、キーおよび軸継手 89

4-1 動力とトルク・角速度の関係……90
4-2 軸の種類……92
4-3 軸径の設計……93
4-3-1 ● 軸径の強度設計……94
4-3-2 ● 軸径の精度設計……96
4-4 危険速度……100
4-4-1 ● 軸の自重のみによる危険速度……100
4-4-2 ● 1 個の回転体のみによる危険速度……100
4-4-3 ● 複数の回転体と軸の自重による危険速度……101
4-5 キー……103
4-5-1 ● キーの種類……103
4-5-2 ● キーの設計……104
4-6 スプラインとセレーション……108
4-6-1 ● スプラインとセレーションの種類……108
4-6-2 ● スプラインとセレーションの設計……109
4-7 軸継手……110
4-7-1 ● 固定軸継手……110
4-7-2 ● たわみ軸継手……111
4-7-3 ● 自在軸継手……112

第 4 章：演習問題……115

第5章 軸受 117

5-1 軸受の役割……118
5-2 転がり軸受と滑り軸受……119

5-3 転がり軸受 121
5-3-1 ● 転がり軸受の構造 121
5-3-2 ● 転がり軸受の寿命 123
5-3-3 ● 寿命の計算 123
5-3-4 ● 転がり軸受の静的強さ 127
5-3-5 ● 転がり軸受の配列と固定 129
5-3-6 ● 軸受のはめあいとすきま 130
5-3-7 ● 転がり軸受の選定 130
5-4 滑り軸受 131
5-4-1 ● 滑り軸受の原理 131
5-4-2 ● 滑り軸受の設計 132
5-4-3 ● 静圧軸受 135
5-4-4 ● 滑り軸受材料 135
第 5 章：演習問題 136

第6章
歯車 137

6-1 歯車伝動の特長 138
6-2 歯形曲線 139
6-2-1 ● インボリュート歯形 139
6-2-2 ● インボリュート曲線 140
6-2-3 ● 歯車のかみ合い 142
6-3 歯車の名称および記号 144
6-4 歯の大きさの基準 145
6-4-1 ● モジュール 145
6-4-2 ● 標準歯車と標準ラック 146
6-4-3 ● 歯車の製作 146
6-5 歯車の設計 149
6-5-1 ● 歯車の寸法 149
6-5-2 ● 歯車の強さ 151
6-6 転位歯車 161

6-6-1 ● 転位と中心距離 162
6-6-2 ● 転位歯車の寸法 163

6-7 動力の伝達、設計で考慮すべき事項 166
6-7-1 ● かみ合い率 166
6-7-2 ● 歯の干渉 168

6-8 歯車の種類と用途 170
6-8-1 ● 軸が平行な場合 170
6-8-2 ● 軸が交差する場合 171
6-8-3 ● 軸が行き違う場合 172

6-9 歯車列 174
6-9-1 ● 多段歯車列（gear train） 174
6-9-2 ● 遊星歯車装置（planetary gears） 174
6-9-3 ● ハイポサイクロイド機構（hypocycloid gears） 177
6-9-4 ● 差動歯車装置（differential gears） 178

第 6 章：演習問題 180

第7章 ベルトおよびチェーン 181

7-1 ベルト伝動装置 182
7-2 平ベルトによる伝動 183
7-3 V ベルトによる伝動 186
7-3-1 ● V ベルトと V プーリとの摩擦 186
7-3-2 ● 一般用 V ベルトと細幅 V ベルト 188
7-3-3 ● 細幅 V プーリ 189
7-3-4 ● 細幅 V ベルトの設計 190

7-4 歯付きベルト 198
7-5 チェーン伝動装置 200
7-6 アイドラ 203
第 7 章：演習問題 204

第8章 クラッチおよびブレーキ 205

8-1 クラッチ 206
8-1-1 ●かみ合いクラッチ（claw clutch） 206
8-1-2 ●摩擦クラッチ（friction clutch） 206
8-2 ブレーキ 211
8-2-1 ●ブロックブレーキ（block brake） 211
8-2-2 ●ドラムブレーキ（drum brake） 213
8-2-3 ●バンドブレーキ（band brake） 214
8-2-4 ●ディスクブレーキ（disk brake） 215
第8章：演習問題 216

第9章 リンクおよびカム機構 217

9-1 リンク機構（link mechanism） 218
9-1-1 ●4節回転リンク機構 219
9-1-2 ●スライダクランク機構（slider crank mechanism） ...222
9-2 カム機構（cam mechanism） 223
9-2-1 ●カムの種類 223
9-2-2 ●カム線図 224
9-2-3 ●圧力角 225
第9章：演習問題 228

第10章 ばね 229

10-1 ばねの用途とばね材料 230
10-2 ばねの種類と設計 231
10-2-1 ●コイルばね（coil spring） 231
10-2-2 ●うず巻きばね（spiral spring） 235

10-2-3 ●重ね板ばね（laminated spring）236
10-2-4 ●トーションバー（torsion bar spring）238
10-2-5 ●さらばね（coned disk spring）238
10-2-6 ●その他のばね 239

第10章：演習問題 240

第11章 歯車減速機の設計 241

11-1 歯車減速機 242
11-2 設計のポリシーと仕様 243
11-3 歯車の設計 244
11-3-1 ●速度比および歯数 244
11-3-2 ●歯車の強度計算 244
11-4 プーリの設計 249
11-4-1 ●プーリに働く力 249
11-4-2 ●ベルト形状と長さの決定 250
11-4-3 ●ベルト本数の決定 251
11-5 軸の設計 252
11-5-1 ●軸に作用する曲げモーメント 252
11-5-2 ●軸径の計算 256
11-6 軸受の設計 258
11-6-1 ●入力軸の軸受 258
11-6-2 ●出力軸の軸受 259
11-7 キーの設計 260
11-7-1 ●入力歯車軸のキー 260
11-7-2 ●出力歯車軸のキー 261
11-7-3 ●Vプーリおよび軸継手のキー 261
11-8 まとめ 262

演習問題 解答 263

1 章 …… 264
2 章 …… 265
3 章 …… 267
4 章 …… 268
5 章 …… 271
6 章 …… 272
7 章 …… 274
8 章 …… 275
9 章 …… 276
10 章 …… 276

◎付表 1.1 …… 278
◎付表 1.2 …… 280

第1章

機械要素設計の基礎

機械要素の設計に関して、次の3つの基本的な事項を解説します。

○力学に関する事項

応力の計算方法を材料力学のテキストで復習しておきましょう。

応力集中を避けるために、角に丸みをつけます。この丸みの大きさの決め方を理解するようにしましょう。

○材料の性質

材料の性質とそれらを調べる試験方法とを関連付けて覚えるようにしましょう。材料の特徴をイメージできるようになります。

○精度について

寸法公差・はめあいと表面粗さは機械図面で頻繁に指示されます。記号の意味を理解するようにしましょう。

1.1 機械要素と機械設計

多くの人は機械（machine）という言葉から乗用車やトラックのように身の回りにある1つの完成品を連想します。しかし自動車は、エンジン、トランスミッションのようにある機能をもったユニットで構成されています（図1.1参照）。さらにエンジンのユニットは、ピストンやシリンダーなどの部品に分けることができます。また、自動車組立ラインや立体駐車場のように自動車を製造したり移動させたりする機械もあります。このように、機械は多くの部分から成り立ち、さらに機械が集まり複雑なシステムを形成しています（図1.2参照）。

このような機械・機械システムは、その目的により設計方法が異なり、必要となる知識も異なります。機械設計を学ぼうとする初学者は、ねじ・歯車などの機械要素（machine element）の設計から学習するのが一般的です。実際の設計では「大局的な視点から全体の構想を練り」、次に「機能ごとのユニットを設計し」、最終的に「各部品の詳細を設計する」という流れになります。

本書で学習する機械要素の設計は、設計の後半段階で必要になります。学習者にとって重要なことは、機械要素の設計手法を学習する過程で、それらを統合した「機械の設計」を視野に入れて学習することでしょう。「どのような点を考慮すべきか」、「どの影響は無視できるか」、「想定した条件が変わるとどのようになるのか」などを想像することにより、エンジニアのセンスが磨かれます。

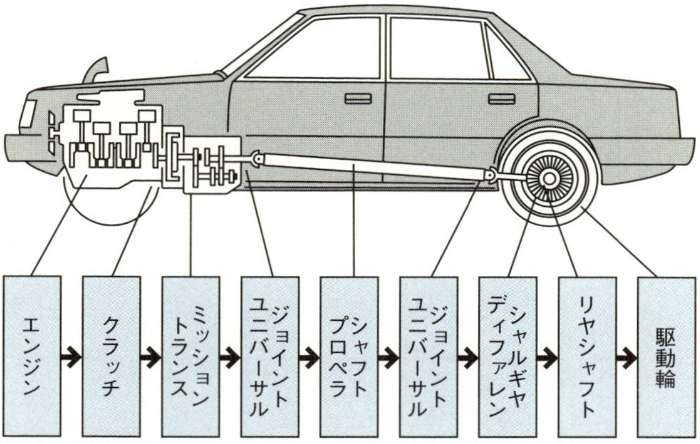

◆図 1.1　自動車の駆動系を構成するユニット（財団法人日本自動車教育振興財団「自動車教育資料 自動車、そして人」実務教育出版）

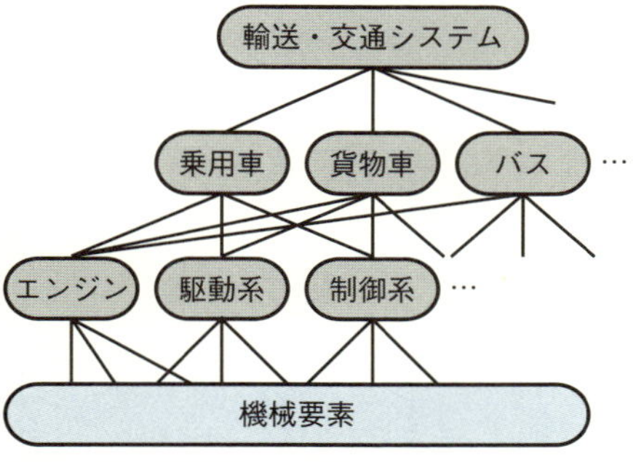

◆図 1.2　機械要素から機械システムへ

COLUMN　製造物責任法（通称 PL（Product Liability）法）

製造物責任法は製品の欠陥によって損害を被った場合に、製造会社などに対する損害賠償請求について規定した法律です。この法律を根拠に法廷で争われた事故の 1 つに箱型ブランコ（4 人ほどが対面で乗るブランコ）の事故があります。ゴンドラの重量が通常のブランコに比べ重く、地面との間に頭などが挟まれて死亡者も出ています。これは「利用者の乗り方が設計者の想定を超えていたこと」に起因しています。「この事故の責任が設計者にあるかないか」を論ずるのは別にして、次のようなことを肝に銘じて設計に携わる必要があります。

- 「どのように使われるか」可能なかぎり想像すること。
- 事故の情報を単なる使用者のミスと決めつけずに「設計者としてどのような対策が可能か」を問う姿勢。

1-1-1 ● 機械要素の分類

ねじや軸受などの機械要素は標準化された部品であり、比較的互換性が高く量産されるため安価になります。このような機械要素は機能により表1.1のように分類できます。

◆表 1.1 機械要素の分類

要素名	機能	例
締結要素	部材の結合	ねじ、溶接継手
伝動要素	動力の伝達	軸、歯車、ベルト車
案内要素	運動している要素の支持・拘束	軸受、リンク機構
制御要素	運動の制御	ブレーキ、クラッチ
緩衝要素	衝撃の緩和	ばね、ダッシュポット

1-1-2 ● 機械設計の手順

機械設計は制約条件のもとで力学的条件から形（寸法）を決定する作業です（図 1.3 参照）。

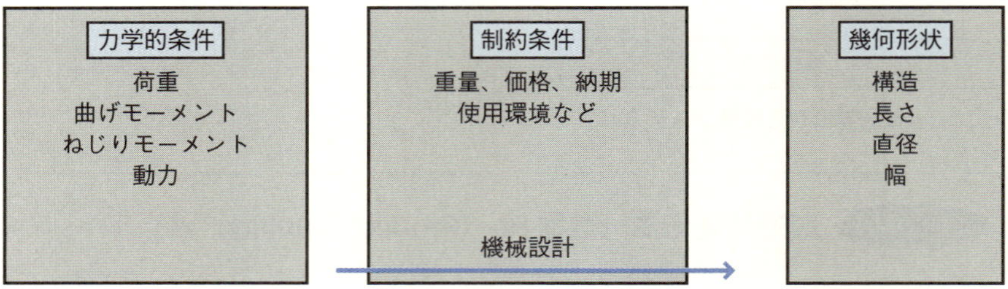

◆図 1.3 機械設計の概念

動力源を必要とする機械の設計手順について自動車を例に考えてみましょう（図 1.4 参照）。

まず、車体や積載物の重量、加速性などから動力源の動力（単位時間当たりの仕事）および動力源の種類（例えば、ガソリン、ディーゼル、電気など）を決めます。必要な動力は「機械が外に対して行う仕事」を基に見積もります。この動力源をどこにどのように置くかにより車輪までの伝達経路が決定されます。通常、動力は回転運動で伝達されるので、軸が最も基本的な機械要素になります。この軸を設計すると軸に付属している他の機械要素は軸径を基に設計することになります。動力の伝達過程では、回転速度やトルクを変えることはできます（回転速度を上げるとトルクが下がる）が、動力を増やすことはできません。最後にエンジン・駆動系を載せるための車体の設計を行います。この時、部品を連結・固定するための締結要素を設計します。

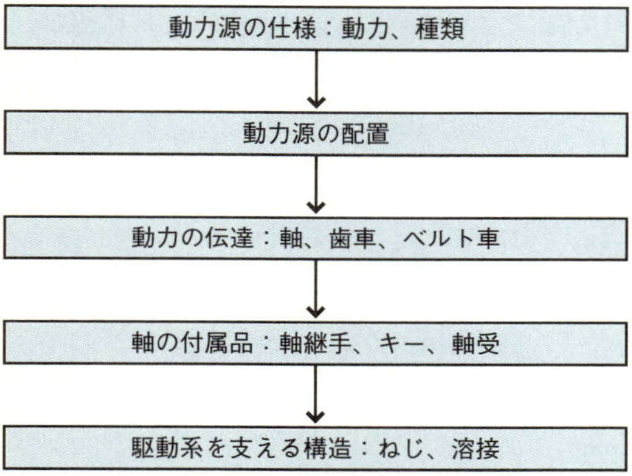

◆図 1.4　駆動部の設計手順と関連する機械要素

COLUMN **失敗学**

失敗・事故の原因を研究して、そこから得られる教訓・知識を活かすための学問を「失敗学」といいます。失敗事例を詳しく調べると大変興味深いものがあります。次に紹介する書籍は多くの失敗事例を紹介した機械設計のロングセラーです。

畑村洋太郎著「続々・実際の設計―失敗に学ぶ」日刊工業新聞社

設計の初学者には、単に「失敗事例を多く知っている博識」よりも「失敗の原因あるいは対策を理解するための専門知識」が必要でしょう。

1-2 力学の基礎

1-2-1 ● 荷重の種類

機械の強度設計を行うためには、機械を構成する各部分にどのような荷重（力）が作用するのか見積もらなければなりません。このとき、荷重は時間的変動により図 1.5 のように分類できます。これらの中で、動荷重は不確実な条件を含むために、正確に見積もることが困難な場合があります。

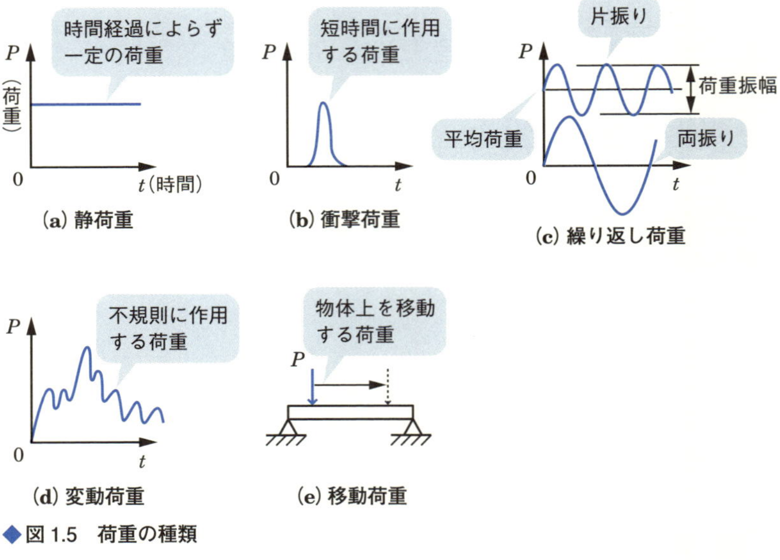

◆図 1.5 荷重の種類

1-2-2 ● 応力の計算

強度設計では部材に生じる応力を計算して、材料が破壊しないか検討しなければなりません。この計算には、材料力学で取り扱う「引張り、圧縮」、「せん断」、「曲げ」、「ねじり」の解析を機械要素の形状に即して適用します。したがって、どのように材料力学を応用しているかを知ることは、機械設計の理解を深めることにつながります。基本的な問題の解を公式にして表 1.2 に示します。

◆表 1.2　荷重の作用の仕方と応力の計算方法

問題の分類	荷重の作用の状態	応力	関連する他の公式
引張り 圧縮	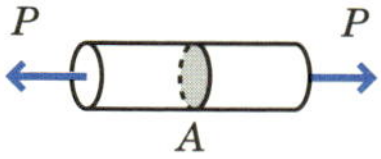	$\sigma=\dfrac{P}{A}$	$\sigma=E\varepsilon$
せん断	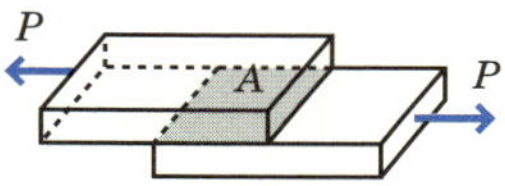	$\tau=\dfrac{P}{A}$	$\tau=G\gamma$
曲げ	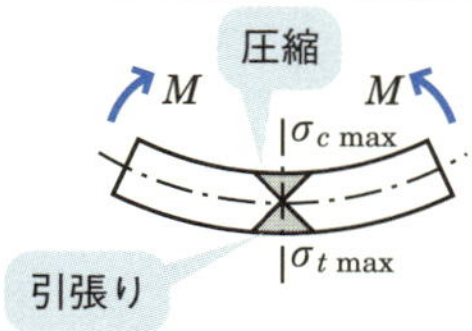	$\sigma=\dfrac{M}{I}y=\dfrac{M}{Z}$	断面二次モーメント I $I=\int_A y^2 dA$
ねじり	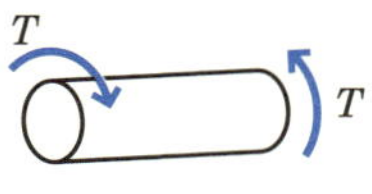	$\tau=\dfrac{T}{I_p}r=\dfrac{T}{Z_p}$	断面二次極モーメント I_p $I_p=\int_A r^2 dA$

COLUMN　曲げとねじり

曲げとねじりは共にモーメント（長さ×力）により生じます。表 1.2 のように単純な曲げやねじりの問題は容易に理解できますが、図 1 のクランクや図 2 の軸のように「曲げとねじりとを同時に受ける場合」に混乱する人が多くいます。曲げは軸と直角な方向から、ねじりは軸と平行な方向から見た状態を考えると理解できます。

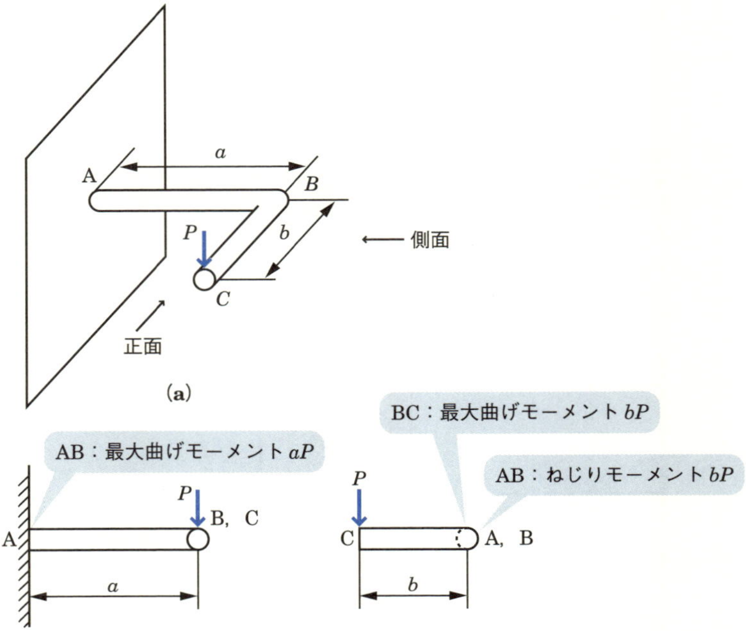

(a)　(b) 正面図　(c) 側面図

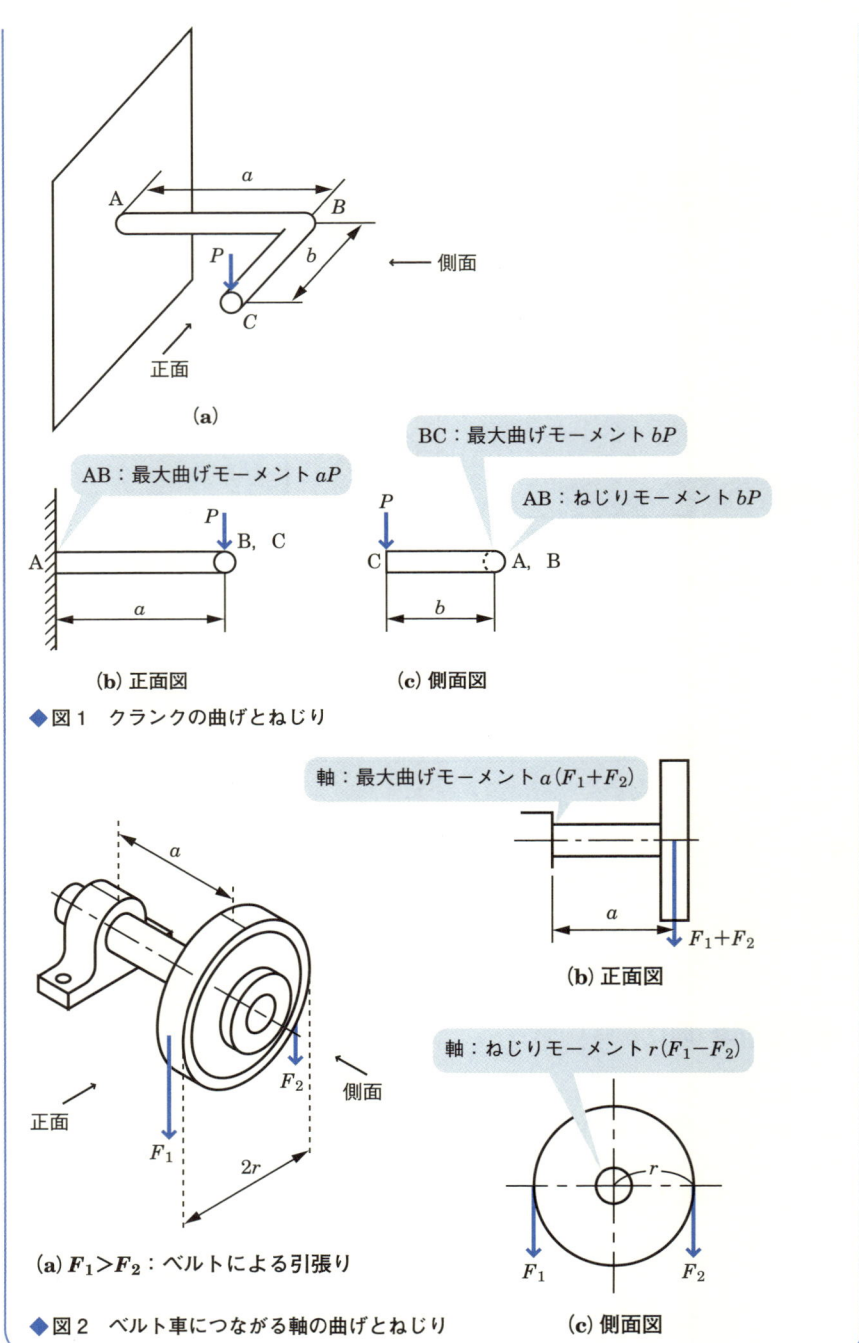

◆図1　クランクの曲げとねじり

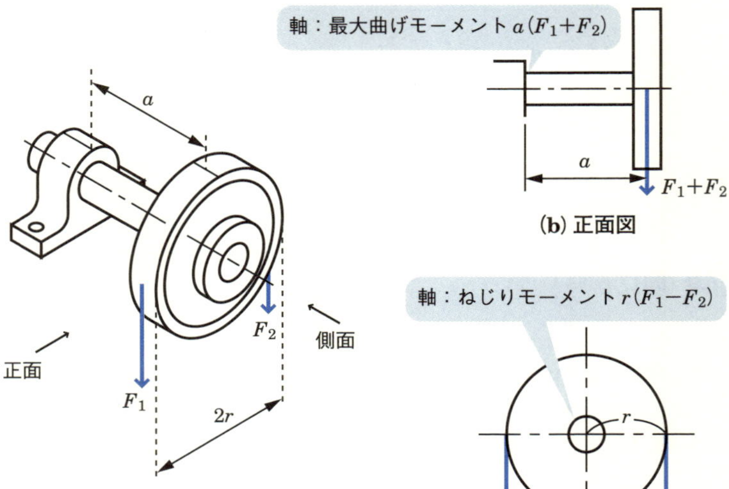

(a) $F_1>F_2$：ベルトによる引張り　(b) 正面図　(c) 側面図

◆図2　ベルト車につながる軸の曲げとねじり

1-2-3 • 応力集中

穴のあいた板を図 1.6 (a)のように引張ると、応力は力を断面積で割った一定値にならずに穴の周辺で大きくなります。このように応力が局所的に大きくなることを**応力集中**（stress concentration）といい、切欠き、溝や段付き部（図 1.6 (b)参照）のように断面積が急変する箇所に生じます。このときに生じる最大応力 $\sigma_{\max}$ と、応力集中を無視して計算した見かけの平均応力 σ_m との比 α を**応力集中係数**（stress concentration factor）といい、次式で定義されます。

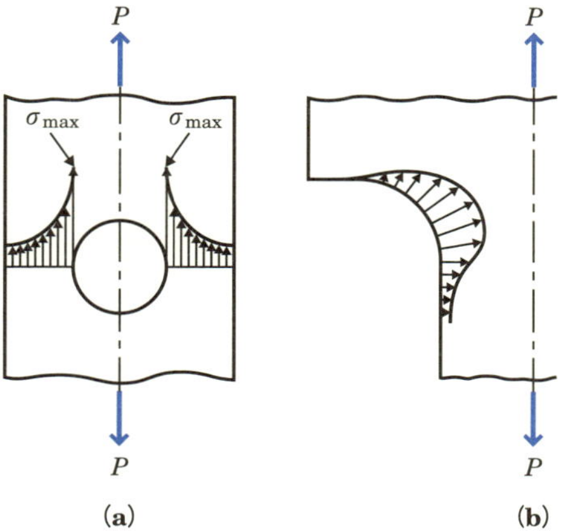

◆図 1.6　応力集中

$$\alpha = \frac{\sigma_{\max}}{\sigma_m} \qquad (1.1)$$

α の値は材料によらず、部材（切欠き）の形状と荷重の種類により決定されます。段付き棒の曲げとねじりに対する応力集中係数を、図 1.7、図 1.8 に示します。これらのグラフから角につける丸みの半径 r を決定できます（例題 1.1 参照）。その他の形状や荷重に対

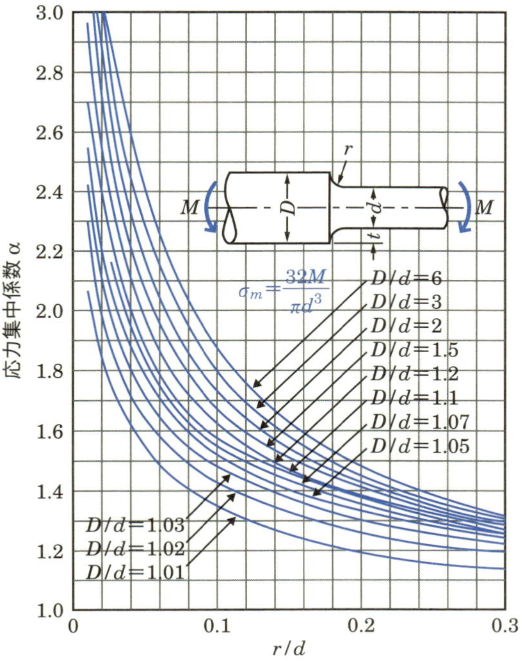

◆図 1.7　段付き棒の曲げ応力集中係数

しては、ハンドブック（便覧）にある応力集中係数に関する資料の中から探さなければなりません。

応力集中を軽減するためには、図 1.9 に示すように丸み、テーパ（円すい状に細くすること）をつける方法があります。

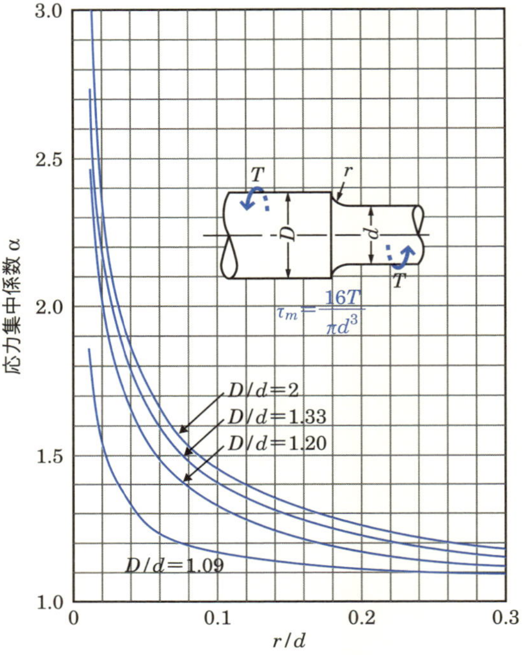

◆図 1.8　段付き棒のねじり応力集中係数

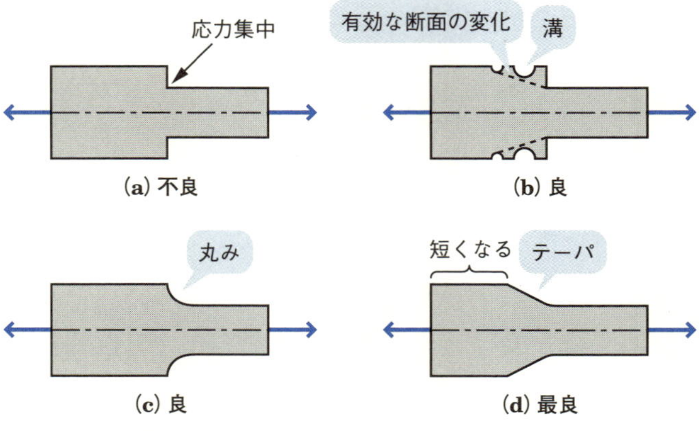

◆図 1.9　応力集中の緩和

例題 1.1

段付き棒（D=45〔mm〕、d=30〔mm〕）に曲げモーメント 150〔Nm〕が作用しています。このときの応力集中係数を求め、段底部の最小半径 r を決定しなさい。ただし、許容垂直応力 90MPa とします。

解

段付き棒が曲げられているので、図 1.7 のグラフを用いて設計します。図 1.7 で示されている σ_m は「細い軸に生じる最大曲げ応力」を表しています。

$$\sigma_m = \frac{32M}{\pi d^3} = \frac{32 \times 150}{\pi \times (30 \times 10^{-3})^3} = 56.6 \times 10^6 〔\mathrm{Pa}〕 \quad (1)$$

式(1)で得られた応力の値と許容垂直応力 90MPa との比が応力集中係数 α に相当するので、次式のようになります。

$$\alpha = \frac{90 \times 10^6}{56.6 \times 10^6} = 1.59 \quad (2)$$

図 1.7 において、$\alpha = 1.59$ と $\frac{D}{d} = \frac{45}{30} = 1.5$ とが交わる点から $\frac{r}{d} = 0.12$（横軸）を得ます。したがって $r = 0.12 \times 30 = 3.6$〔mm〕となります。

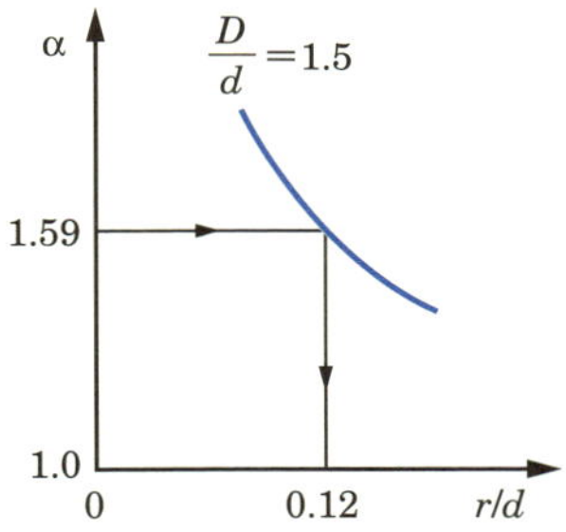

d を一定にして r の値を大きくすると（大きな丸みをつける）、α の値は小さくなり、応力集中は緩和されます。したがって得られた r=3.6〔mm〕は丸みの最小半径になります。

1-3 材料の機械的性質と材料試験

設計者は材料の特徴を理解して、適切な材料を選択しなければなりません。材料の性質を調べるための試験には、表1.3に示すような方法があります。

◆表1.3 材料試験の種類

試験方法	測定項目	試験を要する場合
引張り試験	降伏応力、引張り強さ	一般的な全ての材料
圧縮試験	圧縮強度	大きな圧縮荷重が負荷される場合
曲げ試験	曲げ強度	脆性材料
	加工性の評価	延性材料
疲れ試験	疲れ限度	繰り返し荷重が負荷される場合
衝撃試験	衝撃強さ、衝撃値	材料の比較、低温脆性
クリープ試験	クリープ限度	高温で使用される場合
硬さ試験	硬さ	耐磨耗性を必要とする場合

1-3-1 ● 引張り試験と圧縮試験

材料を引張り試験すると、引張り荷重と伸びの関係を求めることができます。引張り荷重を試験片の断面積で割り応力とし、伸びを標点距離で割りひずみとします。代表的な材料の**応力 - ひずみ線図**を図1.10に示します。塑(そ)性(せい)変形を伴って破断する材料を**延性材料**(えんせい)（ductile materials）、塑性変形を伴わない材料を**脆性材料**(ぜいせい)（brittle materials）といいます。「材料が延性材料か脆性材料であるか」が設計上、最も重要な要因となります（表1.4参照）。

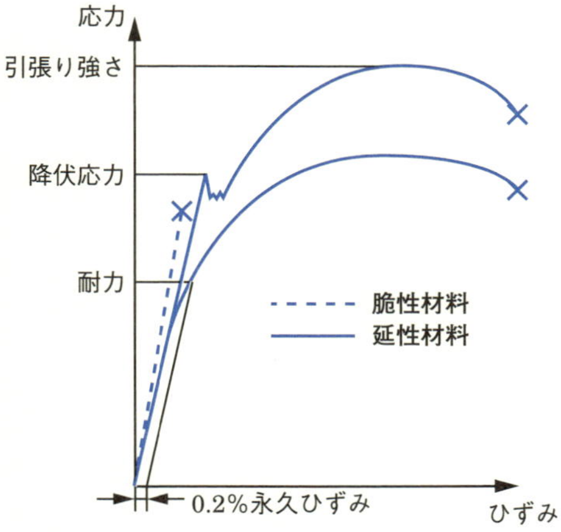

◆図 1.10　応力―ひずみ線図

◆表 1.4　延性材料と脆性材料

材料特性	具体例	特徴	特性を表す応力
延性材料	軟鋼、合金などの多くの金属材料	疲れ、衝撃に強い	降伏応力、耐力 引張り強さ
脆性材料	鋳鉄、ガラス、セラミックス、コンクリート	疲れ、衝撃に弱い	引張り強さ 破壊応力

弾性的性質は引張りと圧縮とで似た特性を示すのに対して、降伏（こうふく）あるいは破壊現象は引張りと圧縮では異なった挙動を示します。したがって、大きな圧縮が負荷される場合には、圧縮試験による材料の評価が必要になります。

1-3-2 • 曲げ試験

試験片を曲げて行う試験に**抗折（こうせつ）試験**と**曲げ試験**があります。工具鋼やコンクリートなどの脆性材料では、抗折試験を行うことで曲げ強度を測定します。また、金属などの延性材料では曲げ試験により曲げに対する加工性を評価します。

1-3-3 • 疲れ試験

材料に繰り返し荷重が負荷されると、静的負荷の場合に比べてはるかに小さい荷重であっても、材料が破壊することがあります。この現象は**疲れ**（fatigue）と呼ばれ、繰り返し荷重を受ける場合には、最も重要な事項です。

材料の疲れ強さを評価するために、疲労試験機によって材料に繰り返し荷重を与え、破壊するまでの繰り返し回数を測定します。縦軸に加える荷重の応力振幅 σ をとり、横軸に試験片が破壊するまでの繰り返し回数 N を対数目盛りにとって示した図を ***S-N* 曲線**といいます（図 1.11 参照）。鉄鋼材料では、σ がある応力レベル以下になるといくら繰り返しても破壊せず *S-N* 曲線が水平に折れ曲ります。*S-N* 曲線が水平になり、破壊しなくなる最大の応力を**疲れ限度**（fatigue limit）といい、*S-N* 曲線が折れ曲がる点の繰り返し回数を**限界繰り返し回数**といいます。また、限界繰り返し回数以下の回数における *S-N* 曲線上の σ の値をその回数における**時間強度**といいます。鉄鋼材料の限界繰り返し回数は 10^6 ～ 10^7 回の繰り返し数の範囲にあります。これに対して、非鉄金属材料のなかには、N が 10^8

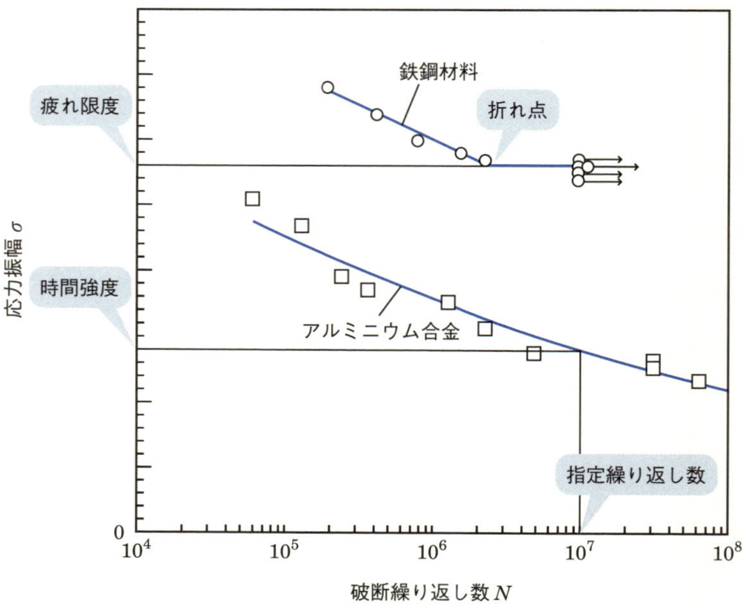

◆図 1.11　*S-N* 曲線

回をこえてもなお*S-N*曲線が水平にならないものもあります。このような材料では疲れ限度が存在するかどうか明確ではないので、「設計者が指定した繰り返し数に対応した時間強度」を基準応力として採用します。

次のような要因が材料の疲れ強さに影響します。

(a) 切欠き効果

切欠きの先端では応力集中が生じて、き裂の進展が加速されます。したがって、切欠き材ではよく磨かれた平滑（へいかつ）試験片よりも疲れ強さが低下します。このような切欠きによる疲れ強さの低下は、次式で定義される**切欠き係数**βで表されます。

$$\beta = \frac{\sigma_{w0}}{\sigma_{wk}} \tag{1.2}$$

ここで、σ_{w0}は平滑試験による疲れ限度、σ_{wk}は切欠きをもつ試験片の疲れ限度を表します。一般に、αとβにはα≧β≧1の関係があります。応力分布は材料の性質に依存しないので、αの値は形状と荷重の負荷状態にのみに依存します。しかし、疲れは材料の性質と応力の値とに依存するので、βの値は形状と荷重の負荷状態以外に材質にも影響されます。また、切欠き効果を評価するために、次式で定義される**切欠き感度係数**（notch sensitivity factor）η（イータ）が用いられます。

$$\eta = \frac{\beta - 1}{\alpha - 1} \tag{1.3}$$

COLUMN 疲労骨折

材料の疲労破壊は次のような過程をたどります。

①繰り返し荷重により材料が損傷を受け、微細なき裂が発生

②微細なき裂先端に応力集中が生じて、き裂が進展

③材料の有効な断面積が減少して、一気に破壊が進行

さて「練習をやりすぎて疲労骨折をした」というスポーツ選手の話をよく聞きます。骨も機械材料も似たような過程を経て疲労破壊し、き裂の進展時には痛みを伴います。運動では適度に休むと疲労が回復するのと同様に、機械材料でも適当な休止、あるいは熱処理により寿命を延ばせることが報告されています。熱的作用により微細なき裂がくっつき回復するのです。

(b) 寸法効果

試験片の寸法によって疲れ限度が変化することを**寸法効果**（size effect）といいます。一般に、試験片を大きくすると疲れ限度は低下します。これは、「試験片寸法の増大とともに疲れの原因となる材料中の欠陥寸法が大きくなり強度が低下する」ためです。小さな試験片の強度から実際の（大きな）寸法での強度を推定するときには、考慮すべき点です。

(c) 表面の粗さ

表面の粗さによる凹凸は微細な切欠きとみなすことができるので、凹凸の底に応力集中が生じます。つまり、面が粗いほど疲れ限度は低下し、その下がり方は引張り強さの高い材料ほど大きくなります。次に示す機械加工では ①→④ の順に時間強度は低くなります。

①研磨　②切削　③熱間圧延　④鍛造（たんぞう）

(d) 残留応力の影響

表面に生じる圧縮の残留（ざんりゅう）応力は「表面の微細な切欠きを閉じさせようとする」ので、疲れ限度が上昇します。このような圧縮の残留応力を表層に生じさせる加工方法として、浸炭（しんたん）焼入れや高周波焼入れなどによる熱処理や**スキンパス**（材料特性を改善する目的の圧延率数%程度の圧延）、**ショットピーニング**（小さな鋼球を表面に衝突させる加工）などの表面加工があります。

COLUMN　疲労破壊によるコメット機の墜落

1952年に（世界初の）ジェット旅客機コメットが就航しましたが、2年の間に3機が相次いで墜落しました。墜落の原因は上昇・降下時の機体内外の圧力差が繰り返して負荷されたための疲労破壊でした。コメット機は従来のプロペラ機よりも上空を飛ぶため、この圧力差が大きくなりました。また、疲労試験が不適切であったため、実際よりも長寿命に見積もることになってしまいました。この墜落事故をきっかけに疲労試験に基づいた安全寿命設計とフェイルセーフの設計思想とが導入されました。

1-3-4 ● 衝撃試験

機械部品に衝撃荷重が作用する場合には、材料の強度を静的試験から評価することはできません。特に、脆性材料では本節で述べる衝撃値が著しく低下する場合があります。材料の衝撃に対する挙動を評価する方法にシャルピー衝撃試験があります。図 1.12 のように重量 W のハンマを高さ h から振り下ろし、ハンマが試験片を破断して反対側の高さ h' まで上がったとします。このとき試験片を破断するのに必要なエネルギー（吸収エネルギー）$\boldsymbol{E}$ は次式のようになります。

$$\boldsymbol{E} = \boldsymbol{W}(h - h') \tag{1.4}$$

シャルピー衝撃強さは試験片の破断に要したエネルギー（吸収エネルギー）または単位面積当たりの吸収エネルギー(衝撃値：J/m^2)で評価します。

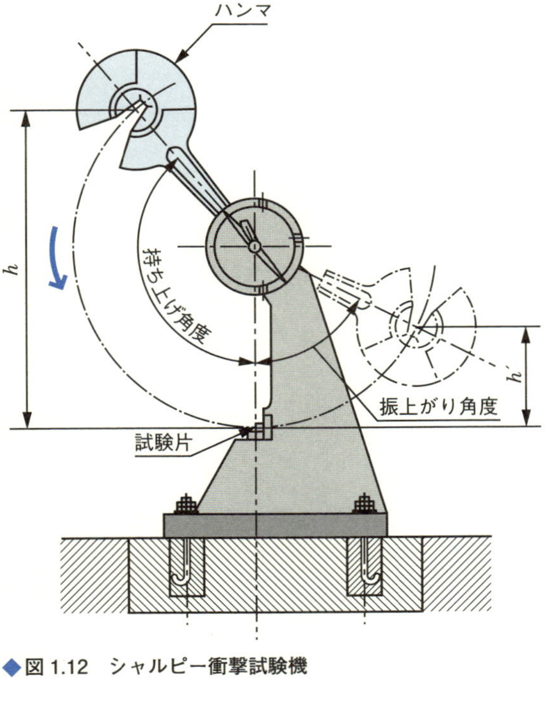

◆図 1.12　シャルピー衝撃試験機

衝撃による破壊は形状や荷重の作用の仕方によって大きく異なるため、設計において衝撃値を用いて設計することはありません。「材料を比較するとき」や「低温時での材料特性の変化を調べるとき」に利用します。

材料の中には、ある温度以下になると急に衝撃値が低下し、脆性破壊するものがあります。この性質を**低温脆性**（ていおんぜいせい）(low-temperature brittleness) といい、特に切欠きがある場合に顕著になります。低温で使用される機械では、材料の選択と溶接方法に注意しなければなりません。

COLUMN 脆性破壊によるリバティー船の沈没

第2次世界大戦中にアメリカでリバティー船と呼ばれる（世界初の）溶接による輸送船が建造されました。しかし、1942〜1946年にかけて、相次いで沈没しました。事故原因は「溶接箇所に欠陥が残り、鋼材が低温のために脆化した」ことが要因として挙げられます。リベットで板を接合すると、接合箇所でき裂進展が止まりますが、溶接構造ではいったん生じたき裂は容易に隣接する板に進展できるため、最終的な破壊に至ってしまいました。この事故をきっかけに、破壊力学の研究と、鋼材の低温脆性に対する改質が進むことになりました。

1-3-5 • クリープ試験

「材料に一定の荷重を長時間作用させた時に、ひずみが時間とともに増加する現象」を**クリープ** (creep) といいます。例えば、タービンブレードや燃焼炉のように高温で使用する場合には、材料のクリープについて考慮しておく必要があります。「一定温度のもとで時間経過によるひずみの変化」を表した**クリープ曲線**は、図1.13に示すように3段階に区分できます。

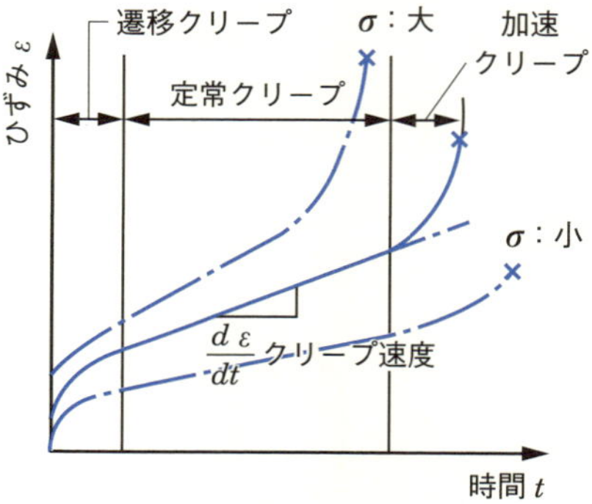

◆図 1.13 クリープ曲線

クリープ強さを次のような指標で評価します。

・クリープ限度：一定温度のもとで、ある長時間後のクリープ速度がある規定値を超えないような応力の最大値。

・クリープ制限応力：一定期間に生じるクリープひずみ量が、規定値以下となるような最大応力。

COLUMN クリープ損傷による事故

1985年にネバダ州（アメリカ）のモハベ発電所で高温蒸気を通す管が破裂し、死傷者が出ました。管の溶接部にあった欠陥から発生した損傷の進展がクリープにより加速されて、大きな破壊に至りました。シーム管では図1のように板を溶接する（継目あり）のに対して、シームレス管では押出し（あるいは引抜き）成形時に管状にするため継目がありません（図2参照）。シームレス管の方が加工上の難しさを伴いますが高品質の管といえます。

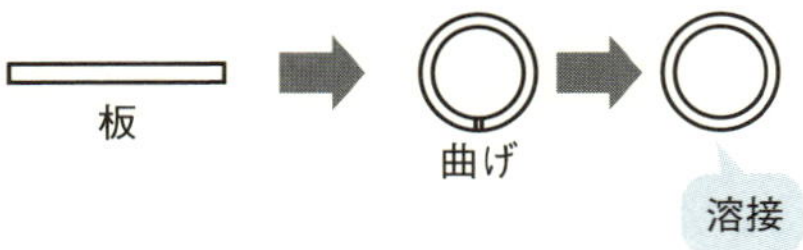

◆図1　シーム管

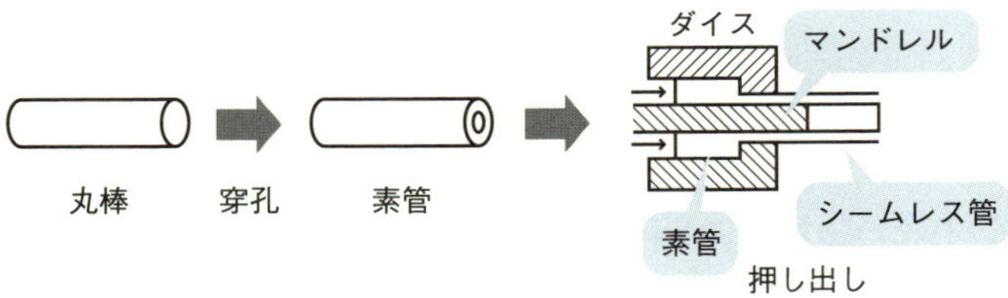

◆図2　シームレス管

この事故では、シーム管をシームレス管に変更し、溶接箇所の検査方法のガイドラインを作成するなどの対応が取られました。クリープについて考慮して設計したつもりでも、材料の弱い箇所には思いがけない事故の原因が潜んでいる可能性があります。

1-3-6 ● 硬さ試験

材料が耐摩耗性（たいまもうせい）を要求される箇所に使用される場合には、表面の硬さの高い材料を使用します。圧子を試料表面に押し込み、そのくぼみの大きさ（硬い材料はくぼみが小さい）により硬さを測定します。つまり、硬さとは表面に塑性変形を与えて測定することから、物理的には表面付近の降伏応力に相当するものを測定していることになります。

表 1.5 に代表的な硬さ試験方法を示します。

◆表 1.5 硬さ試験

試験方法	圧子	測定	記号
ブリネル (Brinell)	鋼球	くぼみ面の圧力	HB
ビッカース (Vickers)	ダイヤモンド四角錐	くぼみ面の圧力	HV
ロックウェル (Rockwell)	鋼球またはダイヤモンド円錐	くぼみの深さ	HRA（Aスケール）、HRB、HRCなど

一般に硬い材料は脆（もろ）く構造用材料に適さないので、靭性（じんせい）のある材料の表面を局所的に硬くして使用します。表面を硬くするには次のような方法があります。

- 浸炭焼入れ：鋼の場合、炭素含有量が増えると硬くなる性質を利用。
- ショットピーニング：表面の塑性変形による降伏点上昇を利用。
- コーティング：硬い物質による膜の作成。

COLUMN ものづくりの硬い話

ものづくりにおいては、切削や研削などの除去加工が必要となります。その除去加工に用いられる工具材料は、高温になる切削状態においても必ず削られる材料よりも硬いことが必要です。材料で最も硬いダイヤモンドは、硬いのみならず熱伝導も高く、工具として理想的な材料です。しかし、最もよく用いられる鉄系材料を削るとダイヤモンドの方が早く摩耗してしまい使えません。これは、ダイヤモンドを構成しているC（炭素）が加工中に鉄と化学反応してしまうからです。そこで、鉄系材料を加工するには、ダイヤモンドに次ぐ硬い材料のcBN（立方晶窒化ホウ素、cubic Boron Nitride）が用いられます。cBNは天然には存在せず、人工的に超高温高圧下で合成されます。ちなみに、周期律表でB（ホウ素）とN（窒素）は、Cの両隣にあります。Cの欠点を補うために両隣の元素を使うって面白いと思いませんか。

COLUMN 材料の特性を表す用語

材料の特性を表現するのに以下のような用語が用いられます。図を参考にして意味を理解してください。

- **強さ**（strength）：破壊に対する抵抗
- **剛性**（rigidity）：変形に対する抵抗
- **延性**（ductility）：破壊せずに変形できる性質
- **靭性**（toughness）：塑性変形によってエネルギーを吸収する能力
- **硬さ**（hardness）：材料の表面付近の変形抵抗

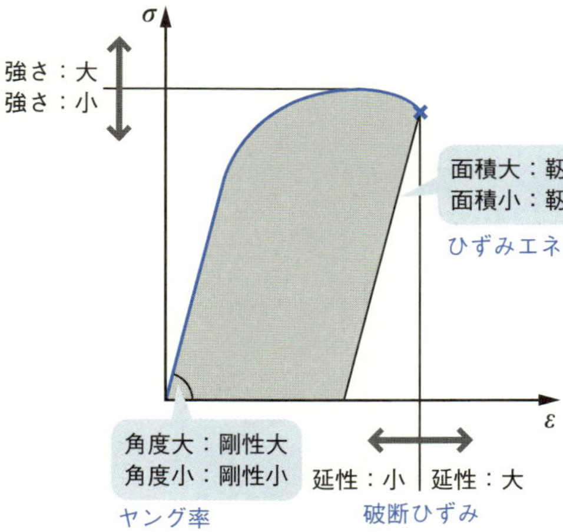

◆図　応力ーひずみ曲線と材料特性の関係

これらの用語を用いた表現の例を以下に示します。

- SUS304（ステンレス鋼）とSS400（一般構造用圧延材）とを比較すると、SS400は少し剛性が高いがSUS304の方が強く硬い。
- 一般に、鋳鉄は硬いが靭性は低い。
- 金は延性に優れている。

1-4 安全設計

1-4-1 ● 許容応力と安全率

機械に予想よりも大きな荷重が負荷されたり、材料の強度にばらつきがあったりします。このような不確実性があっても、材料が破壊せずに設計どおりに機能するためには、「材料に生じる応力が安全な範囲内であること」が要求されます。機械や構造物を構成する部材に許される最大応力を**許容応力**（allowable stress）といい、この値をもとに強度計算します。また、材料の基準応力 σ_0 と許容応力 σ_a の比 S を**安全率**（safety factor）といい、次式で定義します。

$$S = \frac{\sigma_0}{\sigma_a} \tag{1.5}$$

ここで、基準応力は負荷の状態、材料の性質、使用条件などにより通常は表 1.6 のように設定します。

◆表 1.6　基準応力

使用材料、使用条件など	基準応力
延性材料・静荷重	降伏応力、耐力
脆性材料・静荷重	引張り強さ
繰り返し荷重	疲れ限度
高温	クリープ限度

安全率を決定するためには以下の点を考慮しなければなりません。

- 荷重の種類（静荷重、繰り返し荷重、衝撃荷重など）
- 材料の性質（延性材料、脆性材料、材料の品質）
- 応力集中、残留応力（キー溝、穴など）
- 加工方法および加工精度（鋳造（ちゅうぞう）、溶接、熱処理、表面の仕上げ、は

めあいなど)

・使用条件(温度、環境、保守点検、寿命など)

安全率を大きくとると機械は頑丈になりますが、軽量小形化、製作費の観点から考えると不利になります。

1-4-2 ● 信頼性設計

予め故障した場合を想定したり、機械・機械システム全体の信頼性を向上させる考え方に次ぎのようなものがあります。

・フェイルセーフ

「故障が発生した場合でも、常に安全側に作動する」という考えに基づく設計で、ボイラの安全弁や電力配線のブレーカなどの例があります。

・フールプルーフ

「誤った使用でも事故に至らないようにする、あるいは知識を持たなくても簡単に操作できる」という考えに基づく設計で、「電圧によるコネクタプラグの形状の違い」や「+－で異なる端子の電池ボックス」などの例があります。

・冗長性設計

「2重に対策を準備しておき、システム全体の信頼性を高める」という考えに基づく設計で、「病院や工場に備えてある停電時の非常電源」や「航空機の多重化した油圧系統」などの例があります。

1-5 標準と規格

1-5-1 ● 日本工業規格

多くの機械に共通して用いられる機械要素の寸法や形状を規格化しておくと、製造コストを抑えることができ、部品の交換などの保守が容易になります。特に、本書で扱うような基本的な機械要素は大半が規格品です。また、このような規格化の考えは機械部品にとどまらず、工業製品全般に適用され、材料、性能、試験・検査法や用語の定義にいたるまで広範囲の分野におよんでいます。

日本では、1950年から**日本工業規格**（JIS：Japanese Industrial Standards）が制定されており、**国際標準化機構**（ISO：International Organization for Standardization）が制定した国際規格に準拠しています。この他に米国規格協会ANSIが定める規格やドイツ連邦規格DINなどをよく目にします。

規格が広く長く使用されるほど、生産者はコストダウンを図り利用者は品質に関して安心できます。しかし、技術は停滞して、進歩が滞る可能性があります。

1-5-2 ● 標準数

寸法が異なり多種類の部品を設計する際、寸法をなるべく統一しておくと、部品点数が減り、互換性がよくなります。例えば、軸にはキー・軸継手・軸受など多くの部品が関連するため、軸径の種類をある程度絞っておくほうが全体の部品点数を減らすことができます。そこで、JIS Z 8601では、公比がそれぞれ$\sqrt[5]{10}$、$\sqrt[10]{10}$、$\sqrt[20]{10}$、$\sqrt[40]{10}$および$\sqrt[80]{10}$である等比数列の値を標準数として制定しています。これらの数列をR5、R10、R20、R40、R80の記号で表します。

1-6 寸法公差とはめあい

機械加工により製品を形作ると寸法にバラツキが生じます。したがって、設計する際にはあらかじめ適切な寸法精度（許容差）を図面上に示す必要があります。高精度に加工すると加工コストは上昇しますが、組立コストは場合によって下がることがあります。また、要求される機能の発揮、部品の小型化でも高い精度が要求されることがあります。

1-6-1 • 寸法公差

図 1.14 に穴と軸を例に基準寸法と寸法公差に関係する寸法を示します。

- **基準寸法**：基準となる寸法
- **最大許容寸法**：許容できる最大の寸法
- **最小許容寸法**：許容できる最小の寸法
- **上の寸法許容差**：最大許容寸法－基準寸法
- **下の寸法許容差**：最小許容寸法－基準寸法
- **寸法公差**（size tolerance）：最大許容寸法－最小許容寸法

寸法許容差（例えば、最大許容寸法－基準寸法）を計算した場合、負の値になればマイナス記号をつけます。寸法許容差は正負の値をとりますが、寸法公差は正の値になります。

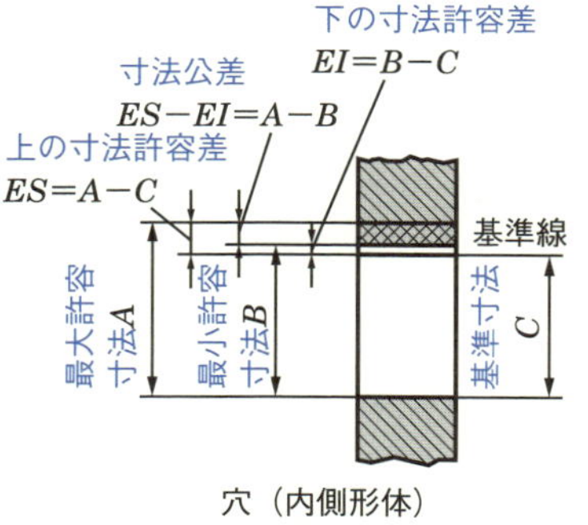

◆図 1.14 基準寸法と寸法公差

寸法公差の大きさは IT 基本公差（表 1.7 参照）と呼ばれる 18 の等級に分けられ標準化されています。例えば、同じ公差 10 μm であっても、精度は「基準寸法が 1mm なのか 100mm なのか」に依存します。したがって、等級は基準寸法の大きさによって区分されています。

寸法公差は基準寸法、寸法許容差を組み合わせて $10^{+0.010}_{-0.005}$ のように表記します。この場合、寸法公差は0.015になるので表1.7からIT7（数値が小さくなるほど高精度）になります。

◆表1.7 IT基本公差の数値例（JISより抜粋）

基準寸法〔mm〕		公差等級																	
		IT1	IT2	IT3	IT4	IT5	IT6	IT7	IT8	IT9	IT10	IT11	IT12	IT13	IT14	IT15	IT16	IT17	IT18
を超え	以下	基本公差の数値〔μm〕											基本公差の数値〔mm〕						
3	6	1	1.5	2.5	4	5	8	12	18	30	48	75	0.12	0.18	0.30	0.48	0.75	1.2	1.8
6	10	1	1.5	2.5	4	6	9	15	22	36	58	90	0.15	0.22	0.36	0.58	0.90	1.5	2.2
10	18	1.2	2	3	5	8	11	18	27	43	70	110	0.18	0.27	0.43	0.7	1.1	1.8	2.7
18	30	1.5	2.5	4	6	9	13	21	33	52	84	130	0.21	0.33	0.52	0.84	1.3	2.1	3.3
30	50	1.5	2.5	4	7	11	16	25	39	62	100	160	0.25	0.39	0.62	1.00	1.6	2.5	3.9
50	80	2	3	5	8	13	19	30	46	74	120	190	0.30	0.46	0.74	1.20	1.9	3.0	4.6
80	120	2.5	4	6	10	15	22	35	54	87	140	220	0.35	0.54	0.87	1.40	2.2	3.5	5.4
120	180	3.5	5	8	12	18	25	40	63	100	160	250	0.40	0.63	1.00	1.60	2.5	4.0	6.3
180	250	4.5	7	10	14	20	29	46	72	115	185	290	0.46	0.72	1.15	1.85	2.9	4.6	7.2
250	315	6	8	12	16	23	32	52	81	130	210	320	0.52	0.81	1.3	2.1	3.2	5.2	8.1
315	400	7	9	13	18	25	36	57	89	140	230	360	0.57	0.89	1.4	2.3	3.6	5.7	8.9
400	500	8	10	15	20	27	40	63	97	155	250	400	0.63	0.97	1.55	2.5	4	6.3	9.7

JIS B 0401-1:1998 財団法人日本規格協会「寸法公差及びはめあいの方式 ― 第1部：公差、寸法差及びはめあいの基礎」

COLUMN 補助単位

機械の分野では通常はmm単位で寸法を記述します。図面上の寸法は全てmm単位です。ミリは1／1000を表す補助単位で、1mm＝10^{-3}mの意味になります。この補助単位を知っておくと便利です。

◆表 補助単位

	記号	読み		記号	読み
10^{1}	**da**	デカ	10^{-1}	**d**	デシ
10^{2}	**h**	ヘクト	10^{-2}	**c**	センチ
10^{3}	**k**	キロ	10^{-3}	**m**	ミリ
10^{6}	**M**	メガ	10^{-6}	**μ**	マイクロ
10^{9}	**G**	ギガ	10^{-9}	**n**	ナノ
10^{12}	**T**	テラ	10^{-12}	**p**	ピコ

土木の分野ではメートルを円、センチメートルを銭（例えば1m50cmは、1円50銭）といいます。「cmをセンと読むと、mは100倍なので円」から来ています。どの業界にも独特の言い回しがありますが、慣れないとしょうがないですね。専門用語も一種の業界用語なので頻繁に使っているとそのうちに慣れてきます。

1-6-2 ● はめあい

穴と軸やキーとキー溝（みぞ）のように、同じ基準寸法を持ったものどうしを組み合わせる場合に、それらの寸法差から生じる関係のことを**はめあい**（fit）といいます。はめあいには、寸法差の関係から次の3通りの形態が存在します（図1.15参照）。

- **すきまばめ**（clearance fit）：穴が軸より大きく必ずすきまが生じる場合。
- **しまりばめ**（interference fit）：軸が穴より大きく必ずしめしろが生じる場合。
- **中間ばめ**（transition fit）：穴と軸の大小関係が一定でないため、すきまかしめしろのどちらかが生じる場合。

(a) 穴基準のはめあい

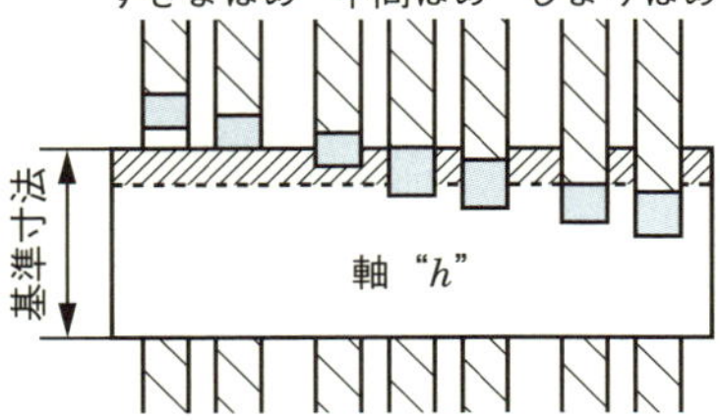

(b) 軸基準のはめあい

◆図1.15　はめあい方式

はめあいは公差等級（表1.7）の数値と、公差域の位置（基準線に近い方の寸法許容差）とを組合わせて表示します。公差域の位置とは「公差がどの値から始まるのか端の値を示したもの」（図1.16参照）を意味していて、アルファベットで表示します。穴（キー溝）の場合には大文字を、軸（キー）の場合には小文字を用います。穴の寸法許容差を付表1.1（巻末）に、軸の寸法許容差を付表1.2（巻末）に示します。アルファベットで表記される公差域の位置関係を図1.16に示します。

はめあいの状態は相対的な寸法の関係で決まるので、上述のように（数値ではなく）記号で表す方が理解しやすくなります。例えば、H6/p6 は基準寸法がいくらであっても同等なしまりばめと理解できます。

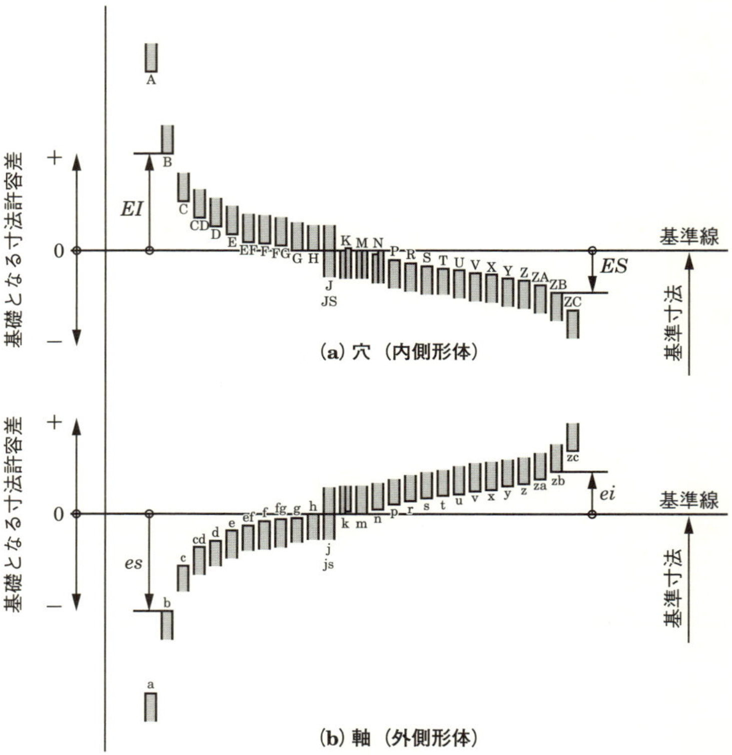

◆図 1.16　基準寸法に対する公差域の位置関係（JIS B 0401-1：1998）

次に特徴のあるはめあい記号 H と h とについて調べてみましょう。H では下の寸法許容差がゼロ（穴の最小許容寸法が基準寸法と一致）であるのに対して、h では上の寸法許容差がゼロ（軸の最大許容寸法が基準寸法と一致）になっています（付表 1.1、1.2 参照）。これらは、一種の基準と考えられ、前者を**穴基準**、後者を**軸基準**と呼び、通常はどちらかの基準を採用します。一般的に軸の方が加工しやすいため、多くの場合には穴基準が採用されています。しかし、軸に多くの部品がつくような場合は、軸基準をとる方が有利になります。

例題 1.2

ϕ30H7 と ϕ30f6 の寸法の組み合わせにおいて、おのおのの最大・最小許容寸法を調べ、その関係について調べなさい。

解

付表 1.1、1.2（ここでは表 a、表 b）から寸法許容差の位置を次のようにして調べます。

◆表 a（付表 1.1） 穴（アルファベット大文字）（単位：μm）

基準寸法		下の寸法許容差		
を超え	以下			H
				↓
24	30 →	→	→	0
30	40			0

下の寸法許容差であることに注意しましょう。

$\phi 30_{0.000}$

基準寸法

30mm は 30mm 以下に含まれます。

◆表 b（付表 1.2） 軸（アルファベット小文字）（単位：μm）

基準寸法		上の寸法許容差		
を超え	以下			f
				↓
24	30 →	→	→	−20

上の寸法許容差であることに注意しましょう。

$\phi 30^{-0.020}$

表 c（表 1.7）から寸法公差を調べます。

◆表 c（表 1.7）

基準寸法		公差等級		
			IT6	IT7
を超え	以下		↓	↓
18	30 →	→	13	21

差　　差

ϕ30f6 → $\phi 30^{-0.020}_{-0.033}$ ＞0.013　　ϕ30H7 → $\phi 30^{+0.021}_{0.000}$ ＞0.021

穴の最大許容寸法 30.021〔mm〕、最小許容寸法 30.000〔mm〕

軸の最大許容寸法 29.980〔mm〕、最小許容寸法 29.967〔mm〕

最大すきま 30.021－29.967＝54〔μm〕、最小すきま 30.000－29.980＝20〔μm〕となる「すきまばめ」になります。

1-7 粗さ

表面どうしが接触したり擦れ合うような機械部品では、要求機能に応じて表面の凹凸を指示する必要があります。例えば、表面の凹凸は歯車のピッチング（歯面のはく離損傷）や転がり軸受のフレーキング（軌道面のうろこ状のはく離）などの表面の損傷の原因となります。また、疲労破壊においては、表面の凹凸が応力集中の原因となりき裂の発生源となります。

図 1.17(a)は加工表面の凹凸を表面に垂直な方向に拡大して示したもので、**測定断面曲線**と呼ばれています。このような表面の凹凸は触針式粗さ計で測定でき、電気信号をフィルターにかけることにより波長の長い**うねり**（waviness）（図 1.17(b)）と短い**粗さ**（roughness）（図 1.17(c)）に分けることができます。両者を分けるときの波長の閾値（しきいち）を**カットオフ値** λ_c といい、実際にはフィルターの特性で定義されています。

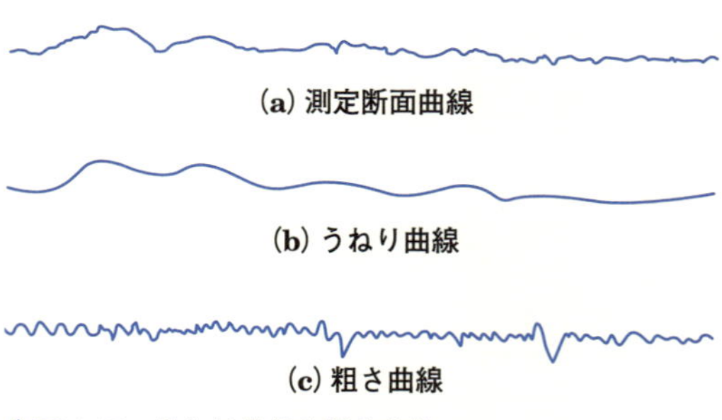

◆図 1.17 うねり曲線と粗さ曲線

表面の凹凸は「測定する長さが長くなるほど高い山と深い谷を含む」ことになります。したがって、「どれだけの長さを測定して粗さを決定するのか」を示さねばなりません。この測定する長さを**基準長さ**（sampling length）といいます。

代表的な粗さの表示法を次に示します。説明において測定する方向を x 軸とし、凹凸の高さを $Z(x)$（単位 μm）と表しています。

① 最大高さ（maximum height）

R_zで表し、基準長さにおける粗さ曲線の山高さZ_pの最大値と谷深さZ_vの最大値との和で定義されます（図1.18参照）。

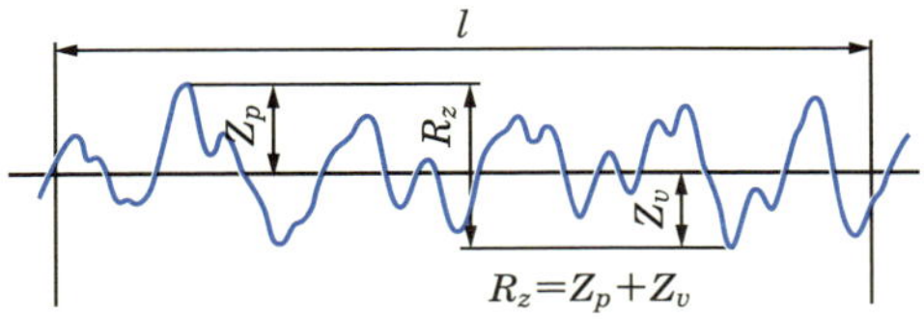

◆図 1.18　最大高さ

② 算術平均高さ（arithmetical mean deviation）

R_aで表し、基準長さにおける$Z(x)$の絶対値の平均高さで、次式のように定義されます。

$$R_a = \frac{1}{l}\int_0^l |Z(x)|\,dx \tag{1.6}$$

ここでlは基準長さを表します（図1.19参照）。

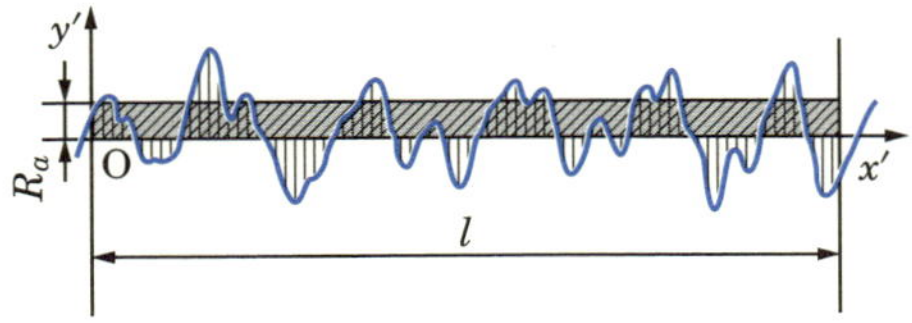

◆図 1.19　算術平均高さ

③ 二乗平均平方根高さ（root mean square deviation）

R_qで表し、基準長さにおける$Z(x)$の二乗平均の平方根で、次式のように定義されます。

$$R_q = \sqrt{\frac{1}{l}\int_0^l Z^2(x)\,dx} \tag{1.7}$$

ここでlは基準長さを表します。

第1章：演習問題

問1 最近起こった事故について原因、経過を調べ影響、対策について考察しなさい。

問2 自転車の機械要素を調べなさい。

問3 図1のように、重量を無視できる軸に重量 W のベルト車をつけ、ベルトにより水平方向に F_1、F_2（ただし $F_1>F_2$）の張力を負荷しています。このとき軸にかかるねじりモーメントと最大曲げモーメントを求めなさい。

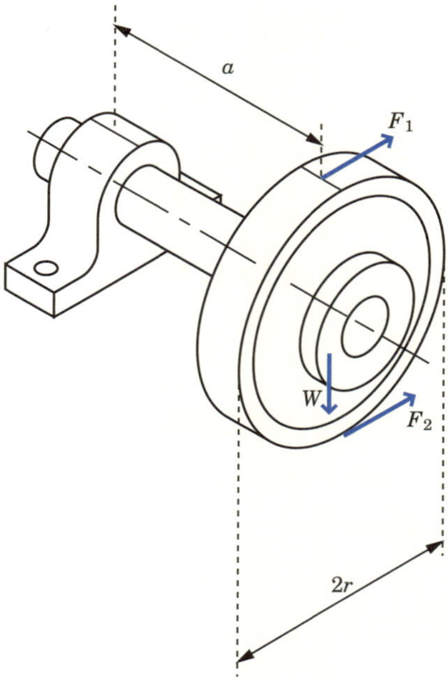

◆図1

問4 直径10～100〔mm〕の軸をR5で品揃えする場合、どのような寸法で製作すればよいか求めなさい。

問5 ϕ18K7/h6のはめあいにおいて、穴と軸の最大・最小許容寸法を調べなさい。また、はめあいの種類を答えなさい。

第2章

ねじ

ねじは複数の物体を結合したり、物体を移動させたりするときに用います。結合するときには「摩擦が大きくなるようなねじ」を、移動させるときには「摩擦が小さくなるようなねじ」を用います。ねじの用途に応じて、ふさわしいねじ山の形状が異なります。これらについては、ねじ山に沿って（斜面で）考えます。

ねじの径を設計する場合には、ねじの断面に生じる応力を検討します。また、ねじを板に締め付けると「ねじは板により伸ばされ」、「板はねじにより押さえつけられ」ます。このような締め付け状態に、外力が作用する場合には、加えた力がそのままねじの軸力にならないので、「締め付け力－変位関係」の図を用いて解析します。

2-1 ねじとつる巻線

おねじとめねじの各部の名称を図 2.1 に示します。図中の有効径とは、ねじ山の幅と谷の幅が等しくなる位置での直径を表します。ねじの力学を考えるときには、しばしば「この有効径の位置に力が作用している」と考えます。

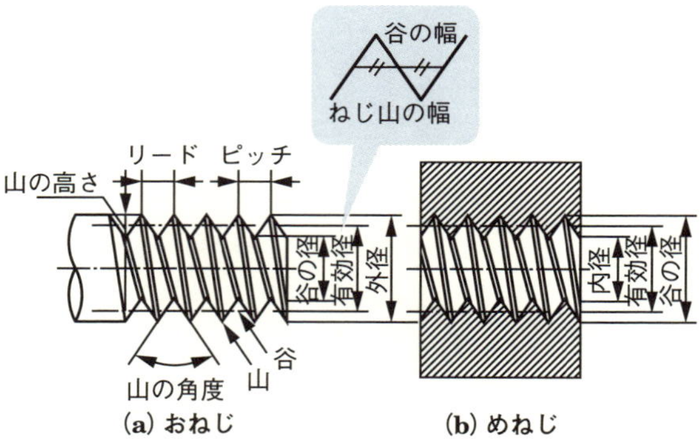

◆図 2.1　ねじ部の名称

図 2.2 のように三角形の紙を直径 d_2 の円筒に巻き付けるとき、三角形の斜辺が円筒面に描く曲線をつる巻線と呼びます。ねじはこのつる巻線に沿ってねじ山を作ったもので、ねじの締め付けを力学的に考えるときはこの三角形の斜面上で考察します。通常のねじは、図 2.2 のように右上がりの三角形を円筒へ巻いてできる右ねじ（right hand screw）で、左上がりの三角形を巻いてできるねじは左ねじ（left hand screw）といいます。左ねじは、例えば扇風機の回転軸と羽を止めるねじのように「右ねじでは緩む方向にトルクが作用するときのみ」に使用される特殊なねじです。

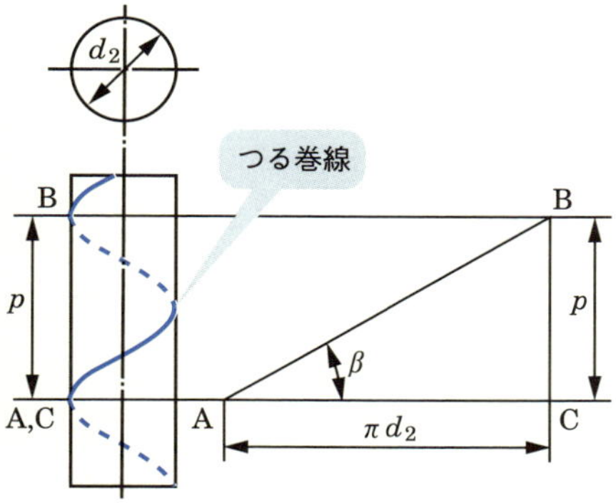

◆図 2.2　つる巻線

普通のねじ（1 条ねじ）は 1 本のつる巻線で作られますが、図 2.3 のように 2 つの三角形を円筒に巻き付けて 2 本のつる巻線に沿ってねじ山を作ることも可能で**2 条ねじ**（double thread）と呼びます。隣りあうねじ山の間隔を**ピッチ**（pitch）といい、ねじを 1 回転させたときの軸方向の変位を**リード**（lead）といいます。n 条ねじのリードはピッチの n 倍になるので、有効径を d_2、ピッチを p、リードを l、つる巻線の傾きである**リード角**（lead angle）を β とするとき、次の関係が成り立ちます。

$$\tan\beta = \frac{l}{\pi d_2} = \frac{np}{\pi d_2} \tag{2.1}$$

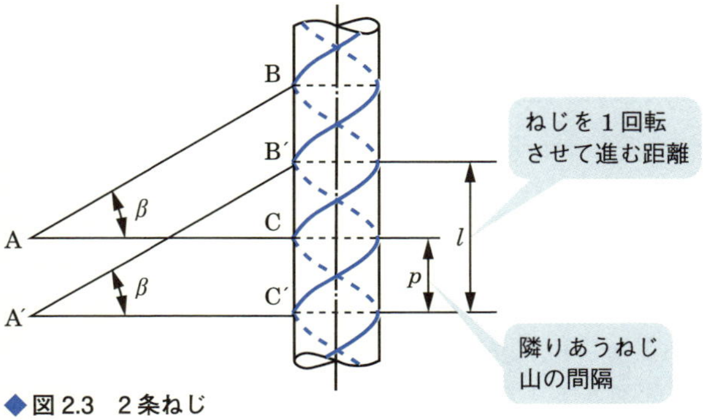

◆図 2.3　2 条ねじ

COLUMN ねじの測定

ねじを加工した場合には、外径（内径）、有効径、ピッチなどを測定しなければなりません。おねじの場合には外径はマイクロメータで、有効径は三針（図参照）で、ピッチはピッチゲージ（図参照）で測定できます。ピッチの測定法が他の寸法に比べて低精度のような気がしませんか？　もちろん万能投影機による高精度なピッチ測定法もありますが、ねじのピッチは高精度で加工でき、確認程度でも十分です。

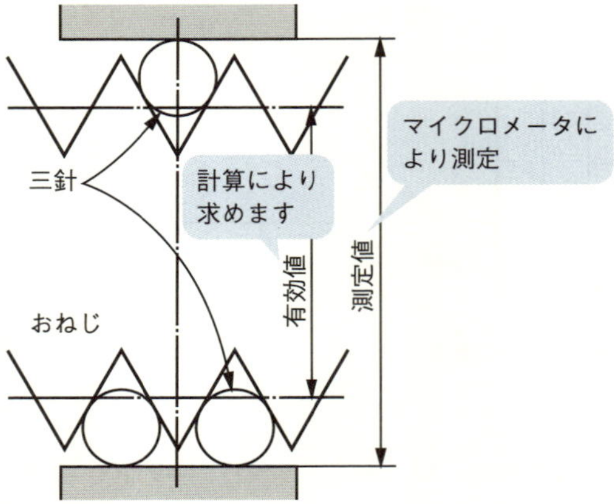

◆三針法

この「ねじピッチの精度」を利用したものがマイクロメータのようなねじを利用した測定器です。

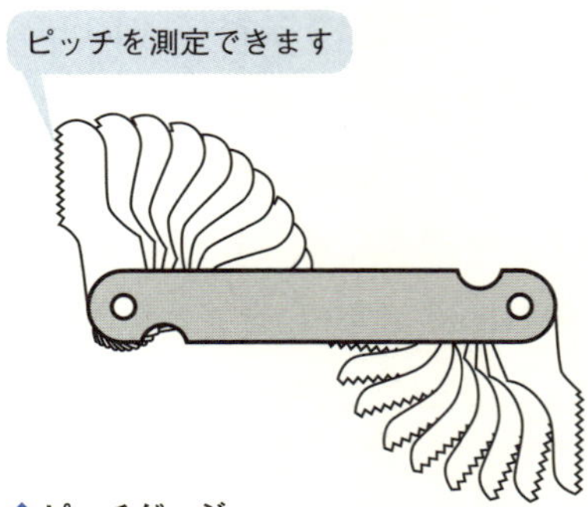

◆ピッチゲージ

めねじの測定はおねじより難しく、直径10mm以下では実質上不可能です。このような場合には、プラグゲージ（通り側ゲージが2回転以上ねじ込まれ、止まり側ゲージが止まる）で判定するのが一般的です。このような測定方法ではめねじの内径、谷の径、ピッチなどが総合的に「規格に適合するか否か」を判定していることになります。

COLUMN ユニファイねじ

次節で解説するねじの種類にユニファイねじがあります。

ユニファイねじ（unified screw thread）はインチ系のねじで、主として航空機の分野などに使用される特殊なねじです。ねじ山のピッチは25.4mm（1インチ）当たりの山数で表され、並目と細目の規格があります。例えば3/8-16 UNC（おねじの外径3/8インチ、1インチ当たり16山のユニファイ並目ねじ）のように表します。これらのねじは特別な場合以外には使用しない方がよいでしょう。

2-2

ねじの種類

ねじはねじ山の形状により表2.1のように分類できます。

◆表2.1　ねじの種類

名称		図	特徴・用途
三角ねじ	並目ねじ	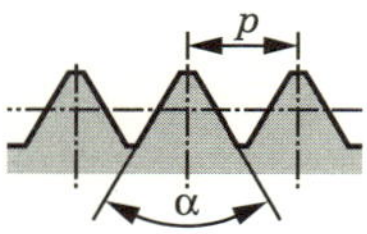 ねじ山の角度（フランク角）60°	ねじのピッチが最大のもの。 一般的な締結用、経済的。 組み立て分解が容易。
三角ねじ	細目ねじ		並目ねじよりピッチの小さいもの。 薄い肉厚部分の締結用、緩み難い。 精密な調整用ねじ。
角ねじ		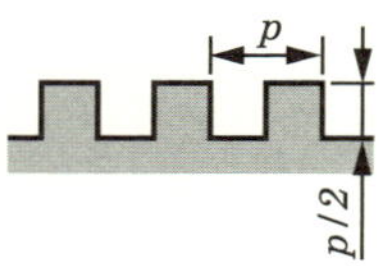	摩擦小、移動用。 ねじ山の加工困難。
台形ねじ		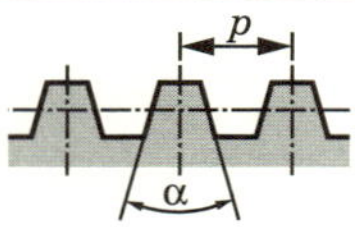	ねじ山の角度30°、ねじ山の強度大。 伝動用、移動用。 工作機械の送りねじ。
のこ歯ねじ		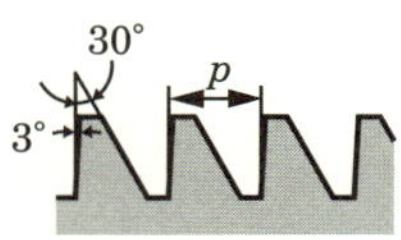	一方向のみに大きな力が作用する場合に使用。 角ねじと台形ねじの特徴を兼備。
丸ねじ		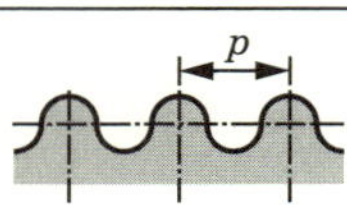	台形ねじの山の頂と谷底に丸みを付けたねじ。 ガラス陶磁器用ねじ。

管（くだ）用ねじ	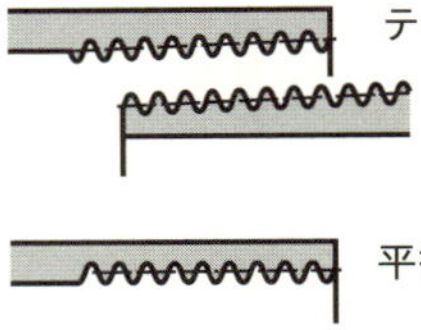	管の接続用。 直径のわりにピッチの細いねじ（管は肉厚が薄いため、管に普通のねじを切って接続すると強度不足）
ボールねじ	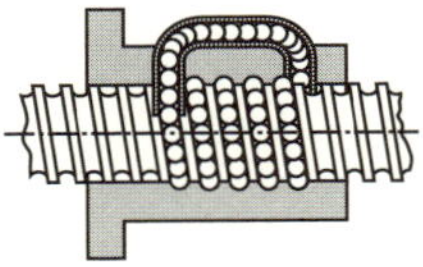	おねじとめねじの間にボールを入れたねじ（摩擦係数極小） 効率90%以上。 工作機械の送りねじ。

ねじは、ねじの種類を表す記号（例えばM、Tr）と、ねじの呼び径（おねじの外径）を表す数字を組み合わせて次のように表示します。

ねじの種類を表す記号　ねじの呼びを表す数字 × ピッチ

ねじの種類には、表2.2に示すようなものがあります。

◆表2.2　ねじの種類と記号および表示例

ねじの種類		ねじの種類を表す記号	ねじの表示例	意味
一般用メートルねじ（JIS B 0205）	並目	M	M 10	メートル並目ねじ おねじの外径 10mm
	細目		M 10×1	メートル細目ねじ おねじの外径 10mm ピッチ 1mm
メートル台形ねじ（JIS B 0216）		Tr	Tr 20×2	メートル台形ねじ おねじの外径 20mm ピッチ 2mm
管用平行ねじ		G	G 1/2	呼び径 1/2 インチ
管用テーパねじ	テーパおねじ	R	R 3/4	呼び径 3/4 インチ
	テーパめねじ	Rc	Rc 3/4	呼び径 3/4 インチ
	平行めねじ	Rp	Rp 3/4	呼び径 3/4 インチ

管用ねじの呼び径はインチ単位で表され、ピッチについては1種類しかないので表記されていません。

2-3 ねじ部品の種類

ねじ部品にはボルト・ナット、小ねじ、止めねじなどがあります。

2-3-1 ● ボルト・ナット

ボルト･ナットは最も広く用いられている締結要素で、図 2.4 のような、通しボルト、押えボルト、植込みボルトがあります。表 2.3 に呼び径 42mm までの六角ボルトとナットの形状と寸法を示します。ボルトの寸法は、呼び径 d、呼び長さ（首下長さ）l、ねじ部長さ s で表します。

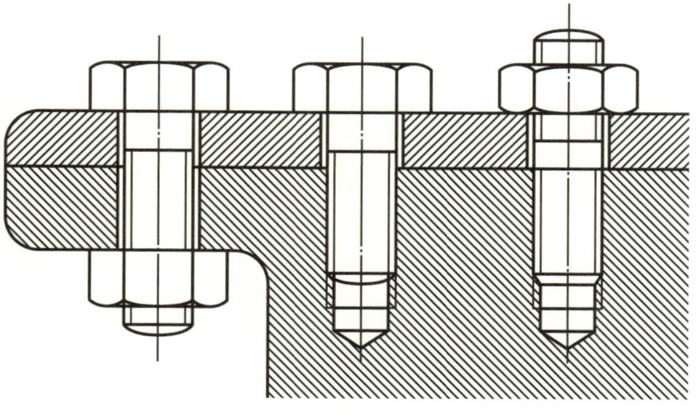

(a) 通しボルト　(b) 押さえボルト　(c) 植込みボルト

◆図 2.4　ボルトの種類

◆表 2.3　六角ボルト・六角ナットの主要寸法（単位：mm）

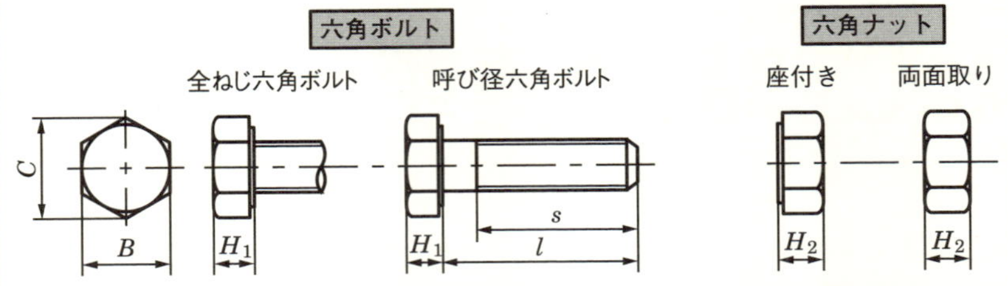

ねじの呼び	ピッチ 並目	ピッチ 細目	2面幅 B	H_1	呼び径ボルト l	呼び径ボルト s（参考）			全ねじボルト l	六角ナット H_2
M1.6	0.35	-	3.2	1.1	12～16	9	-	-	2～16	1.05～1.3
M2	0.4	-	4	1.4	16～20	10	-		4～20	1.35～1.6
M2.5	0.45	-	5	1.7	16～25	11	-		5～25	1.75～2
M3	0.5	-	5.5	2	20～30	12	-		6～30	2.15～2.4
(M3.5)	0.6	-	6	2.4	20～35	13	-		8～35	2.55～2.8
M4	0.7	-	7	2.8	25～40	14	-		8～40	2.9～3.2
M5	0.8	-	8	3.5	25～50	16	-		10～50	4.4～4.7
M6	1	-	10	4	30～60	18	-		12～60	4.9～5.2
M8	1.25	1	13	5.3	40～80	22	-		16～80	6.44～6.8
M10	1.5	1 (1.25)	16	6.4	45～100	26	-		20～100	8.04～8.4
M12	1.75	1.5 (1.25)	18	7.5	50～120	30	-		25～120	10.37～10.8
(M14)	2	(1.5)	21	8.8	60～140	34	40		30～140	12.1～12.8
M16	2	1.5	24	10	65～160	38	44		30～160	14.1～14.8
(M18)	2.5	(1.5)	27	11.5	70～180	42	48		35～180	15.1～15.8
M20	2.5	1.5 (2)	30	12.5	80～200	46	52		40～200	16.9～18
(M22)	2.5	(1.5)	34	14	90～220	50	56	69	40～220	18.1～19.4
M24	3	2	36	15	90～240	54	60	73	40～240	20.2～21.5
(M27)	3	(2)	41	17	100～260	60	66	79	40～260	22.5～23.8
M30	3.5	2	46	18.7	110～300	66	72	85	40～300	24.3～25.6
(M33)	3.5	(2)	50	2	130～320	-	78	91	40～320	27.4～28.7
M36	4	3	55	22.5	140～360	-	84	97	40～360	29.4～31
(M39)	4	(3)	60	25	150～380	-	90	103	80～380	31.8～33.4
M42	4.5	3	65	26	160～420	-	96	109	80～420	32.4～34

備考 1 かっこをつけたものはなるべく用いない。
　2 l は表中の範囲で5, 6, (7), 8, (9), 10, (11), 12, 14, 16, (18), 20, (22), 25, (28), 30, (32), 35, (38), 40, 45, 50, 55, 60, 65, 70, 75, 80, 85, 90, (95), 100, (105), 110, (115), 120, (125), 130, 140, 150, 160, 170, 180, 190, 200, 220, 240の中から選ぶ。

JIB B 1180:2004　財団法人日本規格協会　「六角ボルト」(2004)
JIS B 1181:2004　財団法人日本規格協会　「六角ナット」(2004)

2-3-2 • 小ねじ（machine screw）

小ねじは呼び径 8mm 以下の小形のねじで、ドライバによって締めたり緩めたりします。頭部の形状により図 2.5 のような種類があり、すりわり付き（JIS B 1101）と十字穴付き（JIS B 1111）が JIS で規定されています（すりわり：－（マイナス）形状の溝）。

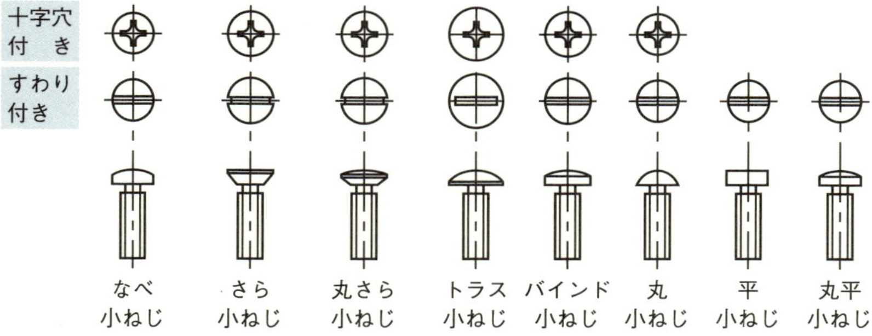

◆図 2.5　小ねじの種類

2-3-3 • 止めねじ（set screw）

止めねじは、軸とボス（boss）とを一体化するときによく使用されるねじです。頭部がボスの外に出てよい場合には四角（JIS B 1118）を、頭部が出ることを避ける場合にはすりわり（JIS B 1117）か六角穴付き（JIS B 1177）を使用します（図 2.6 参照）。

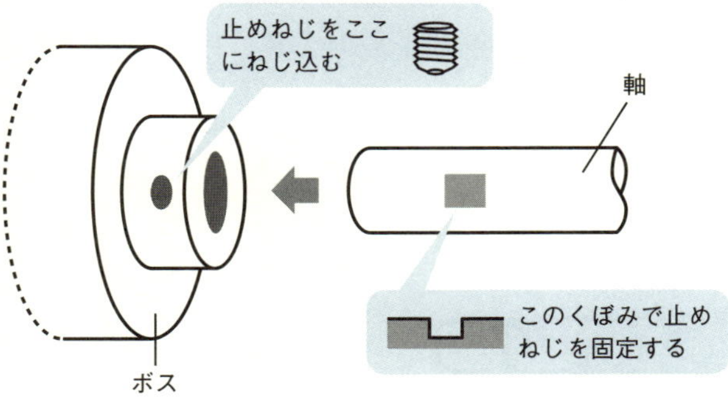

◆図 2.6-1　止めねじで軸を固定する

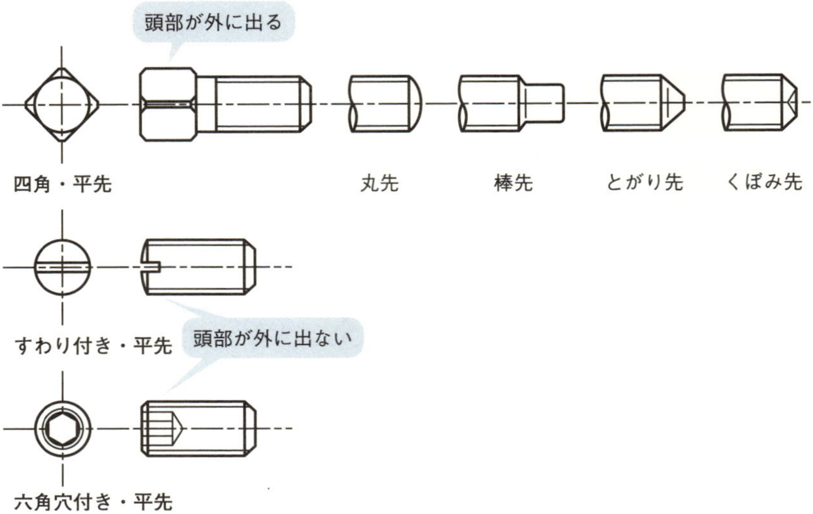

◆図 2.6-2　止めねじの種類

COLUMN ねじの加工方法

ねじ部は規格により同じ形状をしていますが、その加工方法には次のようなものがあります。

- **切削**：刃先がねじの谷の形状をしたねじ切りバイトを用いて旋盤で加工する方法です。
- **転造**：ねじ山の形状をしたダイスを円筒素材に押し付けて、塑性変形でねじ山を成形する方法です。「表面が滑らかで生産性が高い」という特徴があります。
- **鋳造**：金型によりねじ部と他の部分とを一体化した部品を造ることができます。
- **タップとダイス**：タップはめねじをダイスはおねじを切る工具で、手作業によるねじ切りができます。

◆タップ

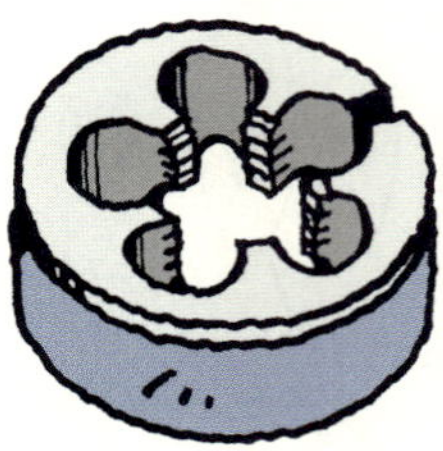

◆ダイス

2-4
座金の種類

座金（washer）は、被締め付け材とボルトヘッドまたはナットの間に挿入するもので（図 2.7 参照）、表 2.4 のような種類があります。

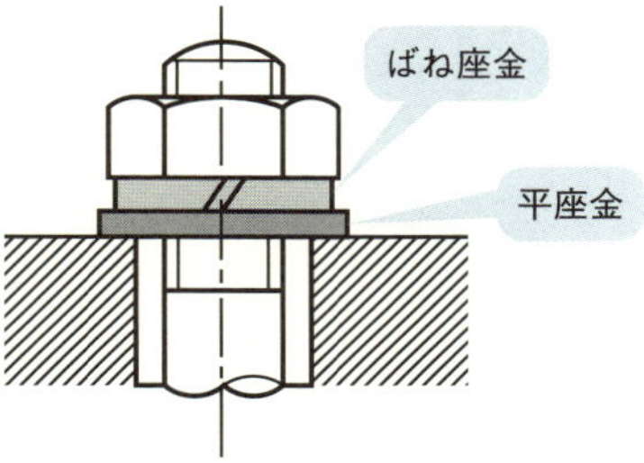

◆図 2.7　座金の使用例

◆表 2.4　座金の種類

座金の種類	図	特徴・用途
平座金 (plain washer)		ボルト穴の径がボルトの径より著しく大きい場合、偏心がある場合。 被締め付け材の表面に凹凸がある場合。 木材やゴムなどの耐圧力の低い材料を締め付ける場合。
ばね座金 (spring washer)		ねじの緩み止め
歯付き座金 (toothed washer)	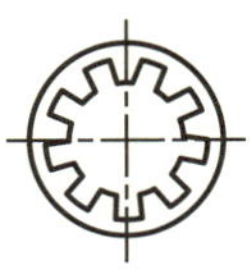	ばね作用（歯のそり）による緩み止め。 電気製品によく使用される。

2-5 ねじの力学

2-5-1 ● ねじ面に作用する力

角ねじのねじ面に作用する力から、ねじを締め付けるのに必要な力について考えてみましょう。ねじ面のリード角 β、ねじ面間の摩擦係数 μ とし、図 2.8(a)のように、「ねじの軸方向に作用する力 Q が作用している状態でねじに力 F を加えて締める（つる巻線を上がる方向に移動させる）」とします。

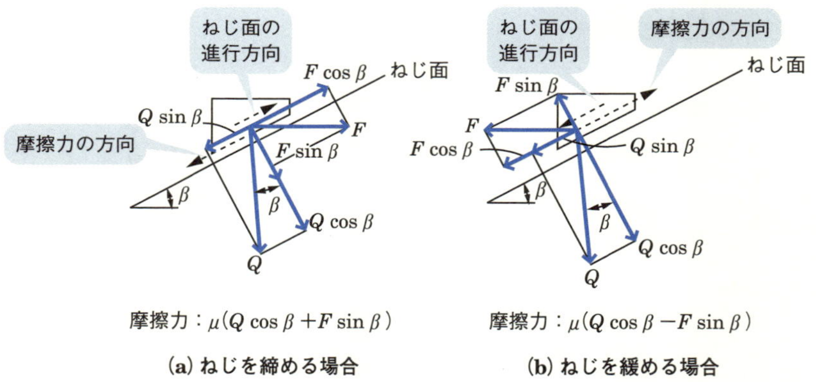

◆図 2.8 ねじ面に作用する力

斜面に平行な方向の力のつり合いは次式のようになります。

$$F\cos\beta - Q\sin\beta - \mu(Q\cos\beta + F\sin\beta) = 0 \qquad (2.2)$$

式(2.2)を F について解くと次式を得ます。

$$F = Q\frac{\sin\beta + \mu\cos\beta}{\cos\beta - \mu\sin\beta} = Q\frac{\tan\beta + \tan\rho}{1 - \tan\rho\tan\beta} = Q\tan(\rho + \beta) \qquad (2.3)$$

ここで、ρ（ロー）は摩擦角（$\mu = \tan\rho$）を表します。反対に、ねじを緩める

（つる巻線に沿って下がる）方向に力 F が作用する場合には、摩擦力が動こうとする方向の逆向きに生じるので、斜面に平行な方向の力のつり合いは次式のようになります（図2.8(b)参照）。

$$-F\cos\beta - Q\sin\beta + \mu(Q\cos\beta - F\sin\beta) = 0 \qquad (2.4)$$

F について解くと次式を得ます。

$$F = -Q\frac{\sin\beta - \mu\cos\beta}{\cos\beta + \mu\sin\beta} = Q\tan(\rho - \beta) \qquad (2.5)$$

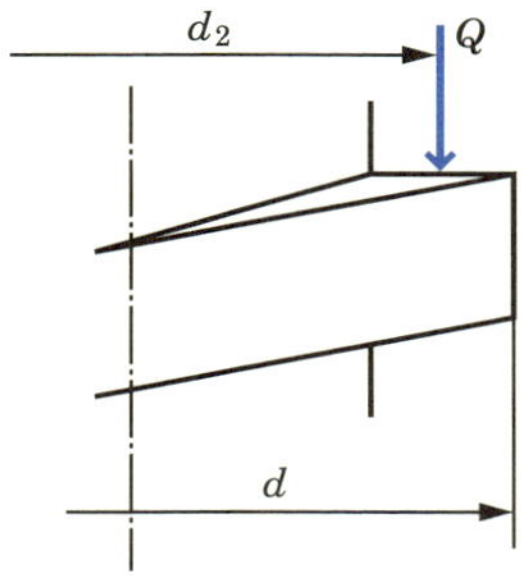

◆図 2.9　角ねじのねじ山に作用する力

ねじを回そうとする力 F がねじ山の有効径 d_2 のところに集中的に加わるものとすれば、角ねじを回すのに必要なトルク T_f は式(2.3)、(2.5)をまとめて次式のように表すことができます（図2.9参照）。

$$T_f = \frac{d_2}{2}F = Q\frac{d_2}{2}\tan(\rho \pm \beta) \qquad (2.6)$$

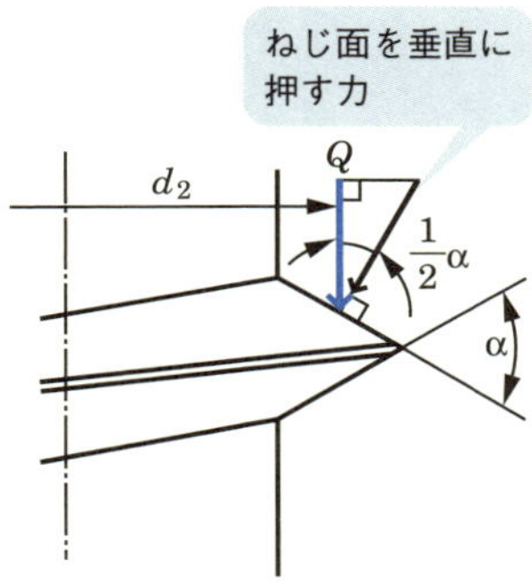

◆図 2.10　三角ねじのねじ山に作用する力

三角ねじの場合には、図2.10のようにねじ面がねじ山の半角 α／2 だけ傾いています。「ねじ面を垂直に押す力の軸方向成分」がねじの軸力 Q に相当するので、ねじ面を垂直に押す力は $\frac{Q}{\cos(\alpha/2)}$ になります。次に摩擦力 $\mu\frac{Q}{\cos(\alpha/2)}$ を角ねじでの摩擦力と同形式になるように「見かけの摩擦係数 μ' とねじの軸力 Q の積」により次式のように表してみましょう。

$$\mu\frac{Q}{\cos(\alpha/2)} = \mu' Q \qquad (2.7)$$

メートルねじの見かけの摩擦係数 μ' は $\alpha = 60°$ を代入すると

$$\mu' = \tan\rho' = \frac{\mu}{\cos(60°/2)} = 1.15\mu \qquad (2.8)$$

となり（ρ'：見かけの摩擦角）、角ねじの摩擦係数より15％大きくなります。したがって、三角ねじのほうが緩み難く、部品の締結に適しています。一方、「角ねじは力の伝動に適している」ことがわかります。

角ねじで成立する式(2.6)を拡張して、一般的にねじを回すのに必要なトルク T_f は見かけの摩擦角 ρ' を用いて

$$T_f = Q\frac{d_2}{2}\tan(\rho' \pm \beta) \tag{2.9}$$

（＋：ねじを締める場合、－：ねじを緩める場合）と表されます。

ねじが緩まないためには、$T_f > 0$（緩めるのにトルクを加える）でなければならないので、$\tan(\rho' - \beta) > 0$ つまり $\rho' > \beta$ でなければなりません。一方、$\rho' < \beta$ の場合には、ねじは自然に緩みます。T_f の符号が変わる $\beta = \rho'$ を**自立の限界**と呼びます。特に振動すると、緩む傾向が強くなるので注意が必要です。ねじの形状から考えると、緩み難いねじは「ρ' が大きく（ねじ山の角度 α が大きい三角ねじ）、β が小さい（リード角が小さい細目のねじ）」ものになります。

2-5-2 ● 座面に作用する力

実際にボルトやナットを回すときには、ねじ面に作用する摩擦力のほかにボルトヘッドやナットの座面と被締結材との間（μ_w：ナット座面と被締結材間の摩擦係数）に摩擦力が生じます。直径 $d_w = \dfrac{B+d}{2}$ の位置（B：ナット（ボルト）の2面幅、d：ボルトの外径）に摩擦力 $\mu_w Q$ が集中的に作用していると考えると（図2.11参照）、座面における摩擦力に打ち勝つのに必要なねじりモーメント T_w は、次式で表されます。

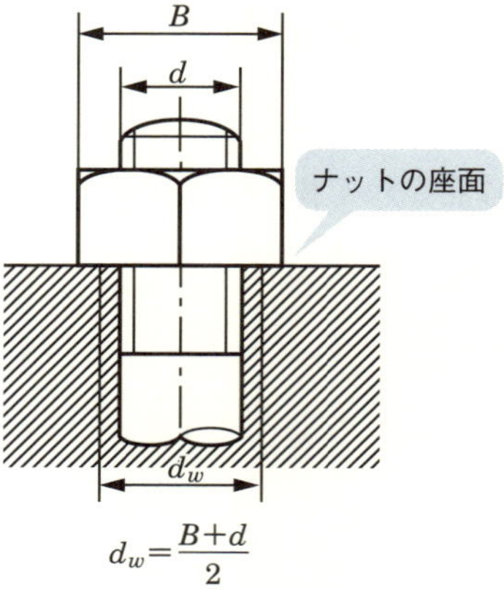

◆図2.11 ナットの座面に作用する摩擦力

$$T_w = \frac{d_w}{2}\mu_w Q = \frac{1}{2}\left(\frac{B+d}{2}\right)\mu_w Q \tag{2.10}$$

したがって、ねじ面と座面との両方に生じる摩擦力を考慮すると、ねじを回すのに必要なトルク T は、式(2.9)で得られるトルク T_f と式(2.10)で得られる T_w との和で次式のように表されます。

$$T = T_f + T_w \tag{2.11}$$

例題 2.1

M20（有効径：d_2=18.376〔mm〕）のねじを軸方向の締め付け力が Q=50〔kN〕になるようにするとき、ナットを回すために必要なトルク T を求めなさい。ただし、ねじ面、ナットの座面の摩擦係数はともに 0.1 とします。

解

M20のねじは表2.3より、ピッチ:p = 2.5〔mm〕、2面幅:B = 30〔mm〕。ねじ山の角度：α＝60〔deg〕。見かけの摩擦係数 μ' は、式(2.8)より

$$\mu' = \frac{\mu}{\cos\frac{\alpha}{2}} = \frac{0.1}{\cos 30^\circ} = 0.115 \tag{1}$$

となり、摩擦角 ρ' は

$$\rho' = \tan^{-1}\mu' = \tan^{-1}0.115 = 6.56〔\mathrm{deg}〕 \tag{2}$$

となります。リード角 β は、式(2.1)より

$$\beta = \tan^{-1}\frac{p}{\pi d_2} = \tan^{-1}\frac{2.5}{18.376\pi} = 2.48〔\mathrm{deg}〕 \tag{3}$$

式(2.9)より、ねじを回すために必要なトルク T_f は

$$T_f = Q\frac{d_2}{2}\tan(\rho' + \beta) = \frac{50\times10^3\times18.376\times10^{-3}}{2}\tan(6.56^\circ + 2.48^\circ)$$

$$= 73.09〔\mathrm{Nm}〕 \tag{4}$$

となります。また、式(2.10)より、ナット座面を回すために必要なトルク T_w は

$$T_w = \frac{1}{2}\left(\frac{B+d}{2}\right)\mu_w Q = \frac{1}{2}\left(\frac{30+20}{2}\right)\times10^{-3}\times0.1\times50\times10^3$$

$$= 62.50〔\mathrm{Nm}〕 \tag{5}$$

となります。したがって、全トルク T は次のようになります。

$$T = T_f + T_w = 73.09 + 62.50 = 135.6〔\mathrm{Nm}〕 \quad (6)$$

2-5-3 • ねじの緩み止め

締め付け状態のおねじとめねじが振動で少しずれたり、接触部が少し変形したりすると、ねじは緩みます。このようなねじの緩みは、大事故につながるので避けなければなりません。以下にねじの緩みを止める方法を紹介します。

・ロックナット（rock nut）

図2.12(a)のように、2つのナットを用いて締め付ける方法です。ロックナットと締め付けナットで締め付けた後、締め付けナットを固定してロックナットを1／3回転ほど逆に回します。このようにすると、図2.12(b)のように互いのナットが押し合ってねじ面の摩擦力が大きくなり、緩み難くなります。このとき、締め付けナットが負荷を受け持っているので、ロックナットの高さは締め付けナットのそれよりも低くすることができます。

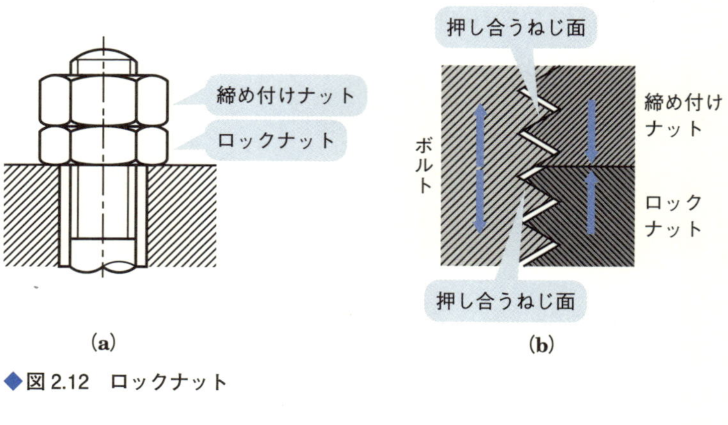

◆図2.12　ロックナット

・ばね座金・歯付き座金

ナットと被締結材の間に、表2.4に示すようなばね座金や歯付き座金をはさむと、ねじ面で少しずれても座金のばね作用により、ねじの軸力があまり変化しません（図 2.7 参照）。したがって、最初に締め付けた状態の摩擦力が保たれ、ねじが緩み難い状態を持続させることができます。

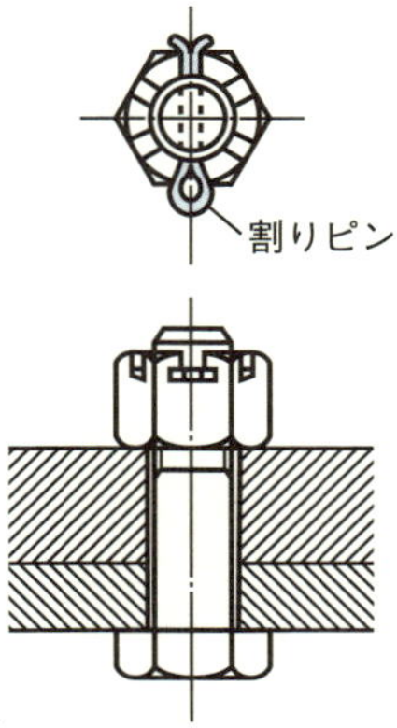

◆図 2.13　溝付き六角ナットと割りピン

・溝付き六角ナットと割りピン

図 2.13 のように、ボルトとナットの間に割りピンを差し込むと、ねじ面のずれを防ぐことができます。

2-5-4 ● ねじの効率

ねじを 1 回転回したときに「ねじ（を回すとき）にした仕事」と「ねじが（軸方向に進んで）した仕事」の比を**ねじの効率**といいます（図 2.14 参照）。

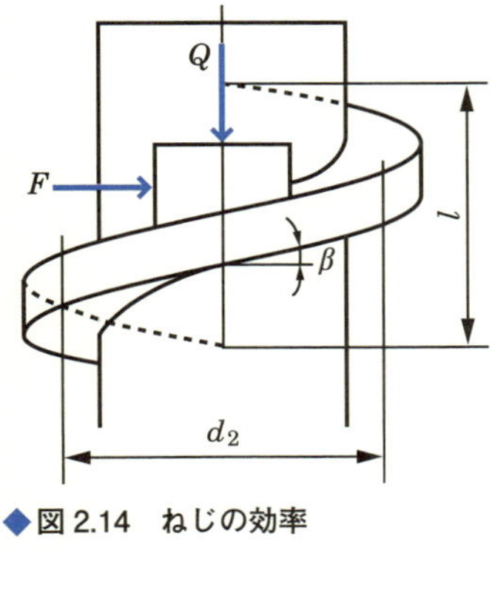

◆図 2.14　ねじの効率

・ねじにした仕事：$F\times \pi d_2 = \pi d_2 Q\tan(\rho' + \beta)$

　力：F、移動距離（有効径の周長）：πd_2

・ねじがした仕事：$Q\times l = \pi d_2 Q\tan\beta$

　力：Q、移動距離（リード）：$l = \pi d_2\tan\beta$

ねじの効率ηは次式で表されます。

$$\eta = \frac{Ql}{F\pi d_2} = \frac{\tan\beta}{\tan(\rho' + \beta)} = \frac{1 - \mu'\tan\beta}{1 + \mu'\cot\beta} = \frac{T_0}{T_f} \tag{2.12}$$

結果的には「摩擦がある場合と、ない場合とでのねじを進めるときに必要なトルクの比」と同じ意味になります。なお、「摩擦がない場合にねじを締め付けるのに必要なトルク」T_0は、式(2.9)において見かけの摩擦角ρ'をゼロ（見かけの摩擦係数μ'をゼロ）とおくことにより得られます。当然のことながら、「締結用のねじは効率を小さく(緩み難く)」、「動力伝達用のねじは効率を大きく」する必要があります。動力伝達に用いられるボールねじでは摩擦係数が小さいので、90%以上の高い効率が得られます。

例題 2.2

M10の並目ねじ（p=1.5〔mm〕、d_2=9.026〔mm〕）と、Tr10×2のメートル台形ねじ（p=2.0〔mm〕、d_2=9.000〔mm〕）の効率を比較しなさい。ただし、ねじ面間の摩擦係数は0.1とします。

解

M10の場合（p = 1.5〔mm〕、d_2 = 9.026〔mm〕）、
リード角β、見かけの摩擦係数μ'は

$$\beta = \tan^{-1}\frac{p}{\pi d_2} = \tan^{-1}\frac{1.5}{9.026\pi} = 3.028〔\mathrm{deg}〕 \tag{1}$$

$$\mu' = \frac{\mu}{\cos\frac{\alpha}{2}} = \frac{0.1}{\cos 30^\circ} = 0.115 \tag{2}$$

となり、これらよりねじの効率ηは次式のようになります。

$$\eta = \frac{1 - \mu'\tan\beta}{1 + \mu'\cot\beta} = \frac{1 - 0.115\tan(3.028^\circ)}{1 + 0.115\cot(3.028^\circ)} = 0.313 \tag{3}$$

Tr10×2の場合（p = 2.0〔mm〕、d_2 = 9.000〔mm〕）、

$$\beta = \tan^{-1}\frac{p}{\pi d_2} = \tan^{-1}\frac{2.0}{9.000\pi} = 4.046〔\mathrm{deg}〕 \tag{4}$$

$$\mu' = \frac{\mu}{\cos\frac{\alpha}{2}} = \frac{0.1}{\cos 15^\circ} = 0.104 \tag{5}$$

$$\eta = \frac{1-\mu'\tan\beta}{1+\mu'\cot\beta} = \frac{1-0.104\tan(4.046°)}{1+0.104\cot(4.046°)} = 0.402 \quad (6)$$

したがって、同じ呼び径でも一般用メートルねじよりメートル台形ねじの方が効率が高く、送りねじのような移動に適していることがわかります。

2-5-5 • ボルトの締め付け力

ボルトを締め付けた状態でさらに外力が作用するときに、締め付け力の変化を調べてみましょう。図 2.15 のように、ボルトで締め付けられた状態で板を引き離す方向に外力 P で引張るときを考えます。初期の締め付け状態では、「ボルトは板によって引張られて（伸びて）、板はボルトによって押さえつけられて（縮んで）」います。この状態で外力 P が作用すると、「ボルトはさらに伸びますが、板は縮んだ状態から元の厚さに戻ろう」とします。したがって、「板の押さえつけられている力は小さくなり、ボルトの引張り力は加えた外力分だけ増加しません」。この問題はボルトと板の変形を考慮して解く（材料力学でいう）不静定問題ですが、締め付け力 - 変位関係を線図で考えると簡単に解けます。

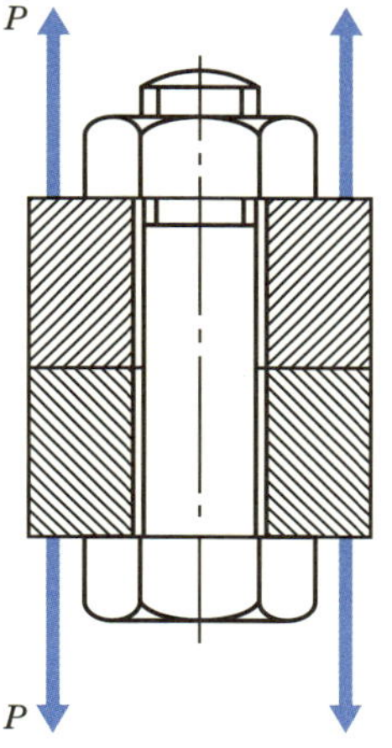

◆図 2.15　引張り力が作用する締結ボルト

初期締め付け力 Q_0 によりボルトが λ_0 だけ伸び、板が δ_0 だけ縮むと次の関係が成立します。

ボルト：$Q_0 = k_b\,\lambda_0$（引張り）　(2.13)

板：$Q_0 = k_p\,\delta_0$（圧縮）　(2.14)

ここで、k_b、k_p はそれぞれボルトと板のばね定数を表します。初期締め付け状態では、ボルトを引張る力は板を押さえる力になっています。この状態をグラフにすると図 2.16 (a)になり、ばね定数は線図の傾きに相当します。

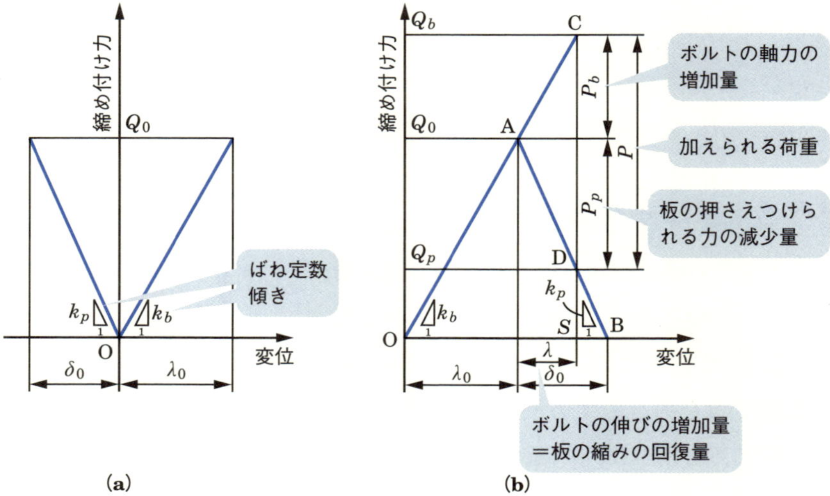

◆図 2.16　ねじの締め付け力ー変位関係

次に図 2.16(b)のように、図中の三角形の上下を反転させて、高さ Q_0、傾き k_b、k_p の三角形 OAB を考えます。線図の意味を理解するためには図 2.16(a)が役に立ちますが、締め付け力 - 変位線図は図 2.16(b)から描き始めます。

初期締め付けの状態から外力 P が作用してボルトがさらに λ 伸びる（最初からの伸び：$\lambda_0+\lambda$）とすると、板は λ だけ回復（最初からの縮み：$\lambda_0-\lambda$）します。これらを図 2.16(b)で考えると、ボルトの最終的な伸びは $\overline{\mathrm{OS}}$ なので、締め付け力は P_b だけ増加し、図中 A から C の状態に変化します。一方、板の縮みは $\overline{\mathrm{BS}}$ になるので板を押さえつけている力は P_p だけ減少し、図中 D の状態に変化します。加わる外力 P を P_b、P_p に分けると次式のような関係があります（k_b、k_p は傾きであることに注意しましょう）。

$$P_b=k_b\lambda、P_p=k_p\lambda \tag{2.15}$$

$$P=P_b+P_p=(k_b+k_p)\lambda \tag{2.16}$$

式(2.15)、(2.16)より λ を消去すると、P_b、P_p は次式となります。

$$P_b = \frac{k_b}{k_b + k_p} P、P_p = \frac{k_p}{k_b + k_p} P \quad (2.17)$$

したがって、ボルトの締め付け力 Q_b と板の押さえつけられる Q_p とは、それぞれ次式になります。

$$Q_b = Q_0 + P_b、Q_p = Q_0 - P_p \quad (2.18)$$

図 2.16(b)において、力は全て正の値で表されています。例えば、Q_b は引張り、Q_p は圧縮であり、共に正の値で表されていることに注意しましょう。

負荷される荷重がしだいに大きくなると、板の接触圧力が減少し、最終的に2枚の板が離れることになるので、初期締め付け力は $Q_0 > P_p$ でなければなりません。

COLUMN ボルトと板のばね定数

ボルトのばね定数 k_b は次式のようになります。

$$k_b = \frac{A_b}{l} E_b \quad (1)$$

ここで、A_b：ボルトの断面積、E_b：ボルトの縦弾性係数、l：ボルトの長さを表します。

板のばね定数 k_p も、式(1)と同じ形式で次式のように表されます。

$$k_p = \frac{A_p}{l} E_p \quad (2)$$

ここで、A_p：被締め付け材の有効断面積、E_p：板の縦弾性係数、l：板材の厚さを表します。このとき、被締め付け材の有効断面積 A_p は、内径 d_1、外径 $d_2 = B + \xi \cdot l$ の円筒領域で近似する方法（図参照）がよく用いられています（B：ボルトの2面幅、ξ：材料により変わる係数で以下の値にします）。

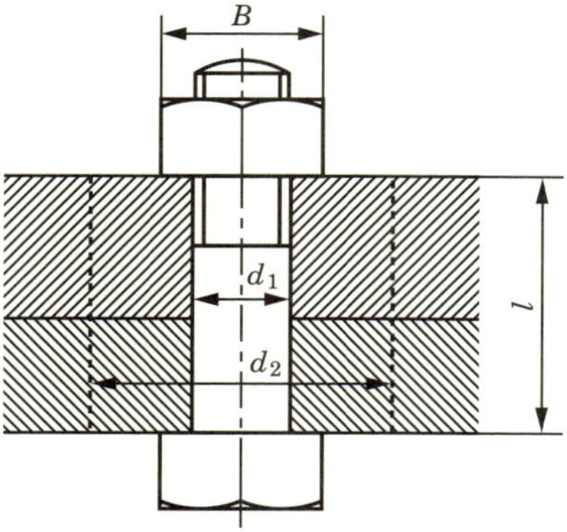

◆図 被締め付け材の有効領域

$\xi = 1/10$（被締め付け材が鋼）
$\xi = 1/8$（被締め付け材が鋳鉄）
$\xi = 1/6$（被締め付け材が軽合金）

ボルトの軸部を細くしたものを**伸びボルト**といいます（図2.17(b)参照）。**普通ボルト**と伸びボルトを締め付け力-変位線図で比較してみましょう。伸びボルトは普通ボルトに比べて軸部の断面積が小さいため、ばね定数が小さくなり、締め付け力-変位線図は図2.18のようになります。

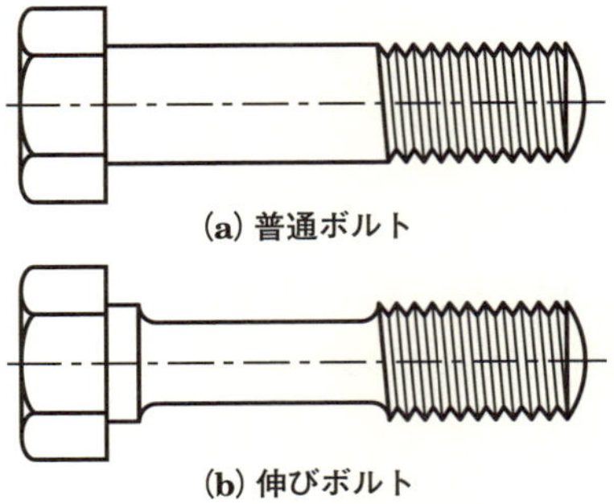

◆図2.17　普通ボルトと伸びボルト

これら2種類のボルトを同じ初期締め付け力 Q_0 で締め付けた後に、同じ大きさの外力 P を作用させると、伸びボルトの場合にはボルトに生じる締め付け力があまり大きくなりません（$P_b' < P_b$）。したがって、伸びボルトでは作用する荷重が変動する場合には、ボルトへの負担を小さくする効果があります。ただし、このとき被締め付け材に生じる締め付け力は普通ボルトより低下するので、下がり過ぎないように（ボルトが浮かないように）注意しなければなりません。一般に、適正な締め付け応力は降伏応力の60%が推奨されています。

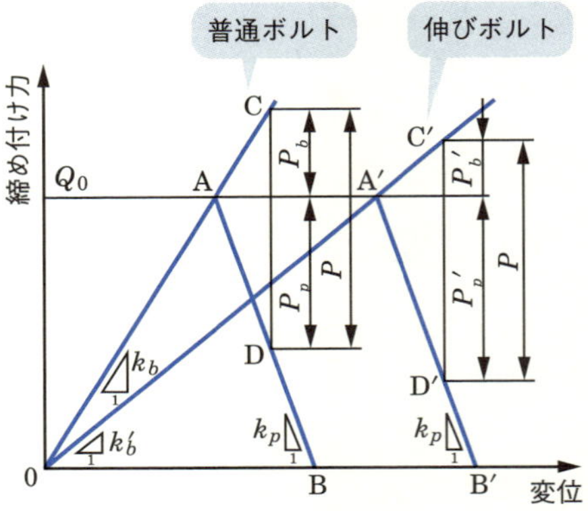

◆図2.18　締め付け力ー変位関係

COLUMN　ボルトの緩み事故

東海道新幹線の「のぞみ」では、開業当初に「モータを固定するボルトの緩み事故」が発生しました。この事故は単純な締め付け不良というものではありませんでした。ボルトは塗料を挟んで締め付けられていますが、その厚さが設計値よりも厚かったことが原因でした。

塗装膜の弾性係数は時間経過とともに小さくなるため、厚く塗ると締め付け力が大きく減少します（設計段階では塗料を挟んで締め付けることと塗装膜の厚さも考慮していました）。塗装の作業者は「塗料を厚く塗った方が酸化から内部を保護できるのでよい」と考え、「ボルトの締め付け力が低下すること」まで考えが及びませんでした。このように設計者の意図が作業者に伝わらない場合に、しばしば失敗・事故が発生します。

ボルトの締め付け力は、図2.19のようなトルクレンチを用いて管理します。図に示されるタイプ以外に、ある力以上で滑るラチェット機構を用いて、一定の締め付けトルクを発生するようにしたトルクレンチもあります。

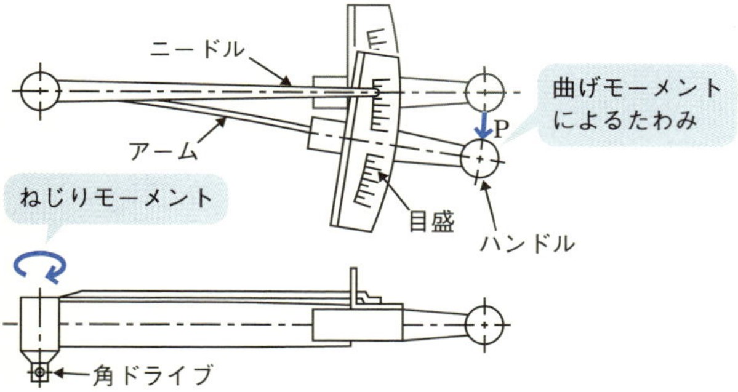

◆図2.19　トルクレンチ

2-6 ねじの強度設計

2-6-1 • おねじの直径

「おねじに作用する力のかかり方により、断面に生じる応力が異なること」に注意しておねじの直径を決定します。

(a) 軸方向荷重のみが作用する場合

図2.20のように、フックのねじ部に軸方向荷重Fが加わる場合には、「この力をねじの谷底の断面（d_1：おねじの谷の径）で支える」と考えることができます。したがって、許容引張応力をσ_aとすると

$$F \leqq \frac{\pi}{4} d_1{}^2 \sigma_a \qquad (2.19)$$

となります。式(2.19)よりおねじの谷の径を求めることができ、その値からねじの呼び径を決定します。許容応力を決定するときには、ねじ底の応力集中を考慮しなければならないので、切欠き係数を2～4程度（三角ねじの場合）に見積もります。

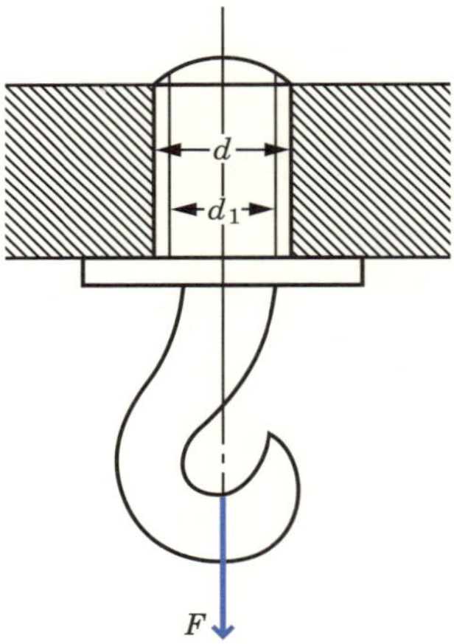

◆図2.20 軸方向荷重を受けるねじ

(b) せん断荷重が作用する場合

図2.21のようにボルトにより板を力Qで締め付けると、板と板との間（摩擦係数：μ）に摩擦力μQが生じます。ボルトと板の間にすきまがない場合（例えばリーマ穴とリーマボルト）には、板は滑らず「摩擦力とボルトに生じるせん断力とで板に作用する荷重Fを支える」ことができま

す。ボルトの許容せん断応力を τ_a とすると、板に加えることができる力 F は次式になります。

$$F \leqq \mu Q + \frac{\pi}{4} d^2 \tau_a \qquad (2.20)$$

板の滑りを防ぐ方法には、図 2.22 のようにボルトの外側にリングを挿入する方法もあります。

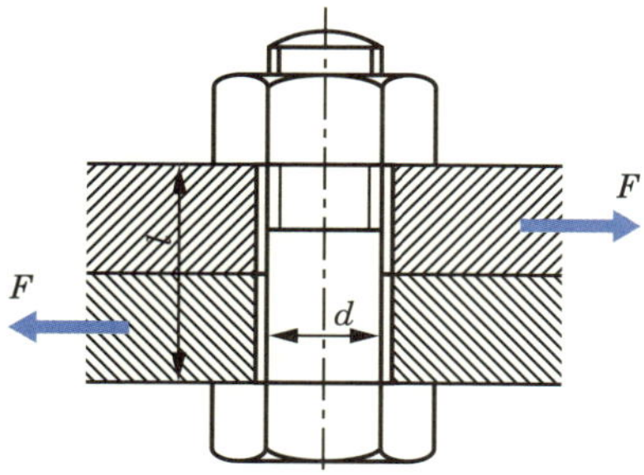

◆図 2.21　せん断荷重を受けるボルト

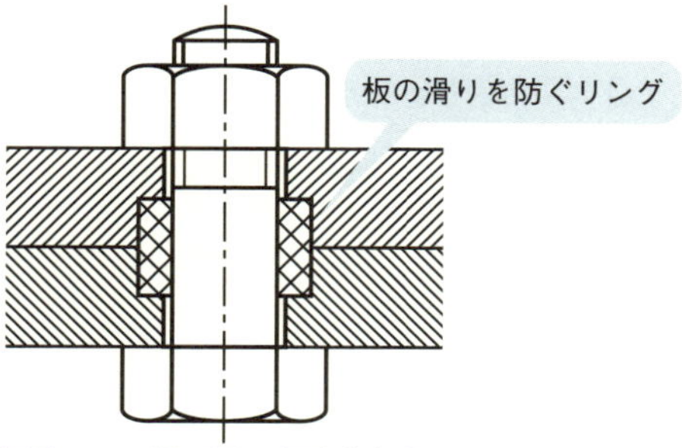

◆図 2.22　板の滑りを防ぐ方法

例題 2.3

材質 S15C の一般用メートル並目ねじ 1 本で、2 枚の鋼板を図 2.21 のように結合しています。この結合部に 20kN のせん断荷重を負荷するとき、ボルトを設計しなさい。このとき、「鋼板間の摩擦力が期待できない場合」と「ボルトの引張り応力 50MPa による摩擦力を考慮する場合」との両方で検討しなさい。ただし、ボルトの許容せん断応力を 40MPa、2 枚の鋼板間の摩擦係数を 0.2 とします。

解

①　鋼板間の摩擦力が期待できない場合

式(2.20)において摩擦力をゼロと置くことにより、次式を得ます。

$$F \leqq \frac{\pi}{4} d^2 \tau_a \qquad (1)$$

条件を代入すると次式になります。

$$20 \times 10^3 \leqq \frac{\pi}{4} d^2 \times 40 \times 10^6 \qquad (2)$$

これより d を解くと、$d \geqq 25.2$〔mm〕となります。六角ボルトの規格（表 2.3）からねじを選定すると M30 となります。

② 摩擦力が生じる場合

M30 より細い M24 と M20 のねじについて鋼板の最大引張り力 $\boldsymbol{F}$ を比較します。

M24（JIS B 0205 より、谷の径：20.752）の場合、ボルトの締め付け力 $\boldsymbol{Q}$ は次式となります。

$$Q = \frac{\pi}{4}(20.752 \times 10^{-3})^2 \times 50 \times 10^6 = 1.69 \times 10^4 \text{〔N〕} \qquad (3)$$

式(2.20)より、鋼板の最大引張り力 $\boldsymbol{F}$ は次式となります。

$$F = 0.2 \times 1.69 \times 10^4 + \frac{\pi}{4}(24 \times 10^{-3})^2 \times 40 \times 10^6 = 21.5 \times 10^3 \text{〔N〕} \qquad (4)$$

M20（JIS B 0205 より、谷の径：17.294）の場合、同様にして次の結果を得ます。

$$Q = \frac{\pi}{4}(17.294 \times 10^{-3})^2 \times 50 \times 10^6 = 1.17 \times 10^4 \text{〔N〕} \qquad (5)$$

$$F = 0.2 \times 1.17 \times 10^4 + \frac{\pi}{4}(20 \times 10^{-3})^2 \times 40 \times 10^6 = 14.9 \times 10^3 \text{〔N〕} \qquad (6)$$

したがって、「鋼板が滑らない」ようにすれば M24 のボルトでも 20kN 以上の荷重を支えることができます。また、計算過程で引張り応力は、ねじの最も細い部分（谷の径）で考え、せん断応力を検討する断面は軸部（ねじを切っていない部分）になっていると仮定しています。

COLUMN ねじ締結された板が滑ることの危険性

板のボルト穴をボルトの呼び径より少し大きめに空けておくと、組み立てが容易になります。しかし、ボルトと板のボルト穴との間のすきまにより板が滑り、図のようにボルトの曲がる危険性があります。このような場合には、軸部にはせん断力のほかに曲げモーメントにより曲げ応力が生じて危険な状態になります。

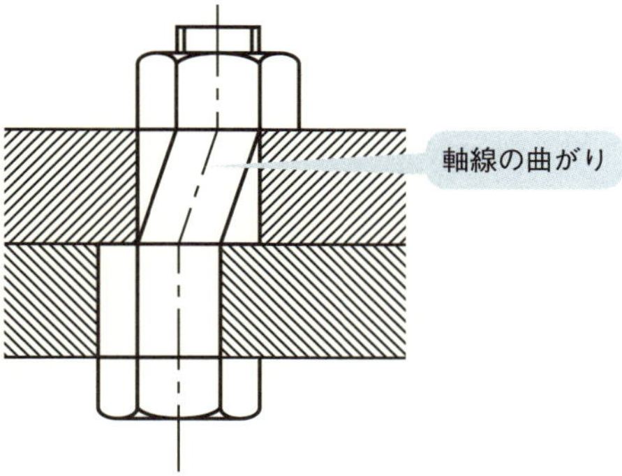

◆図　滑りによるボルトの曲がり

(c) 軸方向荷重とねじりが作用する場合

図2.23は、ねじを用いた豆ジャッキの構造を表しています。ねじを回して物体を持ち上げる際に、ねじには軸方向に荷重が作用します。また、ねじ面に生じる摩擦力を考慮すると、ねじは式(2.9)で計算されるトルクT_fによりねじられます。したがって、ねじの谷底（谷の径：d_1）に生じるねじり応力τは

$$\tau = \frac{T_f}{Z_p} = \frac{16}{\pi d_1^3} \frac{d_2}{2} Q\tan(\rho' + \beta) \tag{2.21}$$

となります。このせん断応力τと式(2.19)から得られる垂直応力σとが同時に作用しているので、垂直応力とせん断応力とは次式で与えられる相当垂直応力σ_e、相当せん断応力τ_eで評価します。

$$\sigma_e = \frac{\sigma}{2} + \frac{1}{2}\sqrt{\sigma^2 + 4\tau^2} \tag{2.22}$$

$$\tau_e = \frac{1}{2}\sqrt{\sigma^2 + 4\tau^2} \tag{2.23}$$

式(2.22)において、σが圧縮応力の場合には正の値として計算し、得られた相当垂直応力σ_e（正の値）は圧縮応力を表します。

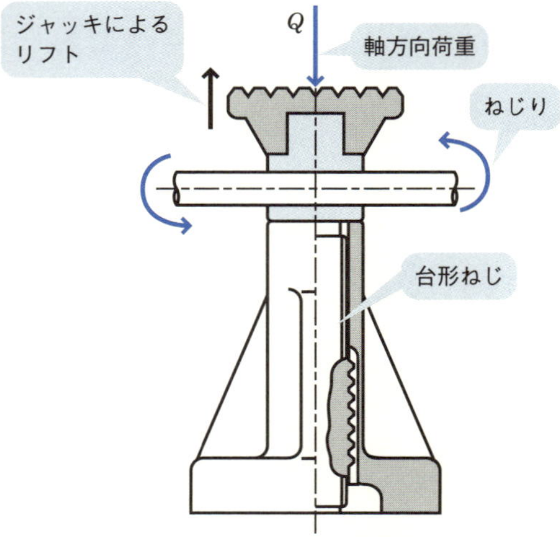

◆図 2.23　軸方向荷重とねじりを受けるねじ

COLUMN 組合せ応力

垂直応力とせん断応力とが同時に生じる状態を、多軸応力状態あるいは組合せ応力状態といいます。このような問題は軸でも（4 章参照）生じます。組合せ応力は垂直応力とせん断応力を個別の問題として求めた後に、最大垂直応力（相当垂直応力）σ_e、最大せん断応力（相当せん断応力）τ_e として評価します。したがって、式(2.22)、(2.23)により得られる相当垂直応力と相当せん断応力は個別に求めた垂直応力 σ とせん断応力 τ よりも大きくなることに注意しておきましょう。

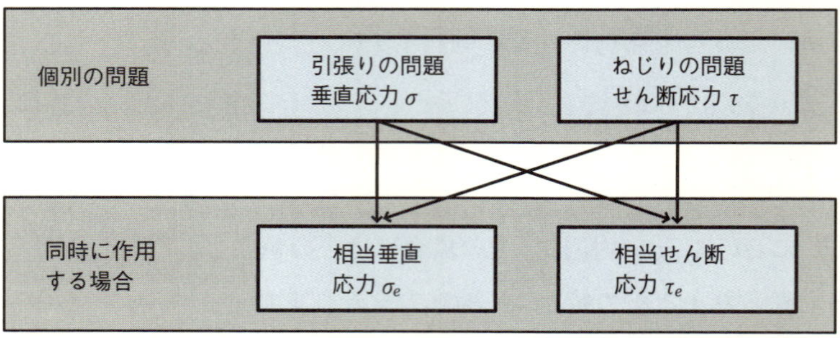

◆組合せ応力の概念図

(d) 軸方向の衝撃力が作用する場合

ねじの谷の部分には応力集中が生じるため、軸部（ねじを切っていない部分）に比べて疲労強度が低くなります。このようなねじに軸方向の衝撃力が作用すると、ねじの谷底から破壊する危険性があります。この対策として、軸部を細くして（伸びやすくして）衝撃エネルギを軸部で吸収する方法があります（図 2.17 (b)参照）。このようにすると、ねじ部の応力集中を軽減できて、ボルト全体の強度が向上します。

COLUMN ねじの破損による事故

部材をねじで一体化すると、つながっている箇所は全体から見るとかなり狭い領域です。つまり、ねじで固定している箇所には一般的に大きな応力が発生するので、ねじの破損がしばしば発生します。

- **中華航空機炎上事故**（2007 年に那覇空港で発生）
  座金が無かったため、ボルトが脱落し、燃料タンクを突き破って炎上した事故。
- **大型トラックのホイール・ボルト破損による車輪脱落事故**
  1999 年から 6 年間に約 100 件発生。締め付け力不足、過締め付け、金属疲労などが原因。
- **ジェットコースターのボルト破損**
  世界各地のテーマパークで同種の事故が発生。多くの場合、金属疲労に対するメンテナンスに問題があったようです。

2-6-2 ● ねじのかみ合い長さ

おねじとめねじのかみ合う長さは次の 2 つの観点から検討されます。

・ねじの根元での許容せん断応力

図 2.24 のように、ねじ山の根元の AB 部分でせん断破壊をおこさないようにかみ合い長さを決定します。おねじの谷の径はめねじのそれより小さいので、おねじの谷の底でのせん断破壊だけを考えればよいことになります。かみ合い長さ L、おねじの谷の径を d_1 とすれば、かみ合い部分の円筒の面積 A_s は、

$$A_s = \pi d_1 \times L \tag{2.24}$$

となります。ボルトの谷の底ABでの許容せん断応力 τ_a とねじの軸方向に荷重 Q は次式の関係を満たさなければなりません。

$$Q \leqq \pi d_1 L \tau_a = \pi d_1 z p \tau_a \tag{2.25}$$

ここで、z はかみ合いの山数を表し、p はねじのピッチで $L = zp$ の関係があります。

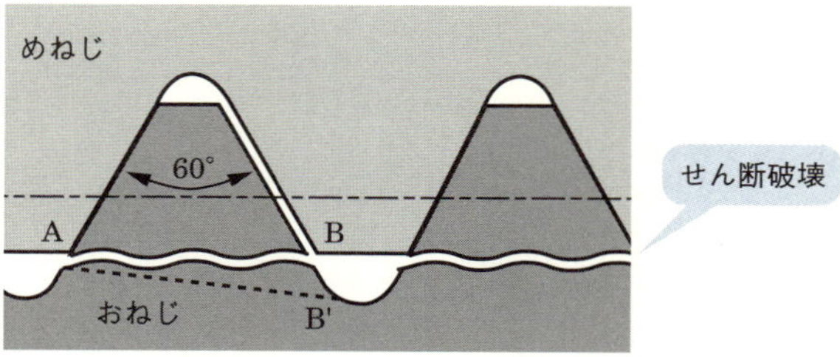

◆図 2.24　ねじ山のせん断破壊

・ねじ面の許容接触面圧

おねじとめねじの接触面での面圧を、許容値以下になるようにかみ合い長さを決定します。おねじ（呼び径：d、谷の径：d_1）とめねじの接触面の面積は $\frac{\pi}{4}(d^2 - d_1{}^2)z$ と見積もれます。したがって、許容面圧を q_a とすると次式の関係を満たさなければなりません。

$$Q \leqq \frac{\pi}{4}(d^2 - d_1{}^2) z q_a \tag{2.26}$$

ここで、接触面圧は表 2.5 により与えられます。

◆表 2.5　ねじの許容接触面圧

おねじ	めねじ	許容面圧〔MPa〕	
		締め付け用	移動用
軟鋼	軟鋼または青銅	30	10
硬鋼	軟鋼または青銅	40	13
硬鋼	硬鋼	40	13
硬鋼	鋳鉄	15	5

例題 2.4

M16（谷の径：13.835mm）のねじを 12mm ねじ込み、軸方向に 5kN の力で引張るとき、ねじ山のせん断応力と平均接触面圧とを求めなさい。ただし、初期締め付け力は無視できるほど小さいとします。

解

M16：表 2.3 より、$p=2$〔mm〕、かみ合い山数 $z=12/2=6$。

式 (2.25) をせん断応力 τ について解くと次式になります。

$$\text{せん断応力：}\tau=\frac{Q}{\pi d_1 L}=\frac{5\times10^3}{\pi\times13.835\times10^{-3}\times12\times10^{-3}}$$

$$=9.59\times10^6\text{〔Pa〕}\qquad(1)$$

式 (2.26) を接触面圧 q について解くと次式になります。

$$\text{接触面圧：}q=\frac{Q}{\frac{\pi}{4}(d^2-d_1{}^2)z}=\frac{5\times10^3\times4}{\pi(16^2-13.835^2)\times(10^{-3})^2\times6}$$

$$=16.43\times10^6\text{〔Pa〕}\qquad(2)$$

第2章：演習問題

問1 炭素鋼鍛鋼品（たんこうひん）SF440で10kNを吊るすためのフックを設計します（図2.20参照）。フックに必要な並目の一般用メートルねじの呼び径とねじ山の根元での許容せん断応力からねじの長さを決定しなさい。ただし、引張りについては基準応力を引張強さに選び安全率10、許容せん断応力を25MPaとします。また、初期締め付け力は考えないものとします。

問2 M20（有効径：18.376mm）とM20×1（有効径：19.350mm）のねじの効率を比較しなさい。ただし、ねじ面の摩擦係数は0.15とします。

問3 厚さ20mmの鋼板2枚をM16の軟鋼のボルト1本で2,000Nの初期締め付け力で締め付けています。この板を図2.15のように$P=1000$〔N〕の力で引き離そうとするときに、ボルトに生じる最大張力と板に生じる締め付け力を求めなさい。ただし、ボルトの二面幅$B=24$〔mm〕、鋼の縦弾性係数$E=206$〔GPa〕とします。

問4 Tr32×6（有効径：29.000mm）を送りねじに用いて5,000Nの負荷を移動させるとき、ねじを回転させるのに必要なトルクと効率を計算しなさい。ただし、ねじ面の摩擦係数は0.1とします。

問5 M16（有効径：14.701mm、谷の径：13.835mm）のねじを有効長さ200mmのスパナで締め付け、ねじに10kNの締め付け力を生じさせたい。スパナに加える力を求めなさい。ただし、ねじ面と座面での摩擦係数はともに0.2とします。

問6 前問において、ねじ部に生じる最大引張り応力と最大せん断応力を求めなさい。

第3章

溶接継手

代表的な溶接継手に「グルーブ溶接」と「すみ肉溶接」とがあります。それぞれの溶接方法において、溶接部の断面に相当する「のど部」を考え、のど部に生じる応力を基に強度設計します。どこがのど部になるのかが設計のポイントです。実際の設計では、ハンドブックの公式から該当する溶接方法と荷重の条件を探し、応力の公式を適用します。

3-1 溶接の種類

溶接（welding）は、金属などの材料を溶融させて結合する方法で、「接合強度が高い」、「接合部の気密性が高い」などの優れた特徴をもっています。近年、溶接技術の進歩と自動化の導入により、船舶、車輌、橋梁（きょうりょう）、建築、機械など幅広い工業分野で利用されています。

溶接法はその熱源により、次のように分類できます。

・**アーク溶接**（arc welding）

母材と溶接棒（溶接ワイヤ）の間でアーク放電させ、その熱を利用して溶接する方法です。溶接棒の被覆材から発生するガスで溶接箇所の酸化・窒化を防ぐ方法と、溶接ワイヤの周囲にアルゴンやCO_2などのシールドガスで覆う方法とがあります。

・**ガス溶接**（gas welding）

可燃ガスを燃焼させた熱を利用して溶接する方法です。酸素アセチレン溶接が一般的で、薄板の溶接に適しています。

・**抵抗溶接**（resistance welding）

母材を圧着して通電し、そのときの抵抗熱で金属を溶かして接合する方法です。抵抗溶接の代表例であるスポット溶接は、自動車の組み立てラインにある溶接ロボットとして利用されています。

・**レーザー溶接**（laser beam welding）

レーザー光線を集光させて高温を得る溶接方法です。表面で反射を起こすような材料には適用できません。

3-2 溶接に関する用語と継手の種類

設計に必要な基本的な用語を図 3.1、図 3.2 に示します。

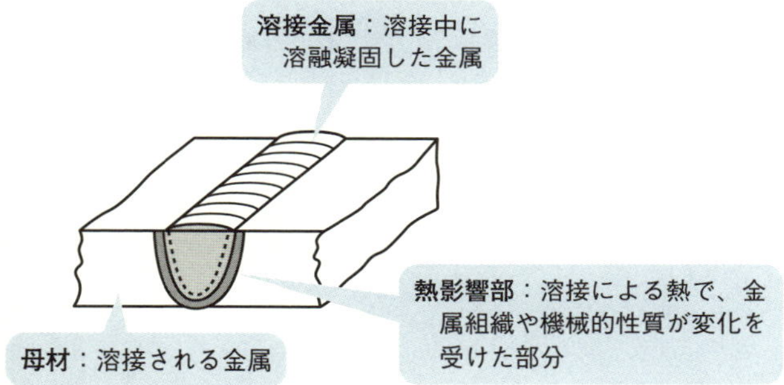
溶接金属：溶接中に溶融凝固した金属
熱影響部：溶接による熱で、金属組織や機械的性質が変化を受けた部分
母材：溶接される金属

◆図 3.1　溶接部

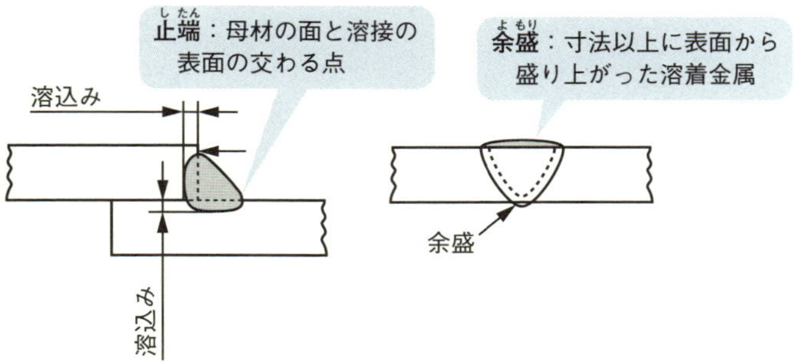
止端（したん）：母材の面と溶接の表面の交わる点
余盛（よもり）：寸法以上に表面から盛り上がった溶着金属
溶込み
溶込み
余盛

◆図 3.2　溶込みと余盛

溶接継手（welded joint）には、図 3.3 に示すような種類があります。

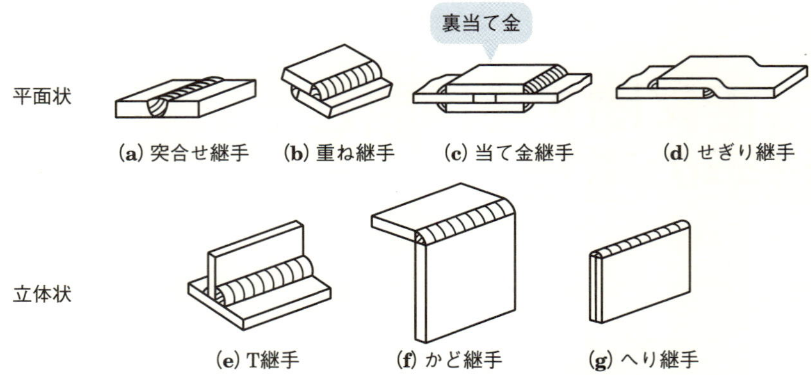

◆図 3.3　溶接継手の種類

図 3.3 に示す継手をつくるための代表的な溶接の種類に、グルーブ溶接（groove weld）とすみ肉溶接（fillet weld）とがあります。

・グルーブ溶接

グルーブ溶接は、板の端面にグルーブ（開先（かいさき））を加工して溶接金属を十分に溶け込ませる方法です。開先は片面あるいは両面を図 3.4 のように加工します。

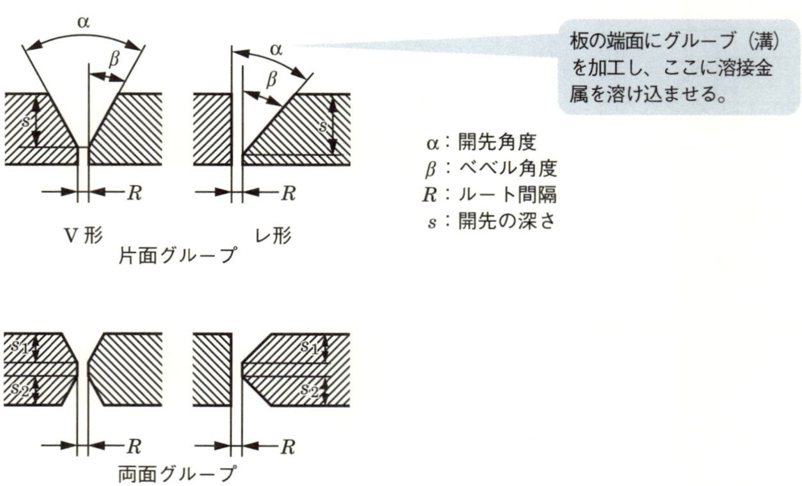

◆図 3.4　グルーブの種類

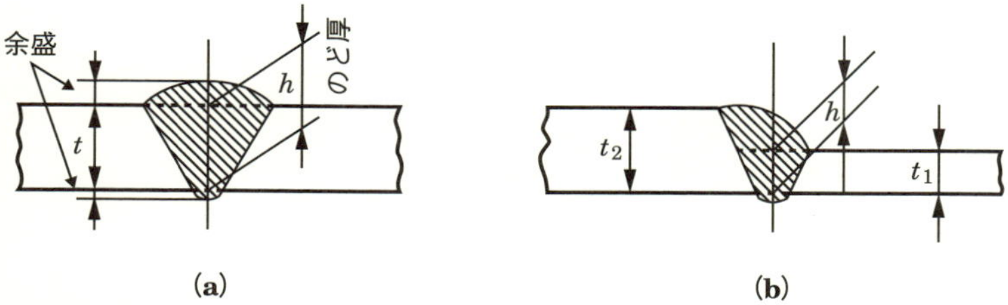

◆図 3.5　突合せののど厚

図 3.5 に示す突合せののど厚（throat）は、溶接継手の強度設計の際、溶接部の厚さに相当する寸法になります。

・すみ肉溶接

図 3.6 のように、開先を取らずに直交する 2 つの面を三角形断面の盛金（もりがね）で接合する溶接方法をすみ肉溶接といいます。すみ肉溶接では、測定の容易な図中の脚長（きゃくちょう）（サイズ）s の寸法を図面に記入します。しかし、設計に必要な溶接部の厚さに相当するのど厚 h は、図のように断面に含まれる最大の三角形の高さで評価します。

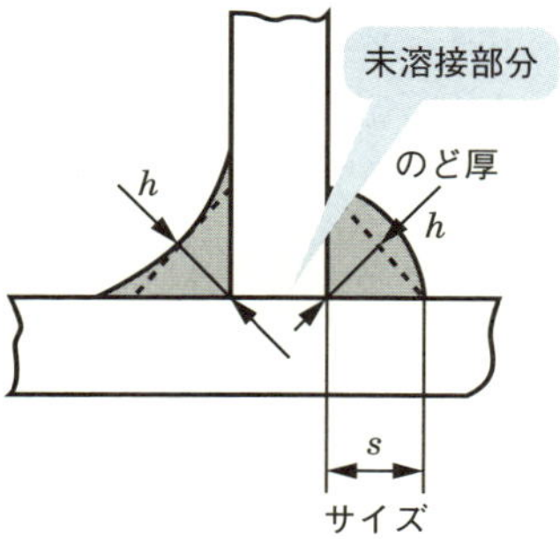

◆図 3.6　すみ肉溶接とのど厚

COLUMN　焼き割れ

焼入れの熱処理をした時に生じる割れを焼き割れといいます。溶接も熱処理と同じ効果があるので、焼き割れが問題になります。例えば、S45C（炭素含有量 0.45%の鋼）のような炭素含有量の多い鋼では、マルテンサイト変態による体積膨張が原因となり割れが生じます。同じ鋼でも低炭素鋼（例えば S20C：炭素含有量 0.20%の鋼）では問題になりません。このように、似た材料でも溶接性の良し悪しがあるので、溶接に際しては母材・溶加材（接中に加えられる金属）の性質を考慮する必要があります。

3-3
溶接による変形と残留応力

溶接作業において高温の溶接金属や母材が冷却されると収縮し、溶接後に変形が生じたり（図3.7参照）、部材内部に**残留応力**（residual stress）が生じたりします。一般に、部材を拘束して溶接すると残留応力が大きくなり、外部拘束をなくして自由にすると変形が大きくなるので、残留応力と溶接による変形とは相反する関係にあります。したがって、使用目的により残留応力と変形とのどちらを少なくするかを決定します。通常は構造部材として用いられる厚板では残留応力を小さくし、外板などの薄板では変形を小さくします。

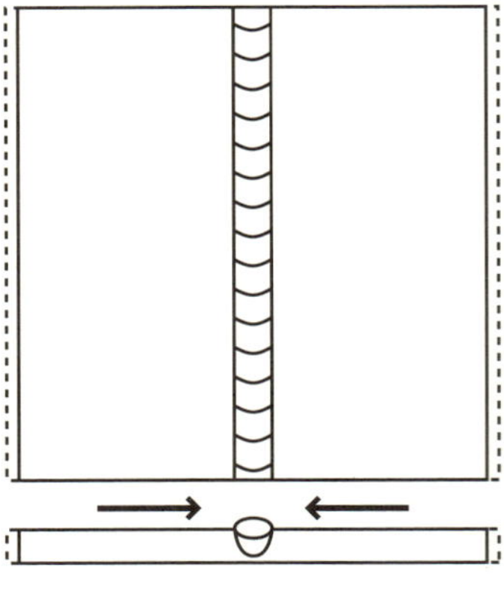
(a) 横収縮

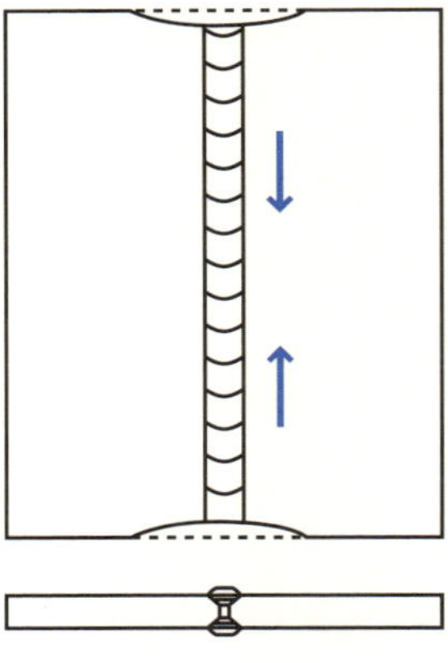
(b) 縦収縮

◆図3.7(a)(b)　溶接による変形

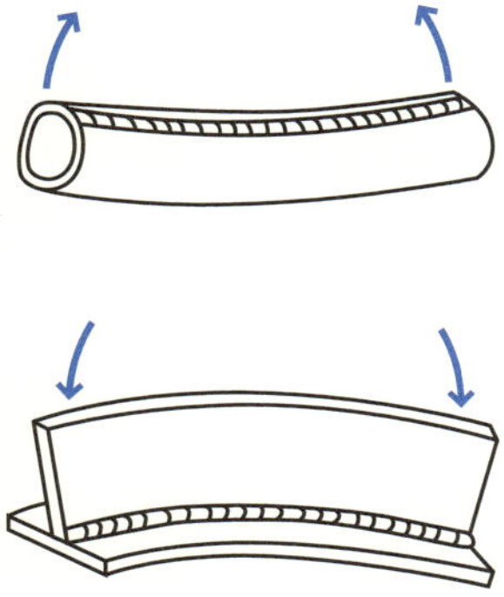

(c) 縦曲がり変形

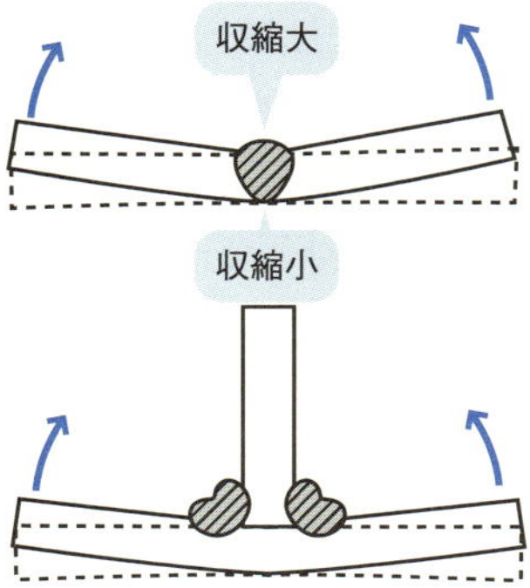

(d) 角変形

◆図 3.7(c)(d)　溶接による変形

COLUMN 溶接箇所の検査技術

溶接は割れやピンホール・ブローホールのような空洞状の欠陥を生成しやすい加工方法です。これらの欠陥を探すことを**探傷検査**といい、次のような方法があります。

- **超音波探傷**：「超音波が欠陥の表面で反射するエコー」により内部欠陥を探す方法です。
- **放射線透過試験**：放射線を透過させたときに、透過度の違いから内部欠陥を探す方法です。
- **浸透探傷**：表面の微細な傷に色のついた浸透材を染み込ませた後、白色の微粉の塗膜を作ると、毛細管現象で浸透材が吸い出されます。これにより表面の欠陥を模様として観察できます。
- **磁粉探傷**：試験体を磁化したときに、表面近傍に割れなどがあると磁束が乱れ、試験体の外に漏れます。これに磁粉が吸い寄せられ、模様となって検出できます。

3-4 溶接継手の強度計算

3-4-1 • 溶接の「のど部」

どのような強度計算においても「加わる荷重の大きさ」と「力を受ける面の面積」とが分かれば、力を受ける面の応力を計算できます。このとき、考察する面に対する力の方向によって、垂直応力かせん断応力になるかを考慮します。溶接箇所の強度計算をする場合には、「のどの断面」に作用する応力が許容応力以下になるように継手の寸法を決定します。この「のど部断面積 A_w」は、「(のど厚さ) × (溶接部の長さ)」となり、次のようにまとめられます。

・**グルーブ溶接**

$A_w = h \times l$　(h：突合せののど厚、l：溶接長さ)

・**すみ肉溶接**

$A_w = h \times l = 0.707sl$

(h：すみ肉ののど厚、s：すみ肉のサイズ、l：溶接長さ)

溶着部には余盛をするのが一般的ですが、設計において余盛の寸法は考慮しません。

3-4-2 • 溶接継手の応力の計算公式

・突合せ継手

突合せ継手に生じる応力は、表3.1にまとめられる計算式で算出できます。突合せ継手は強度上の信頼性が高く、大きな引張り荷重、繰返しや衝撃荷重を受ける場合に使用されます。しかし、欠点として「グルーブを設ける前工程が増えること」、「残留応力・熱変形が大きいこと」があげられます。

◆表 3.1　突合せ継手の応力計算式

①曲げを受ける突合せ継手

$$\sigma_{b\max}=\frac{6M}{lt^2}$$

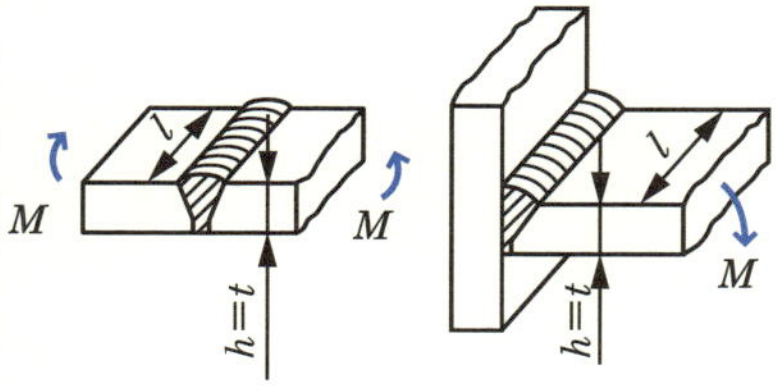

②曲げとせん断を受ける突合せ継手

$$\sigma_{b\max}=\frac{6PL}{lt^2}$$

$$\tau_{\max}=\frac{3P}{2lt}$$

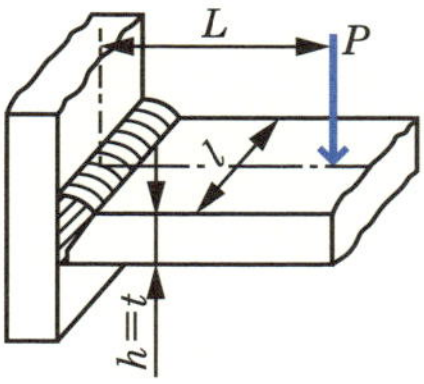

③引張りを受ける不溶接部のある突合せ継手

$$\sigma=\frac{P}{2lh}$$

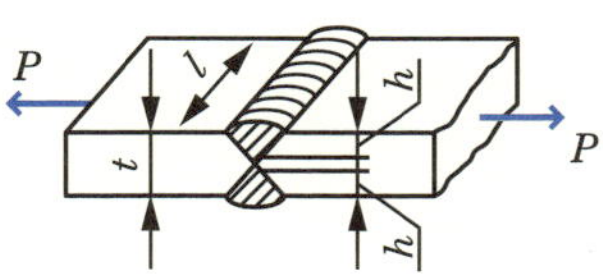

④曲げを受ける不溶接部のある突合せ継手

$$\sigma_{b\max}=\frac{3Mt}{lh\,(3t^2-6th+4h^2)}$$

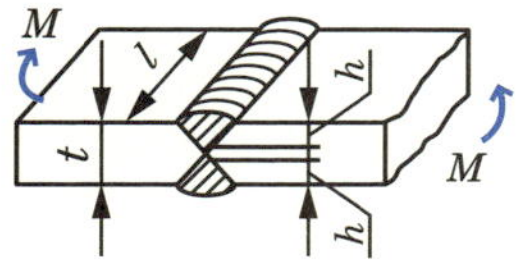

⑤曲げとせん断を受ける不溶接部のある突合せ継手

$$\sigma_{b\max}=\frac{3PLt}{lh\,(3t^2-6th+4h^2)}$$

$$\tau_{\max}=\frac{3P}{4lh}$$

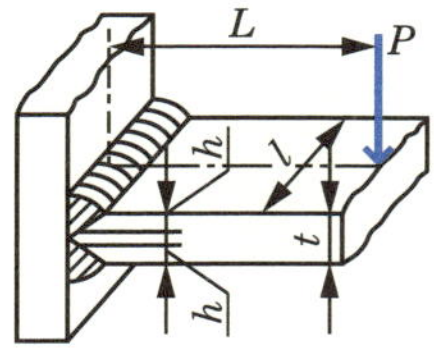

⑥縦曲げを受ける不溶接部がある突合せ継手

$$\sigma_{b\max}=\frac{3M}{l^2h}$$

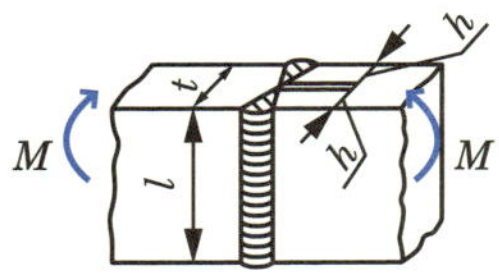

・すみ肉溶接

すみ肉溶接継手に生じる応力は、表 3.2 にまとめられる計算式で算出できます。すみ肉溶接では、図 3.6 に示されるような未溶接部分（き裂と同じ効果になります）が内部に存在するため、グルーブ溶接と比較すると信頼性が低くなります。

◆表 3.2 すみ肉溶接継手の応力計算式

①引張りを受ける前面すみ肉継手 $\sigma = \frac{0.707P}{ls}$ 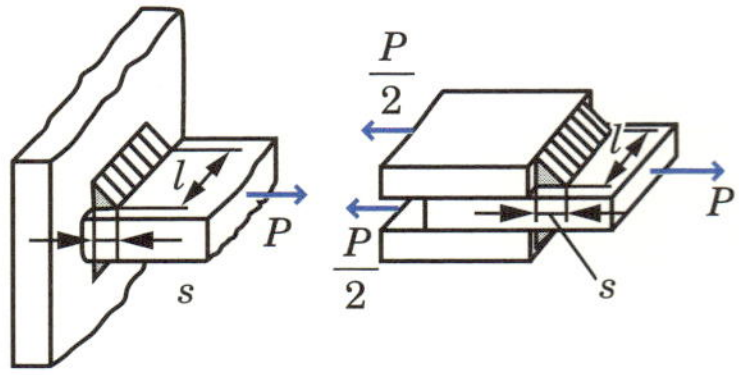	④縦曲げを受けるすみ肉継手 $\sigma_{b\max} = \frac{4.24M}{l^2 s} = \frac{4.24PL}{l^2 s}$ $\tau_{\max} = \frac{1.06P}{ls}$ 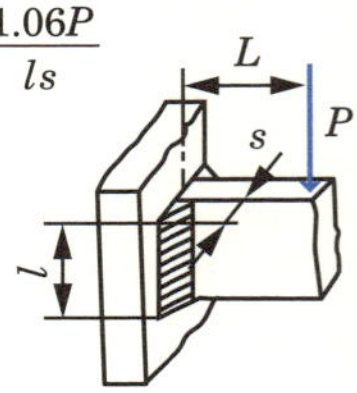
②引張りを受ける前面すみ肉継手 （板厚の異なる場合） $\sigma_1 = \frac{1.414Pt_1}{l_1 s_1 (t_1+t_2)}$ $\sigma_2 = \frac{1.414Pt_2}{l_2 s_2 (t_1+t_2)}$ 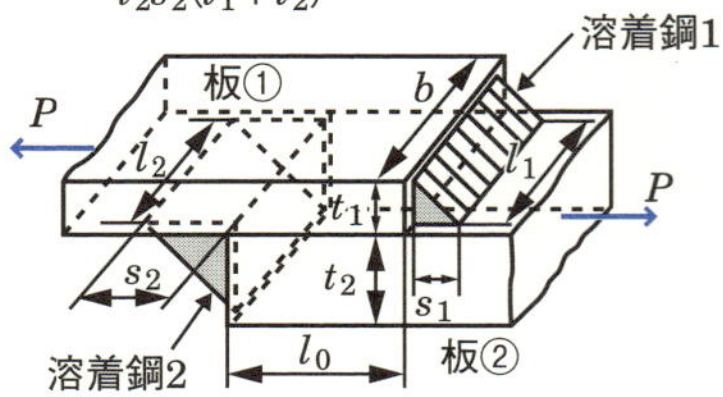	⑤曲げを受ける全周すみ肉溶接 $\sigma_{b\max} = \frac{10.2M\,(d+1.414s)}{(d+1.414s)^4 - d^4}$ 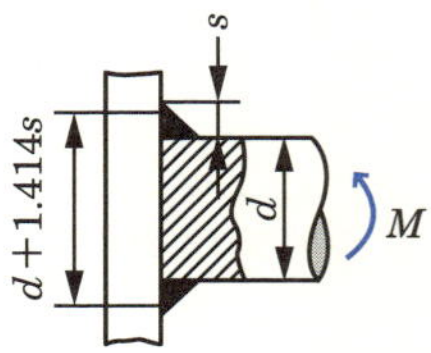
③引張りを受ける側面すみ肉継手 （片面あて板） $\tau = \frac{0.707P}{ls}$ 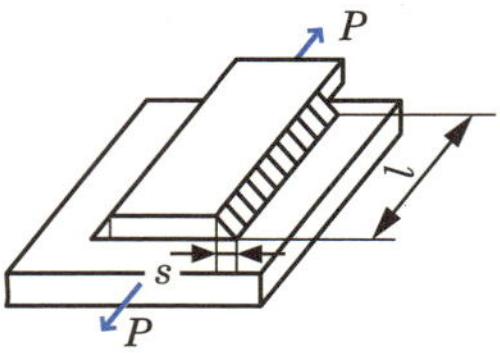	⑥ねじりを受ける全周すみ肉溶接 $\tau = \frac{5.1T\,(d+1.414s)}{(d+1.414s)^4 - d^4}$ $\tau = \frac{0.9T}{s\,(d+0.5s)^2}$ 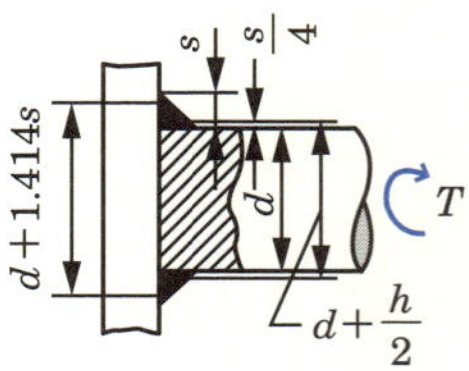

実際に溶接箇所の設計をする場合には、「溶接の種類」と「荷重のかかり方」に注意してハンドブック（例えば、大西清著「機械設計製図便覧」理工学社）にある公式を適用します。公式を導くことは、材料力学の良い演習になるので、ここでは表3.2のNo.2のような「板厚t_1、t_2の板をすみ肉溶接した重ね継手を荷重Pで引張る場合の溶着部の応力」について考えてみましょう。

上下の板に生じる引張り力が未知なので、これは材料力学の不静定問題になります。上下の板（縦弾性係数：E）に生じる引張り力をP_1、P_2とすると、それぞれの板の伸びλ_1、λ_2は次式のようになります（図3.8参照、$\sigma = E\varepsilon$、$\sigma = P/A$、$\varepsilon = \lambda / l_0 \rightarrow \lambda = (Pl_0)/(AE)$）。

$$\lambda_1 = \frac{P_1 l_0}{bt_1 E}、\ \lambda_2 = \frac{P_2 l_0}{bt_2 E} \tag{3.1}$$

変形は等しく$\lambda_1 = \lambda_2$となるので、次の関係を得ます。

$$\frac{P_1}{P_2} = \frac{t_1}{t_2} \tag{3.2}$$

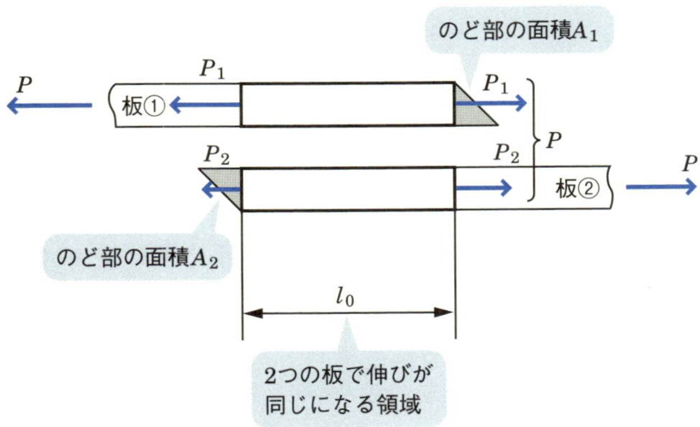

◆図3.8　重ね継手の引張り変形

また、$P_1 + P_2 = P$の関係が成立します。すみ肉溶接の「のど部の断面積」は上下の板でそれぞれ

$$A_1 = h_1 l_1 = \frac{s_1 l_1}{\sqrt{2}}、\ A_2 = h_2 l_2 = \frac{s_2 l_2}{\sqrt{2}} \tag{3.3}$$

となり、のど部の応力はそれぞれ次式のように得られます。

$$\sigma_1 = \frac{P_1}{A_1} = \frac{1.414Pt_1}{l_1 s_1 (t_1 + t_2)}、\quad \sigma_2 = \frac{P_2}{A_2} = \frac{1.414Pt_2}{l_2 s_2 (t_1 + t_2)} \tag{3.4}$$

第3章：演習問題

問1 長さ200mm、幅100mm、厚さ20mmの鋼板を図1のように突合せ溶接した溶接継手があります。板の先端に1kNの荷重が作用するとき、溶接部に生じる応力を求めなさい。

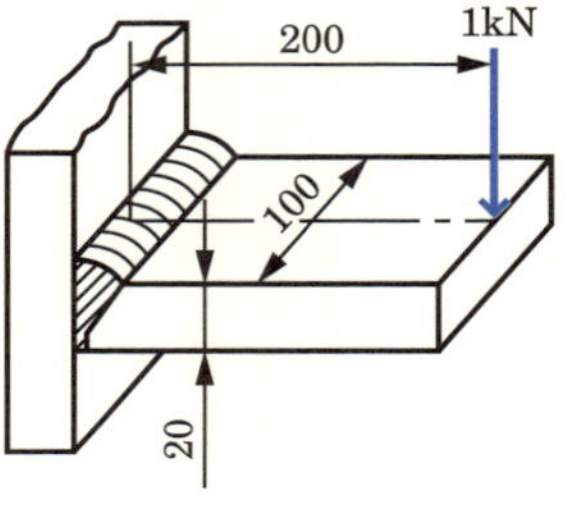

◆図1

問2 図2のように「厚さ10mmの板の両側をすみ肉溶接した溶接継手に100kNの引張り荷重が作用する」とき、溶接部に生じる応力を求めなさい。

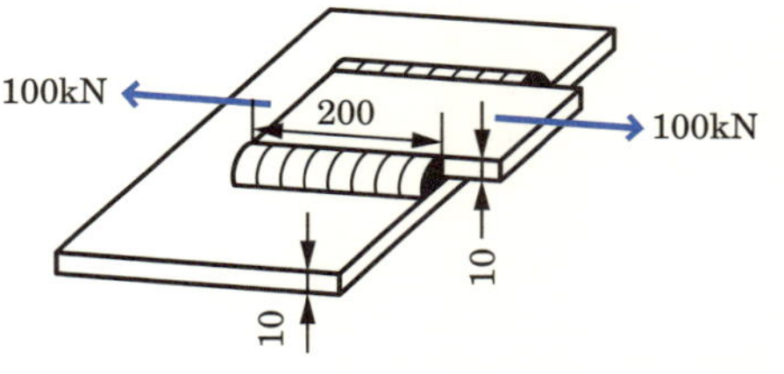

◆図2

問3 表3.1のNo.4のような「不溶接部のある突合せ継手に曲げモーメントMが作用する場合」について、溶接部に生じる曲げ応力の式を導きなさい。ただし、不溶接部は板中央にあり、のど厚hの溶接部が上下対称に配置されているとします。

問4 表3.2のNo.6のような「全周すみ肉溶接した直径dの丸棒がねじりモーメントTを受ける場合」について、溶接部に生じる応力の式を導きなさい。

第4章

軸、キーおよび軸継手

動力源から動力を伝達している駆動系の中で、軸を最初に設計します。動力を伝える軸はねじりを、荷重を支える軸は曲げを受けるので、これらを基に軸径を設計します。ねじりと曲げの両方を同時に受ける軸も「相当ねじりモーメント」と「相当曲げモーメント」に換算して求めることができます。
キーや軸継手は軸径を基に設計します。

4-1 動力とトルク・角速度の関係

単位時間当たりの仕事（仕事＝力×移動距離）を動力といいます。

(a) 等速直線運動の場合（図 4.1 (a) 参照）

「力 F が作用して時間 s の間に仕事を行う場合、単位時間当たりの仕事 H」は、移動距離を L とすると「$(F \times L) / s$」になります。これを「$F \times (L / s)$」と表せば、力×速度が動力になります。

$$H = Fv \tag{4.1}$$

動力の単位は Nm/s＝J/s＝W（ワット）で表します。

(b) 等速回転運動の場合（図 4.1 (b) 参照）

図のように半径 r の軸において、点 A に力 F が周方向に作用して等速回転し、時間 s で点 A が点 A′ に移動する場合を考えてみます。点 A に作用する力が単位時間に行う仕事は、移動距離が $r\theta$ なので「$F \times (r\theta) / s$」となります。これを「$(F \times r) \times (\theta / s)$」と表せば、「ねじりモーメント T $(= F \times r)$ が作用して、角速度 ω $(= \theta / s)$ で軸が回転する場合」の単位時間に行う仕事と考えられます。角速度を 1 分間当たりの回転数 n〔rpm〕で表すと、1 回転の角度は 2π〔rad〕なので、$\omega = 2\pi n / 60$ となります。

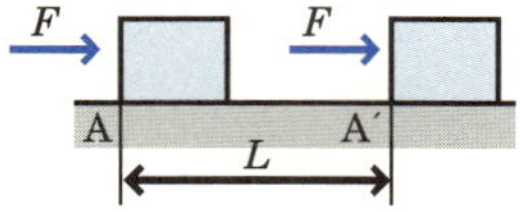

(a) 等速直線運動の場合

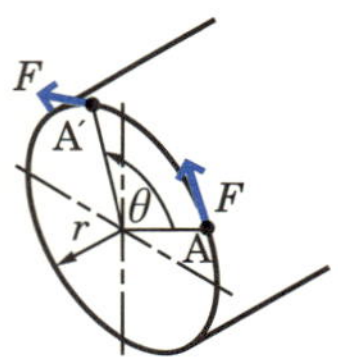

(b) 等速回転運動の場合

◆図 4.1 動力

したがって、動力 H は次式で表されます。

$$H = T\omega = T\frac{2\pi n}{60} \tag{4.2}$$

例題 4.1

図 4.2 のように、質量 M＝100〔kg〕の物体につながるロープを直径 D＝400〔mm〕のドラムで巻上げる状態を考えます。物体を一定速度 v＝1〔m/s〕で巻き上げるための動力を求めなさい。ただし、重力加速度 g＝9.8〔m/s^2〕とします。

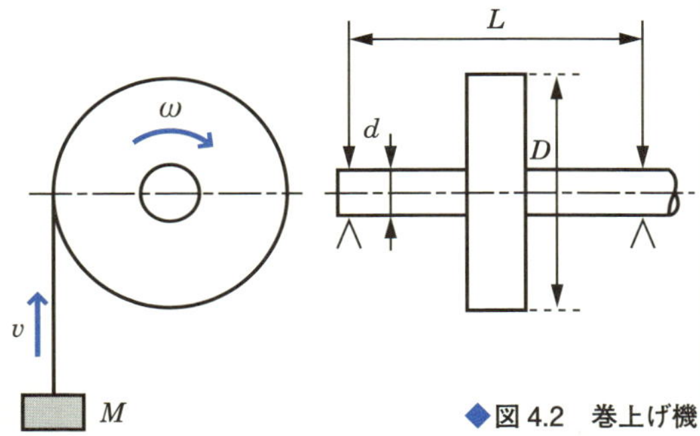

◆図 4.2　巻上げ機

解

・物体に着目すると

力：100g〔N〕、速度:1〔m/s〕、動力：$100 \times 9.8 \times 1 = 980$〔W〕　(1)

・ドラムを回す軸に着目すると

ねじりモーメント：$100g \times (200 \times 10^{-3})$〔Nm〕、

角速度 ω〔rad〕：$(200 \times 10^{-3})\,\omega = 1$

動力：$100 \times 9.8 \times (200 \times 10^{-3}) \times (200 \times 10^{-3})^{-1} = 980$〔W〕　(2)

当然のことながら、どちらに着目しても同じ結果を得ます。

COLUMN　動力計（動力を測定する機器）

２種類に大別でき、１つは動力吸収装置に動力を吸収させて力や電気に変換して測定する、水動力計、空気動力計、電気動力計などがあります。もう１つは伝動途中のねじりモーメントを測定するもので、ねじり動力計、歯車動力計、ベルト動力計などがあります。動力はトルクと角速度の積なので、単純に動力の大小（容量）だけで測定に必要な動力計を決定できません。トルク・回転特性（高速・低速、定常・非定常など）や試験目的、使用条件などに応じて動力計を選択しなければなりません。

4-2
軸の種類

回転する棒状の機械部分を一般に**軸**（shaft）と呼び、受ける外力や形状から表 4.1 のように分類できます。

◆表 4.1　軸の種類

伝動軸 (line shaft) 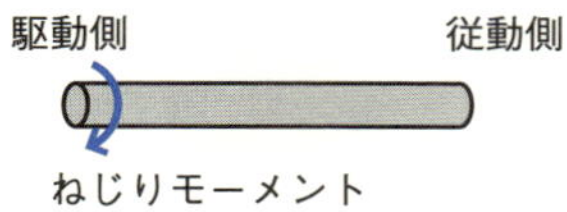 〔特徴〕ねじりモーメントを受ける軸 〔用途〕（強度設計）動力を他の部分へ伝える軸	**車軸 (axle)** 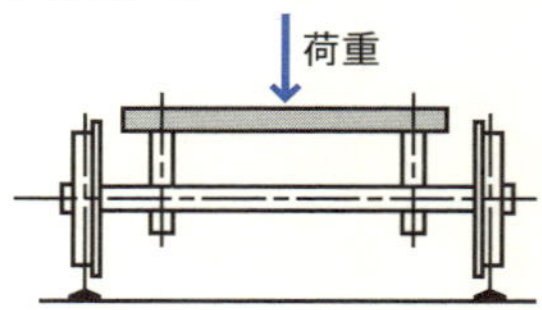 〔特徴〕曲げモーメントを受ける軸 〔用途〕（強度設計）車両の車輪をつなぐ軸
機械軸 (spindle) 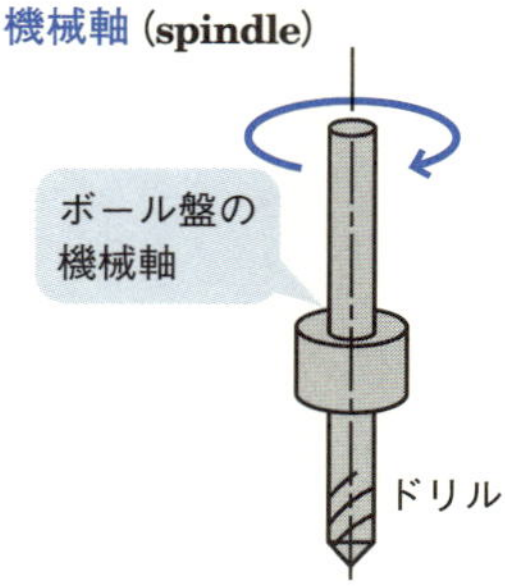 〔特徴〕変形を小さくした軸 〔用途〕（精度設計）工作機械の主軸	**クランク軸 (crank shaft)** 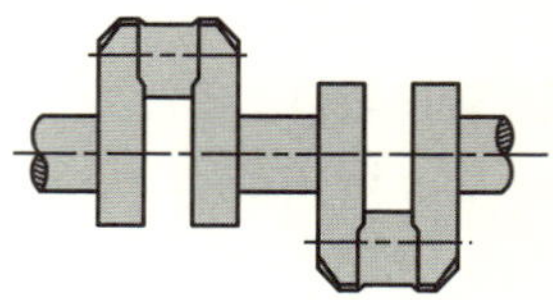 〔特徴〕往復運動を回転運動に変える軸 〔用途〕ピストンクランク機構
たわみ軸 (flexible shaft)  〔特徴〕トルクの伝達方向を変える軸 〔用途〕小動力・高回転を任意の方向へ変えて伝動する軸	

4-3 軸径の設計

本章の後半で解説するキーと軸継手とは軸の付属品と考えることができるので、これらの部品寸法は軸径を基に設計します。したがって、まず軸を設計して、次にキーや軸継手を設計します。

軸の設計では、軸径と長さを決めなければなりません。これらのうち長さは動力源と従動部分の配置によって決定されます。したがって、ここでは「軸径の決定」を中心に解説します。

軸径は「部品点数を減らすため（標準数）」、「軸端でのはめあい」、「軸受の内径」の要件からJISで標準化されています（表4.2参照）。

◆表4.2　軸の直径（JIS B0901-1977より抜粋）

軸径	軸径数値のより所			軸径	軸径数値のより所			軸端	軸径数値のより所		
	標準数	円筒軸端	転がり軸受		標準数	円筒軸端	転がり軸受		標準数	円筒軸端	転がり軸受
4	○		○	15			○	38		○	
4.5	○			16	○	○		40	○	○	○
5	○			17			○	42		○	
5.6	○			18	○	○		45	○	○	○
6		○	○	19		○		48		○	
6.3	○			20	○	○	○	50	○	○	○
7		○	○	22		○	○	55		○	○
7.1	○			22.4	○			56	○	○	
8	○	○	○	24		○		60		○	○
9	○	○	○	25	○	○	○	63	○	○	
10	○	○	○	28	○	○	○	65		○	○
11		○		30		○	○	70		○	○
11.2	○			31.5	○			71	○	○	
12		○	○	32		○	○	75		○	○
12.5	○			35		○	○	80	○	○	○
14	○	○		35.5	○			85		○	○

軸の断面は強度や工作の容易さから、一般的には中実円形ですが、重量の軽減あるいは軸の冷却のために中空円形のものもあります。

軸径の決定方法は、①伝動軸のように強度が必要になる場合（「4-3-1」参照）と、②機械軸のように精度が重要になる場合（「4-3-2」参照）とで異なります。

4-3-1 ● 軸径の強度設計

(a) ねじりモーメントのみが作用する場合

ねじりモーメントTが作用して、ねじりのみ受ける中実丸棒に生じるねじり応力τ_{max}は、次式のようになります。

$$\tau_{max} = \frac{T}{I_p}\frac{d}{2} = \frac{16T}{\pi d^3} \tag{4.3}$$

ここで、I_p：断面二次極モーメント、d：軸の直径 を表します。式(4.3)の断面二次極モーメントを中空断面のそれに変更すると、中空丸棒では次式となります。

$$\tau_{max} = \frac{T}{I_p}\frac{d_2}{2} = \frac{16Td_2}{\pi(d_2^4 - d_1^4)} = \frac{16T}{\pi(1-n^4)d_2^3} \tag{4.4}$$

ここで、d_1：軸の内径、d_2：軸の外径、$n = d_1/d_2$：軸の内外径比 を表します。せん断許容応力τ_aが与えられるとき、軸径は式(4.3)、(4.4)から決定できて、次式のようになります。

$$\text{中実丸棒：} d = \sqrt[3]{\frac{16T}{\pi\tau_a}} \tag{4.5}$$

$$\text{中空丸棒：} d_2 = \sqrt[3]{\frac{16T}{\pi(1-n^4)\tau_a}} \tag{4.6}$$

(b) 曲げモーメントのみが作用する場合

「曲げモーメントMのみが作用する場合」に曲げ応力σ_{max}は、次式のようになります。

$$\text{中実丸棒：} \sigma_{max} = \frac{M}{I}\frac{d}{2} = \frac{32M}{\pi d^3} \tag{4.7}$$

$$\text{中空丸棒：} \sigma_{max} = \frac{M}{I}\frac{d_2}{2} = \frac{32Md_2}{\pi(d_2^4 - d_1^4)} = \frac{32M}{\pi(1-n^4)d_2^3} \tag{4.8}$$

ここで、I：断面二次モーメント を表します。許容曲げ応力（引張り応力）σ_a が与えられるとき、軸径は式(4.7)、(4.8)から決定できて、次式のようになります。

中実丸棒：$d=\sqrt[3]{\dfrac{32M}{\pi\sigma_a}}$ (4.9)

中空丸棒：$d=\sqrt[3]{\dfrac{32M}{\pi(1-n^4)\sigma_a}}$ (4.10)

COLUMN 軸に関係する公式

軸の曲げとねじりに関する公式はよく似ているので、どちらか一方を記憶しておくと他方も簡単に記憶できます。また、応力（σ、τ）は「（広義）の外力(M、T)に比例」して、「形状による剛性(I、I_p)に反比例」して、「ゼロとなる位置からの距離(y、r)に比例」することは考察により推測できます。

	曲げ	ねじり
応力：	$\sigma=\dfrac{M}{I}y$	$\tau=\dfrac{T}{I_p}r$
剛性：	EI	GI_p

軸は加工の容易さから円形断面であることが多いので、その断面二次モーメント $I=\dfrac{\pi}{64}d^4$、断面二次極モーメント $I_p=\dfrac{\pi}{32}d^4$ を記憶しておきましょう。値がよく似ていますが、$I_p=\int_A r^2dA=\int_A(x^2+y^2)dA=I_y+I_x=2I$

の関係を思い浮かべると混乱しません。

(c) ねじりモーメントと曲げモーメントが作用する場合

前項（a）のようなねじりの場合にはせん断応力 τ のみが生じて、(b)のような曲げの場合には垂直応力 σ のみが生じます。ねじりモーメントと曲げモーメントとが同時に加わる場合には、ねじり応力 τ と曲げ応力 σ とを個別に解いた後、それらの結果から最大せん断応力 $\tau_{\max}$ と最大主応力 $\sigma_{\max}$ とを次式のように求めることができます。

$$\tau_{\max}=\frac{1}{2}\sqrt{\sigma^2+4\tau^2}=\frac{16}{\pi d^3}\sqrt{M^2+T^2}=\frac{16}{\pi d^3}T_e \tag{4.11}$$

$$\sigma_{\max}=\frac{1}{2}\left(\sigma+\sqrt{\sigma^2+4\tau^2}\right)=\frac{16}{\pi d^3}\left(M+\sqrt{M^2+T^2}\right)=\frac{32}{\pi d^3}M_e \tag{4.12}$$

ここで、$T_e=\sqrt{M^2+T^2}$ を**相当ねじりモーメント**、$M_e=\frac{1}{2}\left(M+\sqrt{M^2+T^2}\right)$ を**相当曲げモーメント**といいます。

軸径を決定する際には、式(4.11)、(4.12)において、$\tau_{\max}=\tau_a$、$\sigma_{\max}=\sigma_a$ として必要な軸の直径 d を求めた後に、安全側に設計するためにいずれか大きい方の値を採用します。

例題 4.2

図 4.2(例題 4.1)のような巻上げ機の軸径 d を決定しなさい。ただし、軸は両端を軸受で単純支持（支点間距離 $L=600$〔mm〕）して、ドラムは両支点の中央にあって、その自重は無視できるものとします。また、許容せん断応力を 40MPa、許容引張り応力を 50MPa とします。

解

ねじりモーメント：$100g\times(200\times10^{-3})=196$〔Nm〕 (1)

曲げモーメント：$50g\times(300\times10^{-3})=147$〔Nm〕 (2)

相当ねじりモーメント：$T_e=\sqrt{147^2+196^2}=245$〔Nm〕 (3)

相当曲げモーメント：$M_e=\frac{1}{2}\left(147+\sqrt{147^2+196^2}\right)=196$〔Nm〕 (4)

許容せん断応力から求められる軸径：

$$d=\sqrt[3]{\frac{16T_e}{\pi\tau_a}}=\sqrt[3]{\frac{16\times245}{\pi\times40\times10^6}}=31.5\times10^{-3}\text{〔m〕} \quad (5)$$

許容引張り応力から求められる軸径：

$$d=\sqrt[3]{\frac{32M_e}{\pi\sigma_a}}=\sqrt[3]{\frac{32\times196}{\pi\times50\times10^6}}=34.2\times10^{-3}\text{〔m〕} \quad (6)$$

34.2mm 以上の軸径で「転がり軸受で支持する軸」を表 4.2 から選択すると最小径は $d=35$〔mm〕になります。

4-3-2 • 軸径の精度設計

例えば「工作機械のように加工精度が求められる機械の主軸」や「トル

ク負荷の変動が大きい変速軸」などでは、ねじりや曲げによる軸の変形を小さくしなければなりません。このような場合には、軸のねじれ角、たわみ角、たわみを許容値以下になるように軸径を決定して、その後、強度面から検討します。

(a) ねじり変形

比ねじれ角（単位長さ当たりのねじれ角）θ〔rad〕と、ねじりモーメント T との間には次の関係があります。

$$\theta = \frac{T}{GI_p} \tag{4.13}$$

式(4.13)中の GI_p を**ねじり剛性**といいます。このねじり剛性が低い軸では、ねじれ角が大きくなり、ねじり振動の原因になります。これを避けるような許容比ねじれ角 θ_a〔rad〕が与えられると、式(4.13)中の断面二次極モーメント I_p を軸径で表すことにより、中実軸の直径 d、中空軸の外径 d_2（内外径比 n）を次式により決定できます。

中実丸棒：$$d = \sqrt[4]{\frac{32T}{\pi G \theta_a}} \tag{4.14}$$

中空丸棒：$$d_2 = \sqrt[4]{\frac{32T}{(1-n^4)\,\pi G \theta_a}} \tag{4.15}$$

一般には、θ_a を（1／3）°あるいは（1／4）°にします。

(b) 曲げ変形

軸が曲げモーメントを受けると、図 4.3(a)のように軸の支持部のたわみ角が問題になります。軸のたわみ角 i が大きいと、軸受内で片当たりの状態になります。また図 4.3(b)のように、軸のたわみ δ が大きいと歯車のかみ合いが悪くなったり、遠心力によるふれまわりが生じたりします。

荷重の大きさ P、軸の長さ l、曲げ剛性 EI（E：縦弾性係数、I：断面二次モーメント）のとき、最大たわみ角 $i_{\max}$ と最大たわみと $\delta_{\max}$ とはそれぞれ次式のように表されます。

$$i_{\max} = \alpha \frac{Pl^2}{EI} \tag{4.16}$$

$$\delta_{\max} = \beta \frac{Pl^3}{EI} \tag{4.17}$$

ここで、係数α、βは表4.3のように、軸の種類と荷重の状態によって決まる係数です。

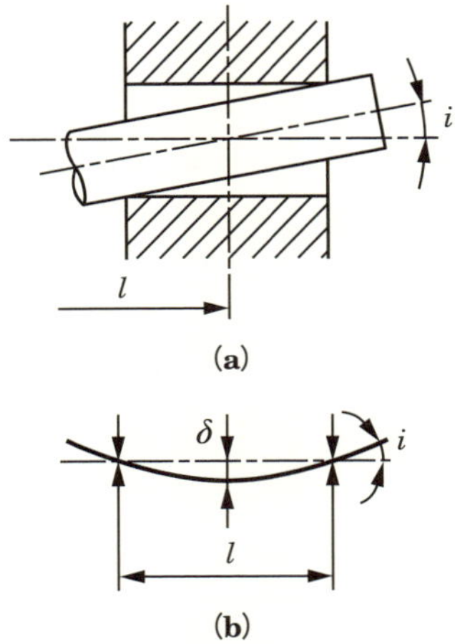

◆図4.3　軸のたわみ角 i とたわみδ

◆表4.3　軸のたわみ角とたわみ

軸の種類	係数 α	たわみ角が最大となる位置	係数 β	たわみが最大となる位置
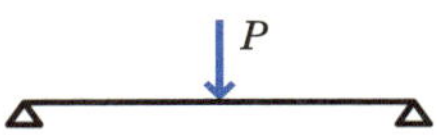 軸の中央に集中荷重 両端支持　全長：l 軸の中央に集中荷重	$\frac{1}{16}$	両端	$\frac{1}{48}$	中央
 等分布荷重 両端支持　全長：l 等分布荷重 w ($P=wl$)	$\frac{1}{24}$	両端	$\frac{5}{384}$	中央
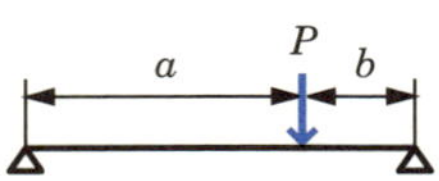 集中荷重 ($a>b$) 両端支持　全長：l 集中荷重 ($a>b$)	$\frac{a(l^2-a^2)}{6l^3}$	右端	$\frac{b(3l^2-4b^2)}{48l^3}$	中央に近似

式(4.16)、(4.17)に中実軸の断面二次モーメント $I=\dfrac{\pi d^4}{64}$ を代入して、直径 d について解き直すと、軸径を次式により決定できます。

$$d=\sqrt[4]{\frac{64\alpha Pl^2}{\pi E i_{\max}}} \tag{4.18}$$

$$d=\sqrt[4]{\frac{64\beta Pl^3}{\pi E \delta_{\max}}} \tag{4.19}$$

たわみについては軸長に対する最大たわみの比で評価することが多く、一般の伝動軸では $\delta_{\max}/l=1/1200$、歯車伝動軸では $\delta_{\max}/l=1/3000$ 程度にします。また、最大たわみ角についてはいずれの軸に対しても $i_{\max}=1/1000$〔rad〕程度にします。

例題 4.3

回転速度 300rpm で 50kW の動力を伝達する長さ 1.2m の中実軸の軸径を求めなさい。また、この軸の両端に生じるねじれ角を求めなさい。ただし、許容せん断応力を 50MPa、せん断弾性係数を 81GPa とします。

解

伝達トルク T は式(4.2)から得られます。

$$T=\frac{60H}{2\pi n}=\frac{60\times 50\times 10^3}{2\pi\times 300}=1.59\times 10^3\text{〔Nm〕} \tag{1}$$

中実軸の軸径 d は式(4.5)から得られます。

$$d=\sqrt[3]{\frac{16T}{\pi\tau_a}}=\sqrt[3]{\frac{16\times 1.59\times 10^3}{\pi\times 50\times 10^6}}=54.5\times 10^{-3}\text{〔m〕} \tag{2}$$

表 4.2 から選択すると軸径 55mm を得ます。この軸の断面二次極モーメント I_p は、

$$I_p=\frac{\pi d^4}{32}=\frac{\pi}{32}\times(55\times 10^{-3})^4=8.98\times 10^{-7}\text{〔m}^4\text{〕} \tag{3}$$

となります。ねじれ角 θl は、式(4.13)から得られます。

$$\theta l=\frac{Tl}{GI_p}=\frac{1.59\times 10^3\times 1.2}{81\times 10^9\times 8.98\times 10^{-7}}=2.62\times 10^{-2}\text{〔rad〕}$$

$$=1.50\text{〔deg〕} \tag{4}$$

4-4 危険速度

軸の回転数を変えると、「軸がある特定の回転速度に近づいた」ときに「軸のたわみが急激に増大して大きな振動を生じる」ことがあります。この現象を**共振**(きょうしん)（resonance）といい、共振を起こす回転速度を**危険速度**（critical speed）といいます。この共振は機械の破損原因になるので、常用回転速度が危険速度から少なくとも20%以上離れるように設計します。

4-4-1 • 軸の自重のみによる危険速度

軸の自重(じじゅう)によりたわみ（図4.4参照）、その状態で回転する場合に、危険角速度ω_cと危険速度n_cとはそれぞれ次式で与えられます。

$$\omega_c = \left(\frac{\pi}{l}\right)^2 \sqrt{\frac{EI}{\rho A}} \tag{4.20}$$

$$n_c = \frac{60}{2\pi}\omega_c = \frac{30\pi}{l^2}\sqrt{\frac{EI}{\rho A}} \tag{4.21}$$

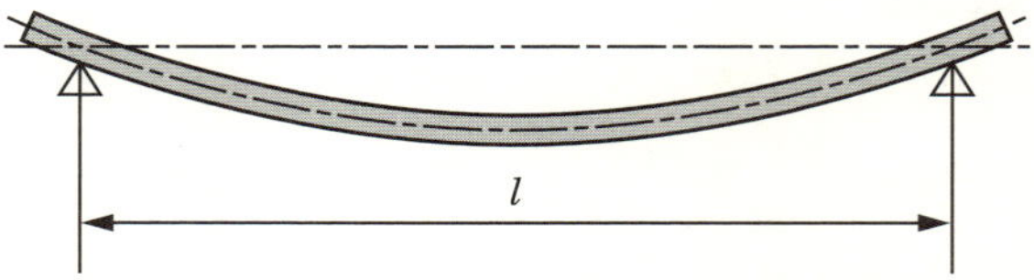

◆図4.4　軸の自重によるたわみ

ここで、ρ：密度、A：軸の断面積、EI：曲げ剛性 を表します。

4-4-2 • 1個の回転体のみによる危険速度

自重を無視できる軸に質量Mの回転体が1つ付いている場合（図4.5参照）に、危険角速度ω_cと危険速度n_cとはそれぞれ次式で与えられます。

$$\omega_c = \sqrt{\frac{g}{\delta}} \tag{4.22}$$

$$n_c = \frac{60}{2\pi}\omega_c = \frac{30}{\pi}\sqrt{\frac{g}{\delta}} \tag{4.23}$$

ここで、g：重力加速度、δ：回転体の位置での静的なたわみ を表し、δは次式で与えられます。

$$\delta = \frac{Mga^2b^2}{3EIl} \tag{4.24}$$

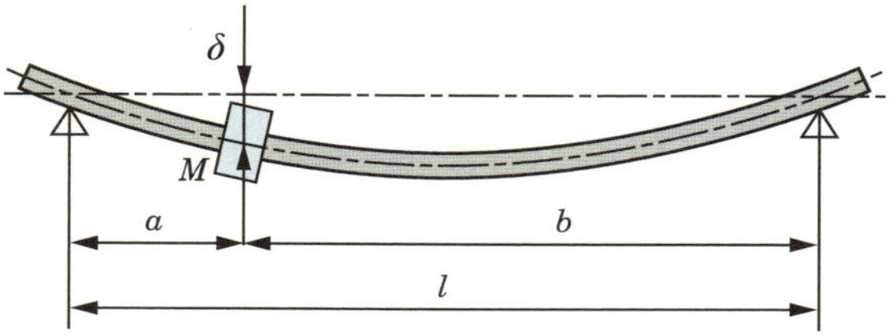

◆図 4.5　回転体によるたわみ

4-4-3 • 複数の回転体と軸の自重による危険速度

図 4.6(a)のように、軸にn個の回転体が付いている場合に、全体の危険速度を求める方法をダンカレーの方法に従って解説します。図 4.6(b)のように「i番目の回転体（質量：M_i）が単独に存在し、他のロータがない場合」の危険角速度ω_iは前述の「4-4-2」の方法で求めることができます。全ての回転体について同様の解析をして、軸全体の危険角速度ω_cとω_iの間には次のような関係があります。

$$\frac{1}{{\omega_c}^2} = \frac{1}{{\omega_0}^2} + \frac{1}{{\omega_1}^2} + \frac{1}{{\omega_2}^2} + \cdots + \frac{1}{{\omega_n}^2} \tag{4.25}$$

ここで、ω_0は軸の自重のみによる危険角速度を表し、前述の「4-4-1」の方法により求めることができます。

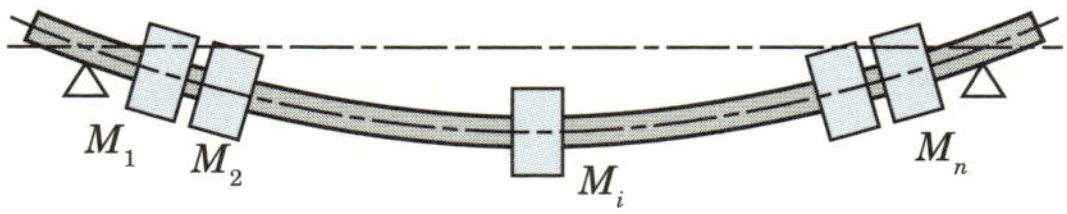

(a) 全体のモデル（危険角速度ω）

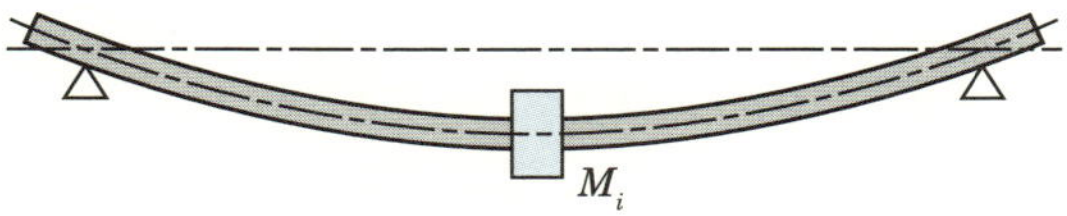

(b) i番目の回転体のみがある軸（危険角速度ω_i）

◆図 4.6　ダンカレーの方法

例題 4.4

図 4.7 のような、鋳鉄製フライホイールを軸の中央に配置するときの危険速度を求めなさい。ただし、鋳鉄の密度 7.2g/cm^3、軸の縦弾性係数を 206GPa とします。また、軸の重量は無視します。

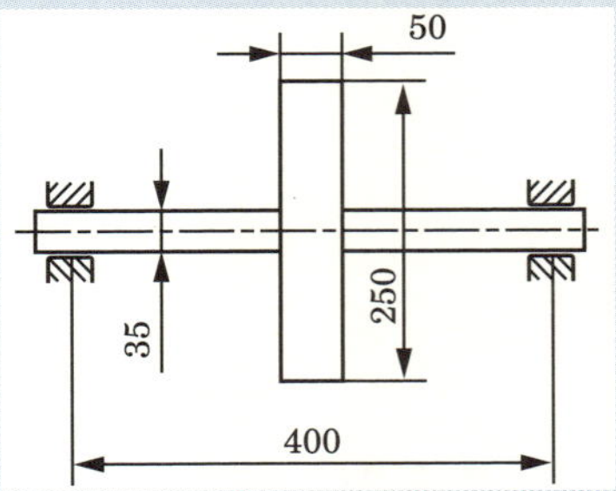

◆図 4.7　フライホイール

解

鋳鉄の密度：$7.2〔\mathrm{g/cm^3}〕=7.2\times10^3〔\mathrm{kg/m^3}〕$

ホイールの質量：
$$M=\frac{\pi D^2 b\,\rho}{4}=\frac{\pi\times(250\times10^{-3})^2\times50\times10^{-3}\times7.2\times10^3}{4}=17.67〔\mathrm{kg}〕\qquad(1)$$

軸の断面二次モーメント：
$$I=\frac{\pi}{64}d^4=\frac{\pi}{64}\times(35\times10^{-3})^4=7.37\times10^{-8}〔\mathrm{m^4}〕\qquad(2)$$

危険速度：
$$n_c=\frac{30}{\pi}\sqrt{\frac{3EIl}{Ma^2b^2}}=\frac{30}{\pi}\sqrt{\frac{3\times206\times10^9\times7.37\times10^{-8}\times400\times10^{-3}}{17.67\times(200\times10^{-3})^4}}=7660〔\mathrm{rpm}〕\qquad(3)$$

COLUMN　危険速度の対策

危険速度による共振を防ぐために、次の２通りの考え方があります。

- **常用回転速度を危険速度よりも常に小さくしておく方法**：軸を太くすると、「式(4.21)では、断面積 A の増加より断面二次モーメント I の増加が大きく」、「式(4.23)では、静的たわみ δ が小さくなり」危険速度 n_c は大きくなります。
- **常用回転速度を危険速度よりも常に大きくしておく方法**：起動あるいは停止時に一時的に危険速度になるので、できるだけ短い時間で通過して共振の影響を少なくします。

4-5 キー

4-5-1 • キーの種類

キー（key）は軸に歯車、ベルト車、はずみ車などの回転体を固定するときに、トルクを伝えるために挿入する棒状の機械要素です。その形状により表 4.4 のような種類があります。

◆表 4.4　キーの種類

キーの種類	特徴	キーの種類	特徴
くらキー 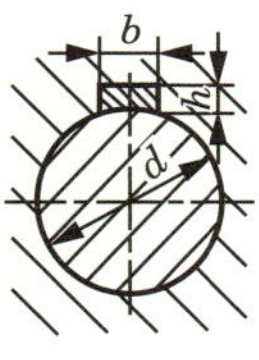	・軸にキー溝なし ・キーに勾配 ・打ち込みによる固定 ・伝達トルク小	半月キー 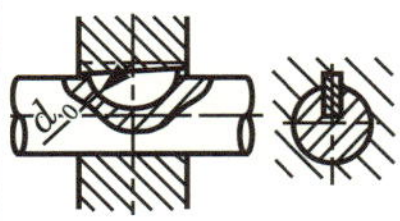	・半月状のキー ・欠点：キー溝が深くなるため、軸の強度が低下 ・長所：軸とボスとのはめあいが自動的に調整
平キー 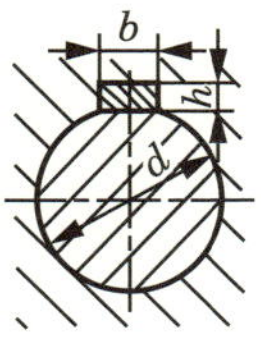	・軸の一部をヤスリなどで平らに加工（工作が容易） ・伝達トルク小（くらキーよりは伝達トルク大）	丸キー 	・テーパピンを打ち込みキーとして使用 ・伝達トルク小 ・加工が容易 ・ハンドル軸の固定などに使用
沈みキー 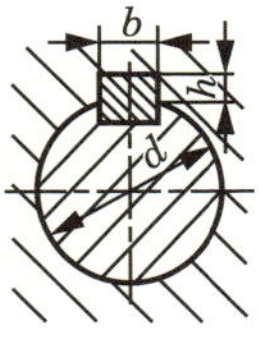	・軸とボスにキー溝を加工 ・一般に広く使用 ・形状による種類：平行キー、勾配キー、頭付き勾配キー ・取り付け方法：植え込み、打ち込み	滑りキー 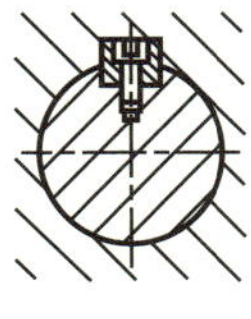	・キーを軸またはボスに固定 ・軸方向にのみ移動可能 ・伝達トルク小

◆表 4.4　キーの種類（続き）

キーの種類	特徴
接線キー  	・軸の接線方向にキー溝を設置 ・片面に勾配をつけたキーを2枚合わせて打ち込む ・キーの圧縮面積が沈みキーの場合と比較して2倍 ・伝達トルク大

あらかじめキーを軸に植込み、ボスを押し込むようにして固定したものを**植込みキー**といい、平行キーが用いられます（図 4.8(a)参照）。軸にボスをはめたあと、キー溝にキーを打込むようにして固定したものを**打込みキー**といい、勾配キーが用いられます（図 4.8(b)参照）。

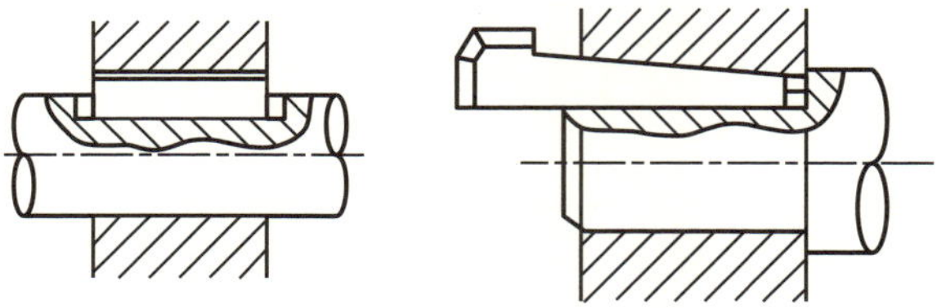

（植込み）
(a)
（打込み）
(b)

◆図 4.8　植込みキーと打込みキー

表 4.5 に最も広く使用されている沈みキーとそのキー溝の形状と寸法を示します。

4-5-2 • キーの設計

キーの中で代表的な沈みキーの設計法を紹介します。キーを設計する段階では、既に軸径が決定されていなければなりません。この軸径を基に表 4.5 の中の「適応する軸径」の欄で軸径の範囲を選択すると、キーの「呼び寸法」$b \times h$ が決定されます。

◆表 4.5　沈みキーおよびキー溝の形状と寸法

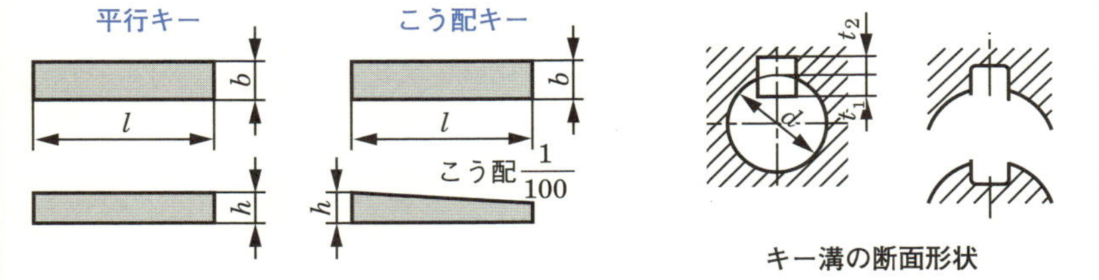

キーの寸法		キー溝の寸法			参　考
呼び寸法 $b\times h$	キーの長さl	t_1	t_2		適応する軸径 d
			平行キー	勾配キー	
2×2	6～20 (6～30)*	1.2	1.0	0.5	6～8
3×3	6～36	1.8	1.4	0.9	8～10
4×4	8～45	2.5	1.8	1.2	10～12
5×5	10～56	3.0	2.3	1.7	12～17
6×6	14～70	3.5	2.8	2.2	17～22
(7×7)	16～80	4.0	3.0	3.0	20～25
8×7	18～90	4.0	3.3	2.4	22～30
10×8	22～110	5.0	3.3	2.4	30～38
12×8	28～140	5.0	3.3	2.4	38～44
14×9	36～160	5.5	3.8	2.9	44～50
(15×10)	40～180	5.0	5.0	5.0	50～55
16×10	45～180	6.0	4.3	3.4	50～58
18×11	50～200	7.0	4.4	3.4	58～65
20×12	56～220	7.5	4.9	3.9	65～75
22×14	63～250	9.0	5.4	4.4	75～85
(24×16)	70～280	8.0	8.0	8.0	80～90
25×14	70～280	9.0	5.4	4.4	85～95
28×16	80～320	10.0	6.4	5.4	95～110
32×18	90～360	11.0	7.4	6.4	110～130
(35×22)	100～400	11.0	11.0	11.0	125～140
36×20	—	12.0	8.4	7.1	130～150
(38×24)	—	12.0	12.0	12.0	140～160
40×22	—	13.0	13.0	8.1	150～170

注* 呼び寸法 2×2 におけるキーの長さの(　)内は勾配キーの値を示す。
lは、表の範囲内で次の中から選ぶのがよい。6, 8, 10, 12, 14, 16, 18, 20, 22, 25, 28, 32, 36, 40, 45, 50, 45, 50, 56, 63, 70, 80, 90, 100, 110, 125, 140, 160, 180, 200, 220, 250, 280, 320, 360, 400
JIS B 1301-1996　財団法人日本規格協会「キー及びキー溝」(1996)　p4～7

図 4.9 において、F：キーの側面が受ける力、b：沈みキーの幅、h：高さ、l：長さ、d：軸径とします。また、キーの溝の深さ t は、$t=h/2$ と近似することができます。強度設計では、次のようにキーに生じるせん断応力と圧縮応力との 2 つの観点から検討します。

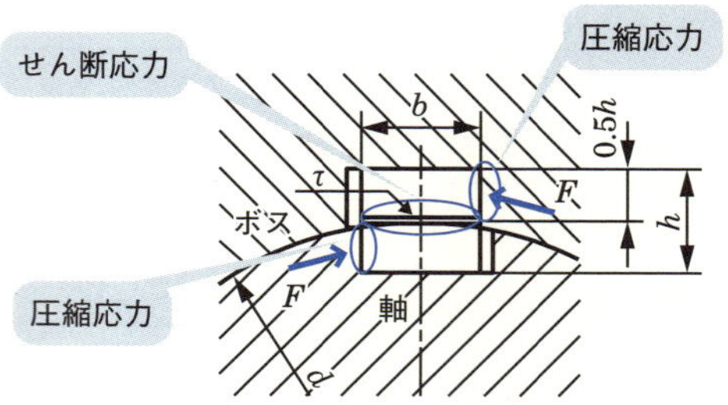

◆図 4.9　キーに生じるせん断応力と圧縮応力

・**キーに生じるせん断応力**（せん断を受ける面積：bl）

キーの許容せん断応力 τ_a と伝達トルク T_1 の間には、次式のような関係があります。

$$T_1=\frac{d}{2}F=\frac{d}{2}bl\,\tau_a \qquad (4.26)$$

・**キーに生じる圧縮応力** $\left(\text{圧縮を受ける面積：}\frac{h}{2}l\right)$

キーの許容圧縮応力 σ_c と伝達トルク T_2 の間には、次式のような関係があります。

$$T_2=\frac{d}{2}F=\frac{d}{2}\frac{h}{2}l\,\sigma_c \qquad (4.27)$$

式(4.26)、(4.27)から得られる T_1 と T_2 とを比較して、安全側になるように伝達トルクを設定するか、キーの寸法を決定します。例えば、トルクが与えられた状態で、キーの幅 b と高さ h を仮定して長さ l を決定する場合には、式(4.26)、(4.27)から得られる l のうち大きい方をキーの長さとします。キーの長さの決定に際しては、表 4.5 の欄外に示されている値の中から選ぶのがよいでしょう。

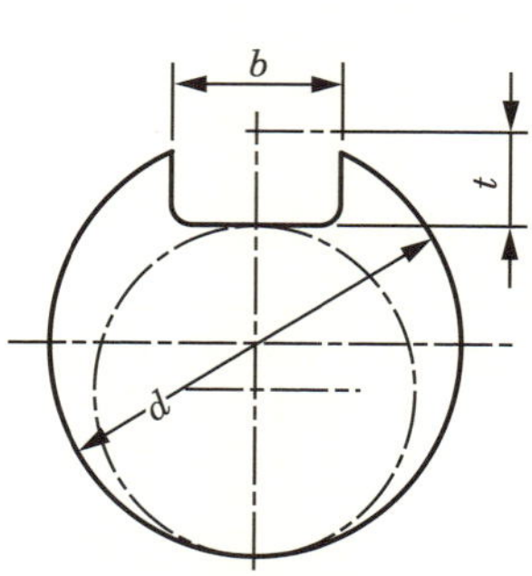

◆図 4.10　キー溝を有する軸の有効な軸径

軸にキー溝を加工すると、ねじりに対して有効な軸径が減少します。これを簡単に評価するには有効径を $d-t(=d-h/2)$ と考えてよいでしょう（図 4.10 参照）。

キーの材料には軸材より硬さが高く、引張り強さ 600MPa 以上の炭素鋼などが一般に用いられます。

例題 4.5

直径 50mm の軸が 600rpm で回転しています。キーの許容せん断応力を 20MPa、キーの許容圧縮応力を 100MPa とする場合に、伝達可能な動力を求めなさい。ただし、キーの長さは $l=1.3d$ とします。

解

表 4.5 より、キーの呼び寸法は 14 × 9 となり、$l=65$〔mm〕となります。

・許容せん断応力から検討

面積：$b\times l=14\times 65\times 10^{-6}=910\times 10^{-6}$〔$\mathrm{m}^2$〕 (1)

伝達可能トルク：$T_1=\dfrac{d}{2}\times bl\,\tau_a=\dfrac{50}{2}\times 10^{-3}\times 910\times 10^{-6}\times 20\times 10^6$

$=455$〔Nm〕 (2)

・許容圧縮応力から検討

面積：$\dfrac{h}{2}\times l=\dfrac{9}{2}\times 65\times 10^{-6}=292.5\times 10^{-6}$〔$\mathrm{m}^2$〕 (3)

伝達可能トルク：$T_2=\dfrac{d}{2}\times\dfrac{h}{2}l\,\sigma_a=\dfrac{50}{2}\times 10^{-3}\times 292.5\times 10^{-6}\times 100\times 10^6$

$=731$〔Nm〕 (4)

この問題では、軸は十分な強度をもっていることを仮定しています。安全側に設計するためには、キーの許容せん断応力から得られた 455Nm が伝達可能トルクとなり、伝達可能動力は次のようになります。

伝達可能動力：$H=T_1\omega=455\times\dfrac{600\times 2\pi}{60}=28.6$〔kW〕 (5)

4-6 スプラインとセレーション

4-6-1 • スプラインとセレーションの種類

軸とボスの接触面において、「回転方向の滑りをなくすように軸とボスに凹凸をつけたもの」がスプライン(spline)とセレーション(serration)です。

・スプライン

軸とボスとが軸方向に移動できるようにしたもので、歯形により角形スプラインとインボリュートスプラインに分類できます（図 4.11 (a)参照）。スプラインは軸の周囲に多くのキーを削りだしたものと考えられるので、キーよりも大きなトルクを伝達できます。角形スプラインは工作機械などに多く用いられ、歯数 6、8、10 枚のものが JIS B 1601 に規定されています。

・セレーション

スプラインよりも歯数が多く（10 ～ 60 枚)、軸とボスとが固定されて

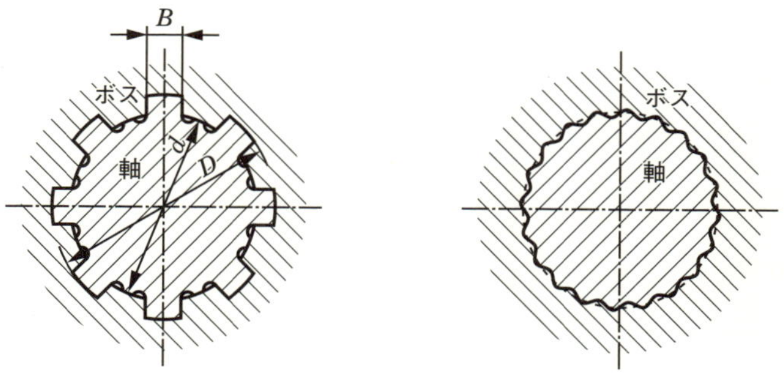

(a) 角形スプライン　(b) インボリュートセレーション

◆図 4.11　スプラインとセレーション

います（図 4.11 (b)参照）。歯形により三角歯セレーションとインボリュートセレーションとに分類できます。

4-6-2 • スプラインとセレーションの設計

スプラインとセレーションは歯の数が多いので、せん断に対しては十分な強度をもっていると考えられ、歯の面圧から伝達トルクを計算します。歯幅を l とすると図 4.11 (a)から、1 枚の歯の面積：$\frac{D-d}{2}l$、ピッチ円直径：$\frac{D+d}{2}$となります。したがって、歯数 z で許容圧縮応力を σ_c とすると、伝達トルク T は次式となります。

$$T=\xi z\frac{D-d}{2}l\,\sigma_c\frac{D+d}{4} \tag{4.28}$$

ここで、ξ（クサイ）は軸と歯の当たり具合を表す係数で、加工精度（フライス加工の軸とスロッタ加工の穴の場合：0.3 程度、ホブ切削後研磨仕上げの軸とブローチ加工の穴の場合：0.9 程度）によって決まります。

COLUMN スプラインとセレーションの加工方法

スプラインとセレーションは同じ加工方法が適用できますが、軸と穴とでは加工方法が異なり、その種類もいくつかあります。

- **研削加工**：溝の形状に合わせた砥石車を回転させながら、軸方向に移動させることにより加工する方法です。軸のほかに穴も加工できますが、スプライン穴研削盤は、穴の中に砥石が入らなければならないため、特殊な構造になります。
- **ホブ加工**：ホブカッターで歯車の歯切り（6-4-3 参照）と同じように軸を加工する方法です。
- **フライス加工**：横フライス盤で軸の溝を削る方法です。
- **転造**：転造ダイスを押し付けて軸に凹凸をつける方法です（ねじの加工方法：p.54 参照）。
- **ブローチ加工**：多数の切刃を直線状（ノコギリのよう）に並べた工具を引き抜き、一つひとつの切刃が穴の溝を少しずつ所定の形状・寸法に仕上げていく加工方法です。生産性が高く、高精度に加工できます。
- **スロッター加工**：1 つの切刃が上下に往復運動して穴の溝を加工する方法です。

4-7
軸継手

軸継手（じくつぎて）（shaft coupling）は2つの軸を連結するために用いられる機械要素です。この2軸の軸心の位置関係などにより図4.12のように分類できます。

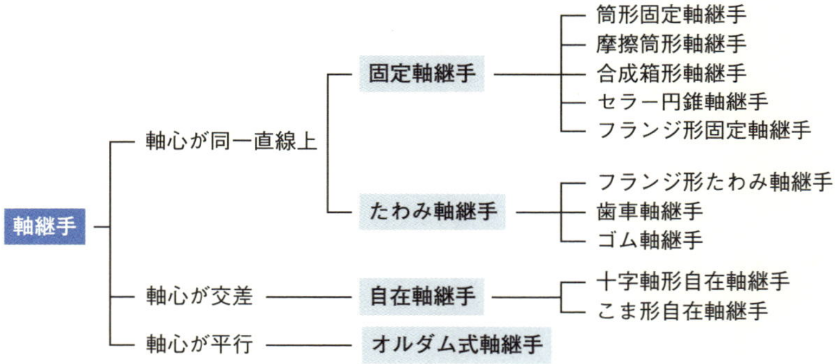

◆図4.12　軸継手の分類

4-7-1 • 固定軸継手

固定軸継手は「2つの軸が一直線上にある場合に、完全に結合するために用いる継手」です。組み立ての上では、振動による緩みや回転不釣合いをなくすために両軸の心合わせをする必要があります。

・筒形軸継手

図4.13のように、突合わせた軸と軸とが円筒状の継手で固定されます。

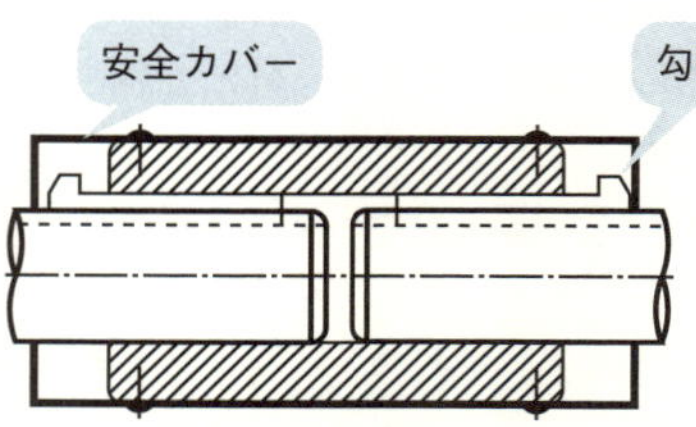

◆図4.13　筒形軸継手

・フランジ形固定軸継手

図 4.14 のように、フランジをボルト・ナットで固定する継手で、広く用いられています。並級のフランジ軸継手ではボルト穴が大きいので、（ボルトの締め付け力によって生じる）フランジ面の摩擦力によりトルクを伝達しています。リーマボルトで締結する場合には、ボルトのせん断応力によりトルクを伝達できます。JIS B 1451 にはリーマボルトで締め付けられる上級の固定軸継手が規定されています。

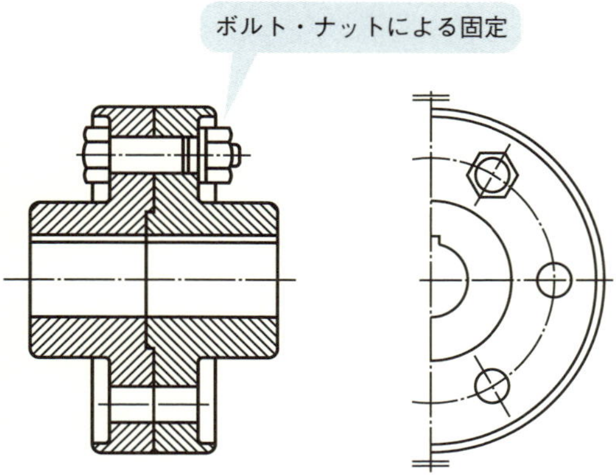

◆図 4.14　フランジ形固定軸継手

4-7-2 ● たわみ軸継手

2 つの軸の軸心にくるいがある場合には、たわみ軸継手が用いられます。図 4.15 のように、継手ボルトにゴムブシュをはめたフランジ型たわみ軸継手（JIS B 1452）が広く用いられています。伝達トルクはボルトの強度とゴムブシュに生じる面圧とから決定されます。

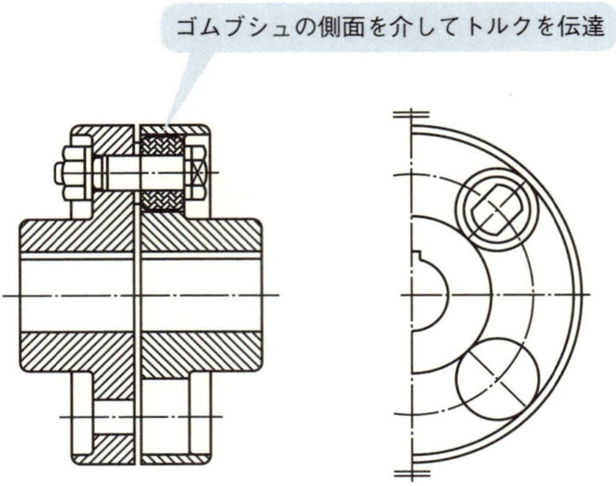

◆図 4.15　フランジ形たわみ軸継手

4-7-3 ● 自在軸継手

自在軸継手では「2 軸が交差し、その交差角が変化」しても回転を伝えることができます。しかし、駆動軸の速度が一定でも従動軸の回転速度が変動します。図 4.16 のような 2 つの軸の角速度比 ω_2 / ω_1 は次のように表されます。

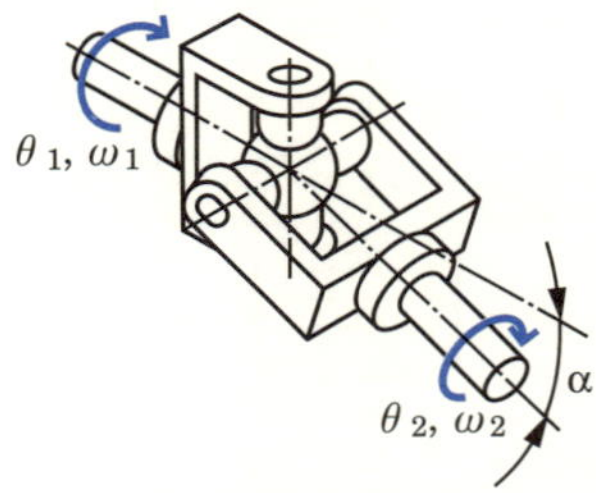

◆図 4.16　十字軸形自在軸継手

$$\frac{\omega_2}{\omega_1} = \frac{\cos\alpha}{1 - \sin^2\alpha\cos^2\theta_1} \tag{4.29}$$

ここで、α：交差角、 θ_1：入力軸の回転角 を表します。このような速度変動をなくすためには、図 4.17 のような**二重フック継手**が用いられます。駆動軸と従動軸の間に中間軸を置き、それぞれの軸となす角 α を等しくします。

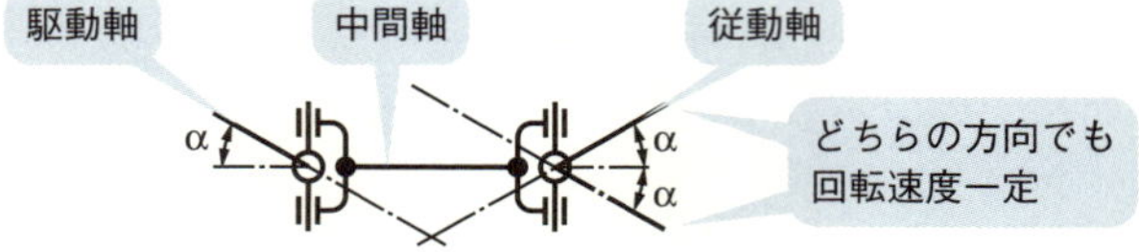

◆図 4.17　二重フック継手

自在軸継手の中で、図4.18のような継手を**こま形自在軸継手**（universal ball joint）といい、JIS B 1454 に規定されています。

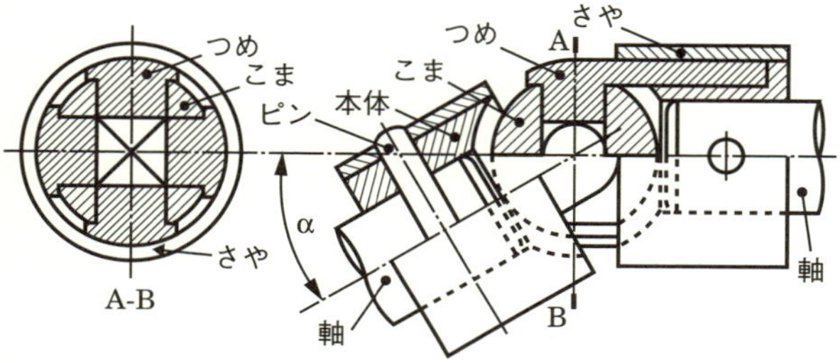

◆図 4.18　こま形自在軸継手

COLUMN 等速ジョイント（CVJ：constant velocity joint）

自在軸継手は従動軸側の速度変動という欠点があります。「従動軸が等速で回転するように作られた継手」を**等速ジョイント**といいます。図 4.17 では、「駆動軸、中間軸、従動軸が同一平面上」という制約があります。この中間軸の長さをゼロ（ボール）にすると「駆動軸と従動軸とがつくる平面内（つまり、どの方向へでも）」等速で回転を伝えることができます。このような等速ジョイントは自動車に多く用いられています。エンジンの回転軸と車輪のそれとが振動により変化しても車輪の回転むらが生じず、快適な乗り心地が得られます。

◆等速ジョイント

COLUMN 機械設計におけるコンピュータの利用

関数電卓の利用

関数電卓はエンジニアにとって必携の文具です。Windowsにもアクセサリーの中に電卓があり、表示から「関数電卓」を選択することができます。以下に一般的な関数電卓を使用する際の注意点を示します。

◎Grad：グラジアン（グラード）

角度はDeg（度）、Rad（ラジアン）とGradのモードを選択できます。グラジアンは直角を100^g（360°を400^g）とした角度の表示方法で、現在ほとんど普及していません。試験に計算問題を出題すると明らかにこの種の操作ミスと思われる答案を目にします。

◎演算の順序

最近の電卓はsin30°を入力する場合Degのモードで[sin] [3] [0]と表記どおりに入力しますが、電卓の中には（Windowsの電卓は）[3] [0] [sin]のように演算子を後から入力するものがあります。電卓を使用する前に簡単な値を入力して、入力手順を確認しておくのがよいでしょう。

◎（　）の使用

手計算の場合、式中に（　）を用いないので演算子がどの範囲まで及ぶのか"("と")"キーで示す必要があります。例えば、$\sqrt{147^2+196^2}$は

$$\sqrt{(147^2+196^2)}$$

として入力します。

$$\sin 2n\pi + 2\cos\frac{\pi}{2n+1}\text{は、}$$

$$\sin(2n\pi) + 2\cos\left(\frac{\pi}{(2n+1)}\right)$$

として入力します。この操作ミスは頻繁に起こるので、検算することを心がけましょう。

表計算ソフトウェアExcelの利用

Excelはほとんどのコンピュータに入っており、設計の多くの場面で利用できます。

◎豊富な関数

設計では数学：三角関数を頻繁に利用します。Excelでsin、cosに角度を入力するときにはラジアンを単位とします。例えば、「cos20°」の値を求めるには、「＝COS(20*PI()/180)」と入力します（PI()は円周率πを表します）。ここで、次のような関数を利用すると便利です。

・**角度→ラジアン**（関数：RADIANS）角度をラジアンに変換し、その値を基に計算

します。

・ラジアン→角度（関数：DEGREES）ラジアンを角度に変換し、その値を基に計算します。

例えば、「cos20°」は、

＝COS(RADIANS(20))

と入力します。「$\tan^{-1}0.1$」は、

＝DEGREES(ATAN(0.1))

と入力すると 5.71° と得られます。これで、角度⇔ラジアンの変換が容易になります。

◎グラフによる結果の視覚化

散布図を利用すると、設計変数（横軸）を変えたときに結果・目標値（縦軸）がどのように変化するか視覚的にとらえることができます。「1 つの列に 0, 0.1 と並べて入力し」、「2 つのセルを選択し右下の■をドラッグして延ばす」と 0, 0.1, 0.2, …と 0.1 間隔の（最初に入力する数値の間隔に相当する）数値列が得られ、グラフの横軸を簡単に作成できます。たとえば式(4.29)の θ_1 を横軸、ω_2/ω_1 を縦軸にして散布図を作成すると、α の値を変えたときの様子がよく分かります。

インターネットによる情報検索

検索エンジンで「JIS」をキーワードにして検索すると、日本工業標準調査会の「JIS 検索」を閲覧することができます。この他にも、部品メーカのホームページへアクセスするとカタログ、図面、設計のための技術資料などを閲覧、ダウンロードできます。

◎ CAD（Computer Aided Design）と CAM（Computer Aided Manufacturing）

3 次元 CAD を利用する利点は CAD で作成したデータを後工程（加工・組み立て・検査など）の自動化に利用できることにあります。もし、製造工程で CAD データを用いずに新たに製造用のデータを作成していたら、改善の余地があるといえるでしょう。

第 4 章：演習問題

問 1 式(4.16)、(4.17)中の係数 α、β が、表 4.3 の値になることを示しなさい。

問 2 1kW の動力を 600rpm の回転速度で伝達する長さ 0.5m の中空軸の軸径を決定しなさい。また、この軸の両端でのねじれ角を求めなさい。ただし、軸の内外径比 3／4、許容せん断応力 30MPa、せん断弾

性係数 80GPa とします。

問3 直径 60mm、長さ 1m の鋳鋼棒の両端を単純支持して伝動軸として使用する場合の危険速度を求めなさい。ただし、鋳鋼の縦弾性係数 210GPa、比重 7.8 とします。

問4 例題 4.4 のフライホイールの危険角速度を軸の自重も考慮して求めなさい。ただし、軸の密度を $7.8\mathrm{g/cm^3}$ とします。

問5 図 1 のように、プーリが 120rpm で回転し、質量 100kg の材料を一定速度で持ち上げています。このとき必要な動力、軸径を求めなさい。ただし、許容せん断応力 τ_a=40MPa、許容引張り応力 σ_a=50MPa、重力加速度を $9.8\mathrm{m/s^2}$ とします。また、プーリ、軸およびロープの重量は無視します。

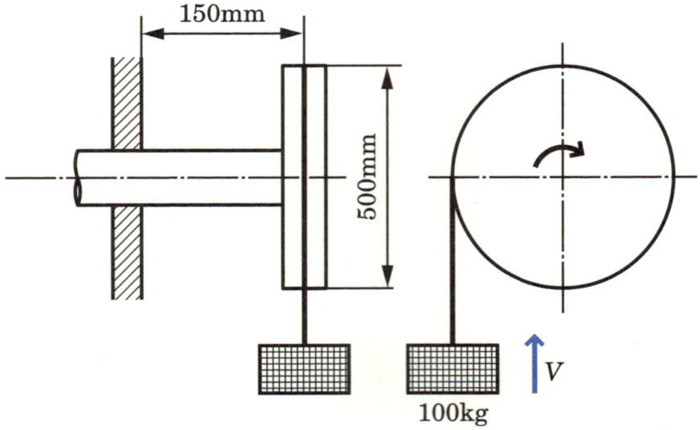

◆図 1

問6 1.5kW の動力を 1,800rpm の回転速度で伝達する中実軸の軸径 d を求め、キーの寸法を決定しなさい。ただし、軸の許容せん断応力を 20MPa、キーの許容せん断応力と許容圧縮応力をそれぞれ 20MPa、80MPa とします。

第5章

軸受

軸受は、軸を支えるためには必ず必要なものです。転がり軸受と滑り軸受とがありますが、まず転がり軸受で設計を行い、特殊な状況下での場合には滑り軸受の使用について検討します。転がり軸受の設計においては、寿命時間を基に設計が行われます。

転がり軸受は、内・外輪と転動体の間では繰り返し負荷がかかり、疲れによる損傷のため、寿命のばらつきが避けられません。そのため、統計的な考え方をもとにした寿命計算を行います。設計においては、実際にかかる力（動等価加重）と軸受の性能（動定格荷重）と寿命時間のどれかを未知数として設計することになります。

5-1
軸受の役割

私たちの身の回りでは、動力を発生させまたそれを利用するときには、回転を利用することが大半です。既に本書にでてきた**軸**は、それを伝えるものです。その軸を利用するとき、必ず静止しているものに支えられる必要があり、その回転軸を支えるものが**軸受**（じくうけ）（bearing）です。そのため、動力を利用する機械には必ず軸受が使われています。そして、軸・軸受（運動・静止）間には摩擦が発生するため、それを小さくするための構造的な工夫がされています。

機械は、軸受に支えられた軸、さらに軸に取り付けられた機械部品が機能することで、機械として利用できます。軸受は外から見えないことが多いですが、機械が「長期間、安定して性能を発揮」するための重要な役割りを担（にな）っています。

5-2 転がり軸受と滑り軸受

一般的な回転軸受に関して、**転(ころ)がり軸受**と**滑(すべ)り軸受**とを比較してみます。滑り軸受は、潤滑油などの流体に支えられ浮いた流体潤滑状態とすることで、他方転がり軸受は、転がり接触（トラクション）により、どちらも静止・回転間に低摩擦状態を実現し回転軸を支えています。

① 機構

・転がり軸受では、軸受面において軸との転がり接触に伴う転がり摩擦。

・滑り軸受では、軸を支える流体中の速度差による流体摩擦。

転がり摩擦の定義は非常に難しいのですが、接触している固体間が転がり接触となることで摩擦は小さくなります。流体摩擦の場合も、固体間に流体が存在することで滑り面の摩擦は小さくなります。

② 摩擦特性

・回転中の摩擦係数は、両者共に 0.01 ～ 0.001。

・始動時における摩擦力は、滑り軸受では大きく、転がり軸受では回転中とあまり変わりません。

静止または回転し始めには、滑り軸受では流体潤滑状態になっておらず、軸 − 軸受間で材料が直接接触するために、摩擦係数はかなり高くなります。したがって、頻繁に回転・停止を繰り返す場合には、転がり軸受が有利です。

③ 精度

・滑り軸受では、流体の運動により軸が浮上するため、静止から回転速度の増加につれて軸心が移動します。滑り軸受の一種である静圧軸受では、常時、強制的に流体を供給することで軸心の移動がなく高精度です。

・転がり軸受は、転動体の変形による移動がありますが、それはごく小さい量です。

④ 機械的特性

・滑り軸受は、衝撃荷重に対して強く、許容回転速度が高く発生する騒音も小さく、寿命も長いなど優れた点が多くあります。

・転がり軸受は、設計手法が簡単である上、メーカによる設計資料も豊富であり、性能のバリエーションも多く選定が容易です。さらに特殊環境への対応も容易であり、製造メーカにより素材や構造を含め改良が絶えず行われています。

⑤ 保守

・転がり軸受は、標準化や規格化が進み専門製造メーカによる供給体制が整い、すぐに入手することができます。

・滑り軸受は、設計時の諸元に合わせ設計・内製することが多く、互換性を持つものとして流通していません。

この違いが、軸受として、転がり軸受が市場に圧倒的に流通している大きい要因です。例えば、自動車では1台あたり少なくとも100個以上の転がり軸受が使用されています。

COLUMN お国柄

転がり軸受は、1890年頃ヨーロッパでは自転車に、アメリカ合衆国では自動車などに用いられるものとして、相次いで商品化されました。アメリカでは「負荷荷重の高いものが要求される」ころ軸受が、ヨーロッパでは「軽量かつ高速回転が要求される」玉軸受が中心に発達しました。日本では、第1次世界大戦後、欧米からの輸入品を国産化するための生産が始まり、第2次世界大戦後、自動車産業の発達とともに、生産量、品質ともに向上し、世界をリードしています。

5-3 転がり軸受

5-3-1 ● 転がり軸受の構造

標準的な転がり軸受は、図 5.1 に示すように、内輪および外輪とそれらに挟まれた数個以上の転動体およびそれらを固定する 1 組の保持器からできています。

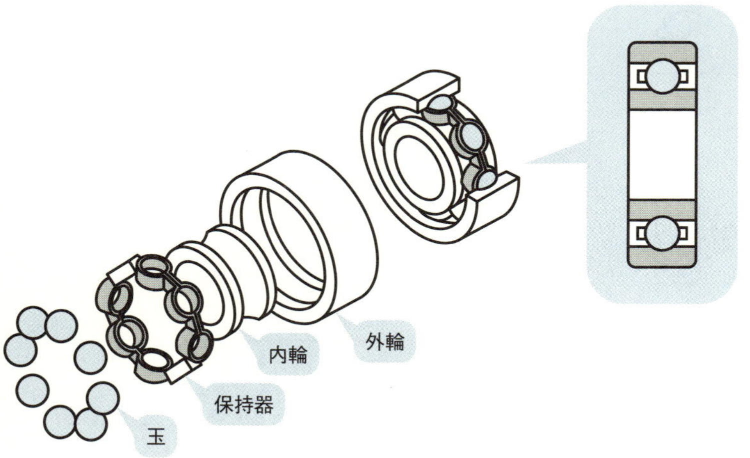

◆図 5.1　軸受構造

転がり軸受は、主に支える荷重の方向により分類されて、半径方向の荷重を支えるものを**ラジアル軸受**、軸方向の荷重を支えるものを**スラスト軸受**といいます。軸受に用いられる転動体の形には、球状ところ状（円柱または円錐）のものが存在し、さらにその構造により負荷特性が異なります。代表的な転がり軸受の構造と特徴を表 5.1 に示します。

◆表 5.1　転がり軸受の構造および特徴

種類	構造	特徴
深溝玉軸受	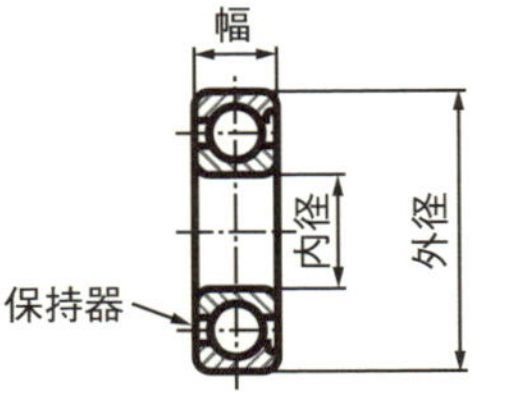	・転動体が球で、最も一般的に用いられ、国内の転がり軸受生産量の 70% 程度を占めます。 ・球と内·外輪の接触面は小さいため，ころ軸受に比べると負荷能力は小さくなります。 ・アキシアル方向の荷重に対し比較的高い負荷能力を持っており軸受周りがコンパクトになります。 ・高速度で使え、高精度であり、選択できる寸法範囲や負荷能力も広く非常に使いやすいため、設計においては、この軸受が最初に考慮されます。
アンギュラ玉軸受	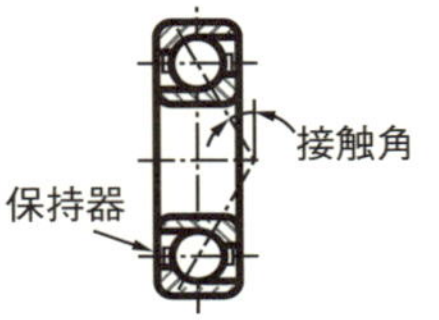	・球と内外輪が接触する点を結んだ接触角が傾いており(例えば 15、30、40°)、その分アキシアル方向の負荷能力が大きくなっています。 ・接触角の方向に応じてアキシアル荷重に対し方向性を持っており、2 個組み合わせて両方向の荷重を支えるようにして使われます。 ・球の個数が多くでき、負荷能力が高くなります。
ころ軸受	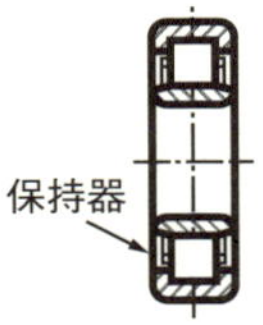	・転動体が軸に平行なころで、接触面が広く、ラジアル方向の負荷能力が大きくなります。 ・転動体や内外輪ともに高精度加工をしやすく高速度回転にも利用することができます。 ・アキシアル方向には拘束がないため負荷能力が無く、他の軸受と組み合わせるなどの支える工夫が必要となります。内・外輪の片方に案内つばを設けて、ある程度のアキシアル方向の負荷を受けることができるようにしたものもあります。
円すいころ軸受	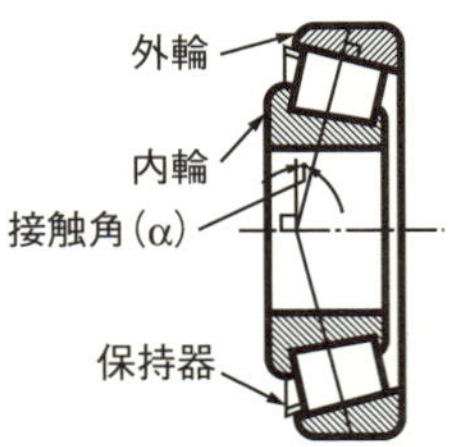	・ころを軸方向に対し傾けることで、ラジアル荷重と1方向のアキシアル荷重を支えることができます。ころの周速度が変わるので、円すい形状になります。 ・負荷能力は、ラジアル·アキシアル方向ともに高くなります。 ・反対方向に組み合わせ、アキシアル方向の力を打ち消すようにして使うことができます。 ・高速度、高精度回転には適しません。
スラスト軸受	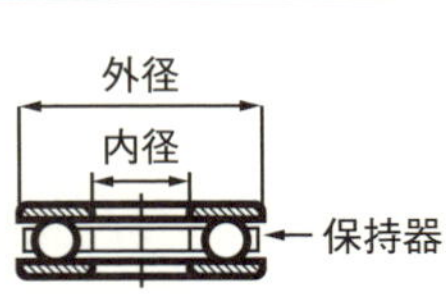	・転動体を環状に配し、保持器により固定したものを軸方向の両側から挟んだもので、アキシアル方向の負荷を主方向として受けることができます。 ・ラジアル荷重はほとんど支えられません。 ・転動体は、球、ころおよび円すいころがあります。 ・高速度回転に適しません。

5-3-2 ● 転がり軸受の寿命

運転中、転がり軸受は、転動体が回転し内外輪と接触位置を変えることで、接触する各部は繰り返し荷重を受けます。そのため、鱗状に表面が剥がれるフレーキングなど、転がり疲れによる損傷を起こします。この損傷を起こすまでの総回転数（あるいは一定回転速度における総運転時間）を寿命といいます。第1章にあるように疲れによる現象は、ばらつきを持っています。すなわち、ある回転数を越すと急に損傷するものでもなく、またそれ以内でも損傷しない保証はありません。そこで軸受の寿命は、一群の軸受を同じ条件で個々に運転したとき、そのうちの「90％の軸受が、転がり疲れによる材料の損傷を起こさずに回転」できる総回転数で表されます。このことを**基本定格寿命**といい、信頼度が90％であることを示しています。回転速度が分かっている場合は、総運転時間で示すこともあります。

COLUMN 軸受の設計での用語について

- **定格**：「設計時に保証される機器の仕様、性能、使用限度」ということで、その製品の製造者が保証するところの性能ということができます。
- **動等価荷重**：ラジアル方向とアキシアル方向の荷重が同時に作用するとき、用いる軸受の形式により、ラジアル方向またはアキシアル方向の荷重に換算したものです。
- **動定格荷重**：回転しているときに負荷することができる荷重で、寿命の計算に用いられます。
- **静定格荷重**：静止状態において負荷することができる荷重で、軸受部品の永久変形量により決まります。

5-3-3 ● 寿命の計算

軸受の負荷能力を表す基本動定格荷重とは、内輪を回転させ外輪を静止させた、またはその反対の条件で、100万回転の基本定格寿命が得られるような、大きさと方向が一定の純ラジアル荷重またはスラスト荷重をいいます。**基本定格寿命** L_{10}（単位：10^6 回転）、**基本動定格荷重** C、**動等価荷重** P の間には、次のような関係があります（ここで基本動定格荷重 C は、ラジアル軸受の場合には基本動ラジアル定格荷重 C_r、スラスト軸受の場合には基本動アキシアル定格荷重 C_a が用いられます）。

$$L_{10} = \left(\frac{C}{P}\right)^p \tag{5.1}$$

ここで p は、転動体の種類により決まり、玉軸受のとき3、ころ軸受のとき10／3となります。このときの動等価荷重 P は、軸受に応じて一方向の荷重に換算します。

また、一定速度で回転している場合には寿命を時間で表し、**寿命時間** L_{10h}(hours) も使われることが多く、100万回転するのに要する時間を考えると次のようになります。

$$L_{10h} = \left(\frac{C}{P}\right)^p \frac{10^6}{60n} \tag{5.2}$$

n：回転速度〔min^{-1}〕(＝rpm)

つぎに、この式を次のように変形します。

$$\frac{C}{P} = \left(\frac{L_{10h}}{\left(\frac{10^6}{60n}\right)}\right)^{\frac{1}{p}} \tag{5.3}$$

この式で、C を未知数とすると軸受の選定ができます。また、P を未知数とすると許容荷重を求めることができます。ここで動等価荷重 P は次のように計算されます。ラジアル軸受の場合、ラジアル荷重 F_r とアキシアル荷重 F_a とすると、動等価ラジアル荷重 P_r は、

$$P_r = XF_r + YF_a \tag{5.4}$$

となり、そのときの係数 X、Y の値は、基本静定格荷重 C_{0r} および F_a と F_r の比および f_0 係数より決まり、表5.2に示すようになります。なお、表中で $if_0(F_a/C_{0r})$ の値が間の値をとっ

◆**表5.2　深溝玉軸受の動等価ラジアル荷重**（出典：株式会社ジェイテクト「転がり軸受総合カタログ」）

$P_r = XF_r + YF_a$

$if_0\frac{F_a}{C_{0r}}$	e	$F_a/F_r \leqq e$		$F_a/F_r > e$	
		X	Y	X	Y
0.172	0.19	1	0	0.56	2.30
0.345	0.22				1.99
0.689	0.26				1.71
1.03	0.28				1.55
1.38	0.30				1.45
2.07	0.34				1.31
3.45	0.38				1.15
5.17	0.42				1.04
6.89	0.44				1.00

〔注〕1）f_0 係数については寸法表に記載している値を用いる。
2）i は1個の軸受内の転動体の列数

たときは，比例補間を行います。

寿命時間 L_{10h} の値としては、運転状況に応じて表 5.3 に示す時間が使われたり、実績から採用されたりします。もちろん式(5.2)を使えば、寿命時間を計算することができます。スラスト軸受の場合も同じ手順で計算することができます。

◆表 5.3　軸受の必要寿命時間（出典：株式会社ジェイテクト「転がり軸受総合カタログ」）

使用条件	使用機械	必要寿命時間〔h〕
短時間または断続的に運転	家庭用電気器具、電動工具、農業機械、重量物巻き上げ装置	4,000～8,000
常時使用しないが確実な運転	家庭冷暖房用電動機、建設機械、コンベア、エレベータ	8,000～12,000
不連続であるが長時間の運転	圧延機ロールネック、小形電動機、クレーン	8,000～12,000
	工場電動機、一般歯車装置	12,000～20,000
	工作機械、振動スクリーン、クラッシャ	20,000～30,000
	コンプレッサ、ポンプ、重要な歯車装置	40,000～60,000
1日8時間以上常時運転、または連続で長時間運転	エスカレータ	12,000～20,000
	遠心分離器、空調設備、送風機、木工機械、鉄道車両車軸	20,000～30,000
	大型電動機、鉱山ホイスト、車両用主電動機、機関車車軸	40,000～60,000
	製紙機械	100,000～200,000
24時間連続運転、故障が許されない	水道設備、発電所設備、鉱山排水設備	100,000～200,000

COLUMN　動等価荷重の計算について

表 5.2 の F_a / C_{0r} は、軸受性能に対するアキシアル荷重の大きさを示し、$F_a=0$ のときは球と内・外輪の接触方向がラジアル方向となり、F_a / C_{0r} が大きくなるにつれてアキシアル方向に傾きます。

if_0F_a / C_{0r} から決まる e は、荷重の方向に対してアキシアル方向の荷重を無視できるか否かの値を示したものです。

また、より簡便な方法として、式(5.2)を、

$$\frac{C}{P}=\frac{f_h}{f_n} \qquad (5.5)$$

と表し、f_h（**寿命係数**）や f_n（**速度係数**）の値は、数表や線図でメーカの

カタログ等に掲載され、CやPの値を簡単に計算することもできます。これらの値は、式(5.2)より、$f_{\mathrm{h}} = (L_{10\mathrm{h}}/500)^{1/p}$、$f_n = \{10/(500 \times 60n)\}^{-1/p}$として算出されたものです。

表5.4に、メーカのカタログより抜粋した基本動定格荷重C_{r}および静

◆表5.4 基本静ラジアル定格荷重$C_{0\mathrm{r}}$および基本動ラジアル定格荷重C_{r}の例（出典：株式会社ジェイテクト「転がり軸受総合カタログ：単列深溝玉軸受－開放形」）

番号	主要寸法〔mm〕			基本定格荷重〔kN〕		係数
	d	D	B	C_{r}	$C_{0\mathrm{r}}$	f_0
6805	25	37	7	4.30	2.95	16.0
6905	25	42	9	7.00	4.55	15.4
6005	25	47	12	10.1	5.85	14.5
6205	25	52	15	14.0	7.85	13.9
6305	25	62	17	20.6	11.3	13.2
60/28	28	52	12	12.4	7.40	14.5
62/28	28	58	16	17.9	9.75	13.4
63/28	28	68	18	23.5	13.1	13.3
6806	30	42	7	4.55	3.40	16.4
6906	30	47	9	7.25	5.00	15.8
6006	30	55	13	13.2	8.25	14.7
6206	30	62	16	19.5	11.3	13.9
6306	30	72	19	26.7	15.0	13.3
60/32	32	58	13	15.0	9.15	14.5
62/32	32	65	17	23.5	13.1	13.3
63/32	32	75	20	30.1	16.2	12.7
6807	35	47	7	4.75	3.85	16.5
6907	35	55	10	10.9	7.75	15.7
6007	35	62	14	15.9	10.3	14.9
6207	35	72	17	25.7	15.4	13.9
6307	35	80	21	33.4	19.3	13.2
6808	40	52	7	4.95	4.20	16.3
6908	40	62	12	13.7	9.95	15.6
6008	40	68	15	16.7	11.5	15.2
6208	40	80	18	29.1	17.8	14.0
6308	40	90	23	40.7	24.0	13.2
6809	45	58	7	6.20	5.40	16.3
6909	45	68	12	14.1	10.9	15.9
6009	45	75	16	21.0	15.1	15.3
6209	45	85	19	32.7	20.3	14.0
6309	45	100	25	48.9	29.5	13.3

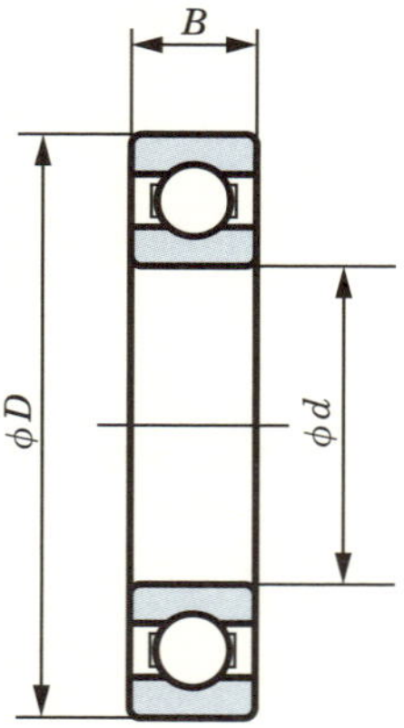

定格荷重 C_{0r} の例を示します。

COLUMN **基本定格寿命の補正**

90%以上の高い信頼度が必要な場合、特殊材料の使用により寿命が延長される場合、潤滑などの使用条件によって寿命に影響を及ぼす場合には、**補正定格寿命** L_{na} を用い次のように表されます。

$$L_{na}=a_1a_2a_3L_{10}$$

ここで、a_1 は**信頼度係数**、a_2 は**軸受特性係数**、a_3 は**使用条件係数**と呼ばれます。例えば、信頼度95%の時には $a_1=0.62$、99%の時には $a_1=0.21$ となり寿命は短くなります。a_2、a_3 は通常は1ですが、材料や使用条件が良い場合には1より大きくなることがあり、潤滑などの条件が悪い場合には、$a_3<1$ となることもあります。

5-3-4 転がり軸受の静的強さ

荷重を受けて回転する軸受の許容荷重は、軸受の動定格荷重を基本にして、寿命計算式(5.2)から求められます。しかし、「軸受には静止状態で荷重がかかる場合や、低回転速度で大きい衝撃荷重が加わったりする場合」があります。このような場合には、転動体と軌道との接触部が塑性変形し、永久変形として圧痕が残るため、振動や騒音の原因となります。このようなことが起こらないようにするため、**基本静定格荷重** C_0 が定められています。前節と同様、種類により C_{0r}、C_{0a} として用いられます。例えば、ラジアル軸受では、**静等価荷重** P_{0r} は、次式の大きい方を採用します。

$$P_{0r}=X_0F_r+Y_0F_a \tag{5.6}$$

$$P_{0r}=F_r \tag{5.7}$$

必ず $C_{0r}\geqq P_{0r}$ とするようにします。深溝玉軸受においては $X_0=0.6$、$Y_0=0.5$ となります。

例題 5.1

軸受系列6309（$C_r=48.9$〔kN〕、$C_{0r}=29.5$〔kN〕 $f_0=13.3$）の深溝玉軸受をラジアル荷重 $F_r=4000$〔N〕、アキシアル荷重 $F_a=2500$〔N〕、回転速度 $n=1000$〔rpm〕で使用したときに、寿命時間 L_{10h} を求めなさい。

解

アキシアル荷重がかかっているので動等価荷重を求めるためにX、Yの値を求める必要があります。使用する軸受は、単列より$i=1$、表5.4より$f_0=13.3$なので

$$if_0(F_a/C_{0r})=1\times13.3\times(2500/29500)=1.127 \tag{1}$$

となります。この値より、表5.2から$e=0.29$となります。同表においてeの値とF_a/F_rを比べることでX、Yを求めることができます。

$$\frac{F_a}{F_r}=\frac{2500}{4000}=0.63 \tag{2}$$

なので、$\frac{F_a}{F_r}>e$となり、$X=0.56$、$Y=1.50$となります。したがって、動等価荷重P_rは、

$$P_r=XF_r+YF_a=0.56\times4000+1.50\times2500=5990\,[\mathrm{N}] \tag{3}$$

となり、式(5.2)より寿命時間は

$$L_{10h}=\left(\frac{48900}{5990}\right)^3\frac{10^6}{60\times1000}=9068\,[\mathrm{h}] \tag{4}$$

9,068時間となります。

例題 5.2

ラジアル荷重F_r＝2000〔N〕、アキシアル荷重F_a＝350〔N〕、回転速度n＝1600〔rpm〕で使用し、寿命時間L_{10h}＝12000〔h〕以上が必要である転がり軸受を設計したい。軸受に要求される動定格荷重を求めなさい。

解

アキシアル荷重の影響を調べるためeの値をチェックします。すると、

$$\frac{F_a}{F_r}=\frac{350}{2000}=0.175 \tag{1}$$

となり、この値は表5.2のどのeの値より小さく、$X=1$、$Y=0$となり、動等価荷重は$P_r=F_r=2000$〔N〕と考えてよいことがわかります。もし、ここでeの値が大きく、アキシアル荷重の影響が無視できない場合は、$X=0.56$、$Y=1.6$（Yの平均値程度）と仮定して動等価荷重を求めます。式(5.2)を変形して、必要な動定格荷重を求めると、

$$C=\sqrt[3]{\frac{60nL_{10h}}{10^6}}P=10.48\times 2000=20960〔\mathrm{N}〕 \quad (2)$$

となり、この値以上を持った軸受を選定すればよいことがわかります。

次にこの計算においては、動等価荷重を仮定しているので、この値をチェックします。63／28($C_r=23.5$〔kN〕、$C_{0r}=13.1$〔kN〕、$i=1$、$f_0=13.3$)を選定すると、

$$if_0\frac{F_a}{C_{0r}}=1\times 13.3\times\frac{350}{13100}=0.355 \quad (3)$$

となります。この値を表 5.2 より内挿して、$e=0.22$ となり、一方、式(1)より、$F_a／F_r=0.175(<e)$なので$P_r=F_r$ でよいことがわかります。

5-3-5 • 転がり軸受の配列と固定

普通1本の軸を支えるためには、2個以上の軸受が必要です。そこでは、軸方向の軸の位置を固定するために、一方を固定し（固定側）、熱膨張や組み立て誤差における軸方向の伸縮を吸収するため、他方を軸受方向に動くよう（自由側）にして使用します。2個の軸受間隔が小さく、軸の伸縮

◆表 5.5　転がり軸受の配列と固定

軸受配列		摘要	適用例（参考）
固定側	自由側		
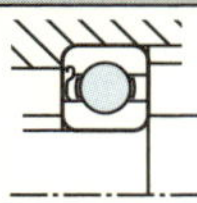	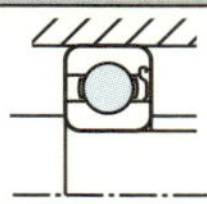	もっとも一般的な配列である。ラジアル荷重のほかに、ある程度の軸方向荷重も付加できる。	ポンプ 自動車変速機
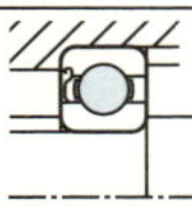	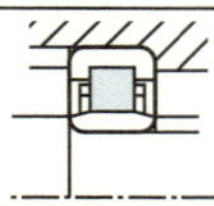	高速回転にも適し、一般的に広く用いられている。軸の伸縮する場合に適し、たわむ場合は適さない。	中型電動機 送風機
固定・自由側に区別のない場合		摘要	適用例（参考）
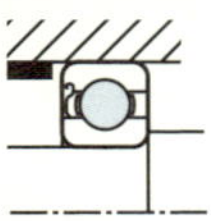	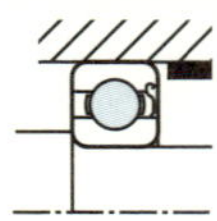	小さい機械で、荷重が小さい場合に最も多く利用される配列である。片方の軸受外輪にばねを入れ、軽い予圧を与える。	小型の電動機、送風機、減速機など
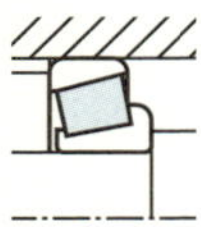	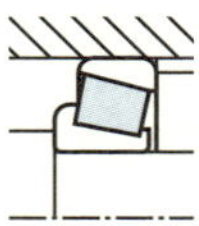	大きいアキシアル荷重や衝撃荷重が作用する場合に適する。予圧をかけ、軸に剛性をもたせる場合に適する。図は正面取り付けである。	減速機 自動車車軸

の影響が小さい場合には、両者を区別しない場合もありますが、少なくとも両軸受を組み合わせた上で、「軸が移動しないように拘束する」必要があります。配列の組み合わせを表 5.5 に示します。

5-3-6 • 軸受のはめあいとすきま

軸受は、内輪と軸、外輪とハウジングとのはめあいにより固定されその機能を発揮します。そのとき、はめあいが適切でないと、異常発熱、はめあい面の摩耗、摩耗粉の軸受内への進入や振動などが生じ、軸受の寿命を著しく減少させます。そこで、内外輪の一方をかたく（しまりばめ）したときには、他方をゆるく（すきまばめ）します。このとき、内輪と軸および外輪とハウジングのはめあいは、回転とともに力のかかる場所が移動する方をかたく、回転しても移動しない方をゆるくします。表 5.6 に具体例を示します。なお、表中の英字記号は、第 1 章 6 節の**はめあい記号**です。

◆表 5.6　荷重の性質とはめあい

回転の区分		荷重の方向	はめあい		代表例
内輪	外輪		内輪と軸	外輪とハウジング	
回転	静止	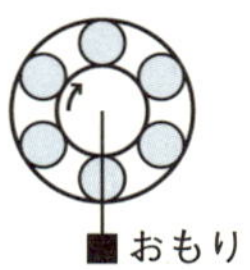	しまりばめが必要 (k,m,n,p,r)	すきまばめでもよい (F,G,H,Js)	平歯車装置、電動機
静止	回転	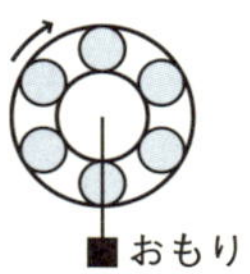	すきまばめでもよい (f,g,h,js)	しまりばめが必要 (K,M,N,P)	自動車の非駆動輪のハブ用軸受・滑車

5-3-7 • 転がり軸受の選定

軸受はまず荷重の状態により軸受形式およびその大きさが決まり、その後軸やハウジング部の詳細な設計に入ります。転がり軸受は規格化・標準化が特に進んでおり、メーカの選定マニュアルにより、軸受の選定だけでなく、取り付け方法、潤滑方法や詳細な寸法など周辺部の設計が可能です。

5-4 滑り軸受

設計のしやすさ、保守性また起動時における摩擦の小ささより、特殊な用途でない限り転がり軸受が多く用いられていますが、以下のような場合には滑り軸受が有利とされています。

①エンジンのピストンとコンロッドの間のように、高い負荷荷重や衝撃荷重がかかる場合。

②半径方向の取り付けスペースが制限され、軸受をできる限り薄くしたい場合。

③軸受部円周部を分割しないと取り付けが不可能な場所の軸受。

④回転軸の偏心を極小にしたり、極低摩擦にしたりしたい場合。

図 5.2 に滑り軸受の主な種類の構造を示します。

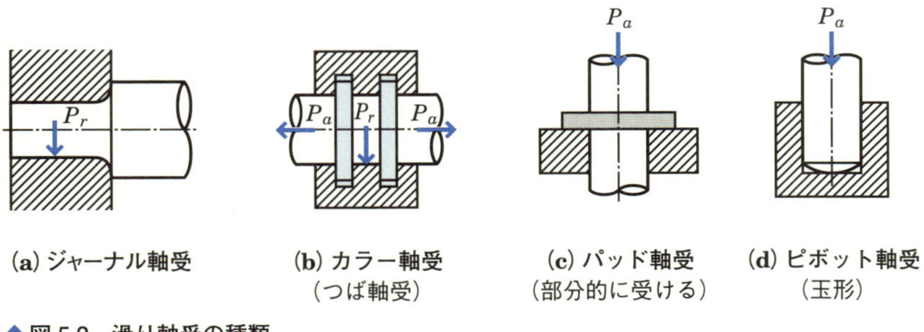

◆図 5.2　滑り軸受の種類

5-4-1 • 滑り軸受の原理

滑り軸受は、軸と軸受の流体の隙間に流体の流れを作り、それにより軸を支えるものです。流体の流れを作る方法を利用した軸受に、軸を回転させ接する流体の粘性（ねんせい）で、軸－軸受間に流体を浸入させて軸を浮上させた**動圧軸受**、外部より強制的に軸－軸受間に流体を供給し軸を浮上させた**静圧**

軸受があります。

動圧軸受の中において、充満した潤滑油の中で軸が回転しているとき、潤滑油はその粘性により軸と一緒につれ回るようになり、油膜の圧力分布は図 5.3 のようになります。軸周のこの圧力を積分することで軸受の支える能力が計算されます。この圧力は、流量や隙間の大きさにより変化します。そのため、図から分かるように、回転速度に応じて中心が移動します。回転させることで軸が浮いた状態となり、軸－軸受間で材料が直接摩擦しないため、最初に述べた多くの長所が生まれます。小さな隙間を周囲に 3 カ所以上作り、中心部が移動しないように工夫したものもあります。

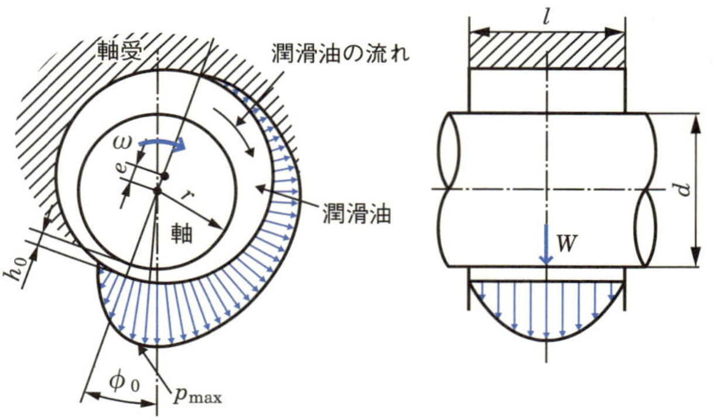

◆図 5.3　油膜圧力分布

5-4-2 ● 滑り軸受の設計

先に述べた機構による摩擦特性を示したものに、図 5.4 に示すストライベック曲線というものがあります。粘性 η（イータ）、流体速度 v（回転速度に比例)、圧力 p として、横軸に軸受定数 $\eta v／p$ をとり、摩擦係数 μ との関係を示したものです。右に行くほど回転速度が高くなり、油膜の厚さも比例して増加し、静止状態の固体潤滑から境界潤滑、混合潤滑および流体潤滑と変わり摩擦係数が変化します。回転速度が低い場合には、ほとんど油膜が存在しないため高い摩擦係数ですが、回転速度が大きくなるにつれ最小値を取りゆっくりと増加します。この流体潤滑の部分を利用するように設計されます。そこで、設計においては、すべり軸受の流体潤滑の理論を基に、以下に述べるパラメータについて計算されます。用途によるそれらの代表値を表5.7に示します。

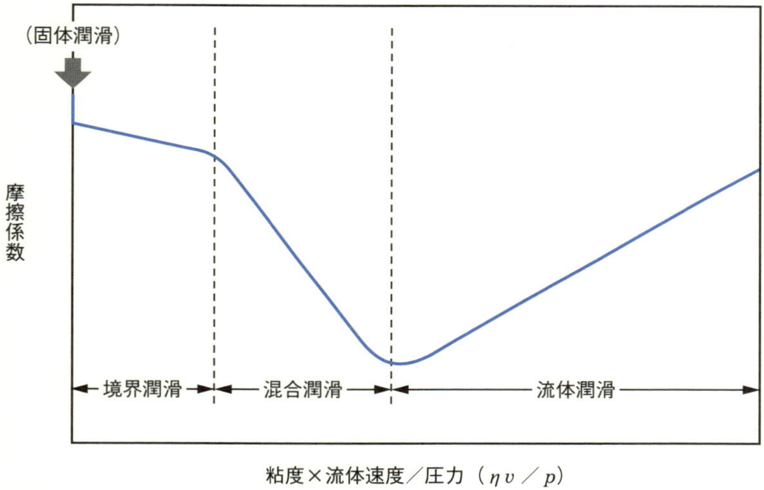

◆図5.4　ストライベック線図

①　軸受圧力 p

軸受荷重を P〔N〕、ジャーナル軸受の直径を d〔mm〕、幅を l〔mm〕とすると、平均軸受圧力 p は、

$$p = \frac{P}{dl}\text{〔MPa〕} \qquad (5.8)$$

で表されます。軸受の寿命、焼付き、摩耗に関連します。一定許容値以下に収める必要があります。

②　pv 値

軸受の周速度を v〔m/s〕、摩擦係数を μ とすると、μpv は、単位面積当たりの摩擦による仕事率となり、温度上昇の目安となります。温度上昇により粘性値が減少すると、負荷能力が低下します。

③ 油膜厚さ

油膜厚さは、流体の粘性ηおよび速度vに比例し、圧力pに反比例します。流体潤滑状態で用いるには、一定値以上である必要があります。図5.4のストライベック曲線において、最小値の右側の流体潤滑状態で用いられるように定められています。そのため$\eta v/p$の値の最小値が定められています。またその厚さは、軸－軸受間の隙間の大きさcにより制限されます。そのため$2c/d$の標準値が定められています。各々の値を表5.7に示します。

④ l/d値

軸受の直径と幅の比l/dの値が小さいと、安定性が悪くなるだけでなく、軸端からの潤滑油の漏れにより油膜厚さの保持が難しくなるため、やはり表5.7のように決められています。

◆表5.7 滑り軸受設計資料（日本機械学会編「機械工学便覧」より作成）

装置名	軸受	最大許容圧力 p 〔MPa〕	最大許容圧力速度係数 pv 〔MPa·m/s〕	適正粘度 η 〔10^{-3}×P_a·s〕	最小許容 〔$\eta v/p$値〕	標準すきま比 〔$2c/d$〕	標準幅径比 〔l/d〕
自動車、航空用機関	主軸受	6△～12▲	200	7～8	3.4×10^{-8}	0.001	0.8～1.8
	クランクピン	10▽△～35▲	400		2.4×10^{-8}	0.001	0.7～1.4
	ピストンピン	15▽△～40▲	—		1.7×10^{-8}	<0.001	1.5～2.2
往復ポンプ、圧縮機	主軸受	2▽	2～3	30～80	6.8×10^{-8}	0.001	1.0～2.2
	クランクピン	4▽	3～4		4.8×10^{-8}	<0.001	0.9～2.0
	ピストンピン	7▽△	—		2.4×10^{-8}	<0.001	1.5～2.0
車軸	軸	3.5	10～15	100	1.2×10^{-7}	0.001	1.8～2.0
発電機、電動機、遠心ポンプ	ロータ軸受	1▽～1.5▲	2～3	25	4.3×10^{-7}	0.0013	1.0～2.0
伝動軸	軽荷重	0.2▽	1～2	25～60	2.4×10^{-7}	0.001	2.0～3.0
	自動調心	1▽			6.8×10^{-8}	0.001	2.5～4.0
	重荷重	1▽			6.8×10^{-8}	0.001	2.0～3.0
工作機械	主軸受	0.5～2	0.5～1.0	40	2.6×10^{-9}	<0.001	1.0～4.0
圧延機	主軸受	20	50～60	5	2.4×10^{-8}	0.0015	1.1～1.5
減速歯車	軸受	0.5～2	5～10	30～50	8.5×10^{-8}	0.001	2.0～4.0

▽：滴下給油、△：はねかけ給油、▲：強制給油

5-4-3 ● 静圧軸受

軸－軸受間の相対速度が小さいと、その間に流体の粘性を利用した流体の供給ができません。そこで、ポンプなどにより強制的に両者の間に流体を送り込み荷重を支える軸受を**静圧軸受**といいます。常に浮動状態にあるため、始動時を含め静圧軸受の摩擦係数は非常に小さく、$10^{-5} \sim 10^{-6}$ にも達します。このため低発熱であり、回転速度の変化による軸心の移動も小さいことより、超精密工作機械の主軸受として用いられたり、天文台の望遠鏡の軸受として用いられたりしています。静圧主軸受装置の一例を図 5.5 に示します。ハードディスクのプレートや、レーザプリンタのポリゴンミラーの加工の主軸などに使われます。

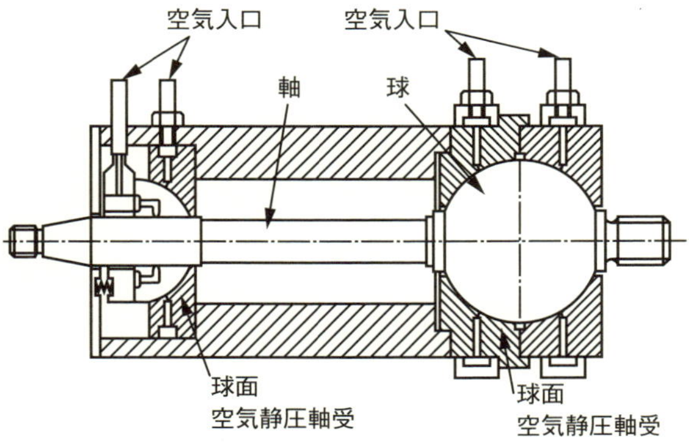

◆図 5.5　精密静圧軸受の構造

5-4-4 ● 滑り軸受材料

軸としては、強度部品として鉄系の材料が使われ、それに対し接触面が摩耗したときに、軸受の方を取り替えができるようにします。そのため軸受材料としては、低摩擦性、耐摩耗性、耐疲労性、非焼付き性、なじみ性等の性質を保有する合金が用いられ、強度を増すために通常、裏金として鋼をつけて二重構造としています。

そのため、軸受に用いられる合金としては、アルミニウム合金（Al、

Snの合金)、ケルメット(銅・鉛合金)、ホワイトメタル(錫、アンチモンおよび銅の分散型合金)などの比較的柔らかい金属が多く用いられます。またこれ以外に、焼結により多孔質体を作りその気孔部に潤滑油を含浸させた焼結含油軸受などがあり、負荷荷重が小さい場合は、高分子樹脂も多く用いられています。

第5章:演習問題

問1 深溝玉軸受6307を、ラジアル荷重F_r=3400〔N〕、回転速度n=800〔rpm〕で使用する場合の寿命時間を求めなさい。

問2 前問の条件に、さらにアキシアル荷重F_a=900〔N〕が加わった場合の寿命時間を求めなさい。

問3 直径が45mmの軸において、ラジアル荷重F_r=2500〔N〕、アキシアル荷重F_a=1500〔N〕、回転速度n=1000〔rpm〕の環境で使用し、必要寿命を10,000時間としたときの軸受を選定しなさい。

第6章

歯車

歯車は、その歯面がインボリュート曲線でできていることより、「大きい力」を「滑らかに」かつ「正確に」伝えることができます。そのことを理解するためには、式を追い理論的に把握することが重要になります。しかし、設計においては、それらの式を全て使うことはありません。

そこで、本章では、設計時に必要な式を 枠で囲んでいます 。設計において注目すべき所を明示しているので、必要に応じて有効に活用してください。

6-1 歯車伝動の特長

動力として発生した大きい回転力（トルク）を伝達しようとするときに、凹凸（歯）を利用し、お互いにかみ合って伝達しようとしたのは、ごく自然な考えです。そのときに、歯の数の組み合わせを変えれば、回転速度が変化し、回転力の大きさも変化することは容易に理解できたのではないでしょうか。その後、滑らかに大きい回転力を伝えようとすれば、お互いにかみ合う歯の面はインボリュートのような「滑らかな曲線」が望ましいことが分かってきました。

このようにして、歯車（gear、pinion）が生まれました。そして、「①伝達力が大きく、損失が極めて小さい」、「②回転速度を自由に選択できる」、「③正確に回転速度の伝達ができる」などの特長を活かし、自動車はもちろん産業に欠かせないものとなっており、将来もその役割は変わらないでしょう。さらに、伝達に関わる諸理論は、歯の大きさに依存しないことより、マイクロマシンから巨大タンカーのような数万馬力の動力伝達まで、統一的に扱うことができます。

6-2 歯形曲線

6-2-1 • インボリュート歯形

かみ合った歯が接触し、滑らかに（一定速度で）力が伝わる必要があります。そのためには、図 6.1 に示すようにお互いに離れた半径が r_1 と r_2 の 2 つの円板間で「糸を巻いて回転が伝わっている状態」を考えます。角速度をおのおの ω_1、ω_2 とすると $r_1\omega_1 = r_2\omega_2$ となり、半径の比で正確（滑らか）に角速度が伝わります。これを歯車のかみ合いで実現するには、接触点がこのような糸上を移動する曲線の歯である必要があります。これを実現できるのがインボリュート曲線で、図 6.2 のように円板に巻いた糸を「引張りながらといていく」ときの「糸の先端の軌跡」です。

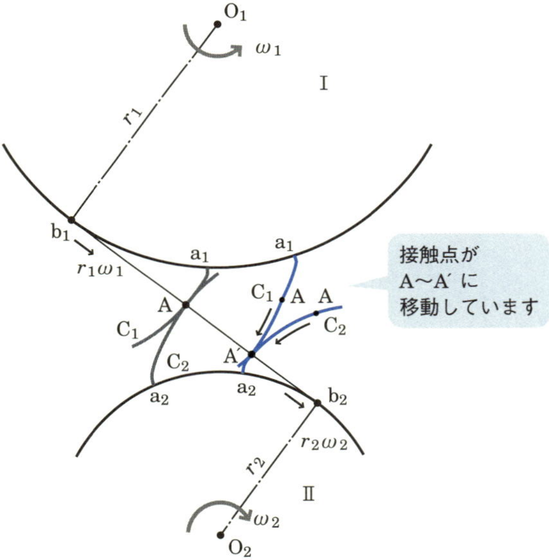

◆図 6.1　歯形曲線

そこで、図 6.1 を見てみると、点 A では円板 O_1、O_2 からの糸が接続し一直線になっています。これは、a_1 および a_2 を起点としたインボリュート曲線 C_1 および C_2 が点 A で接している状態を表しています。点 A は直線 b_1b_2 上を移動するので、例えば、接点 A が A′ に移動する時には、C_1 の根元部と C_2 の先端部が接し、C_1 では先端部へ C_2 では根元部へ接点が移動しながら回転を伝達します。

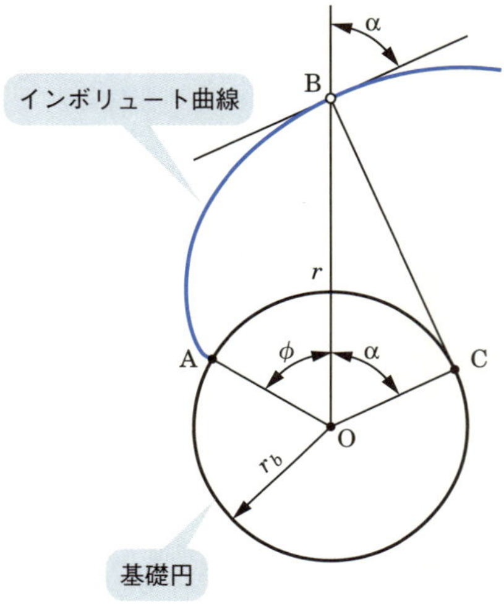

◆図 6.2 インボリュート曲線

6-2-2 • インボリュート曲線

図 6.2 において円 O は基礎円と呼ばれます。この基礎円の半径を r_b、∠BOC = α とすると、起点 A と中心を結ぶ直線を原線とする極座標 $(r,\ \phi)$ で表せば、インボリュート曲線の任意の点 B は

$$\phi = \tan\alpha - \alpha = \mathrm{inv}\,\alpha \tag{6.1}$$

$$r = \frac{r_b}{\cos\alpha} \tag{6.2}$$

のようにαの関数として表されます。式(6.1)の inv α はインボリュート関数といわれ、歯車の計算において重要な関数です。インボリュート曲線で歯形を製作すると、次のような優れた性質があります。

(i) 歯形の創成工具の刃の形状が直線になり、簡単かつ高精度に製作できる。

(ii) 中心距離が変化しても速度比が変化しない。

COLUMN いろいろな歯形

サイクロイド曲線も歯形として使うことができます。図１のようにサイクロイド曲線は、円 C_0 の周上を転がる円 C_1 の周上の点の軌跡です。歯形として使う場合、円 C_1 が外および内側で回転してできた２つのサイクロイドが、点 P 上で接続され、歯末と歯元では別々の曲線となります。最小歯数が小さくできることや耐摩耗性に優れる利点があり、時計などに用いられてきましたが、今日では、加工の難しさによりほとんど用いられていません。

また、歯面を円弧としたノビコフ歯車もあります。図２のように円弧の凹凸を利用したものです。疲れ強さが高いため、タービン、鉱山、採掘機械などに用いられます。

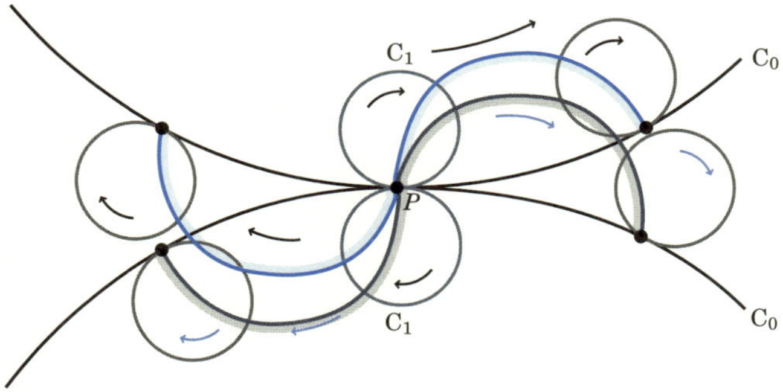

◆図１　サイクロイド歯車と歯形

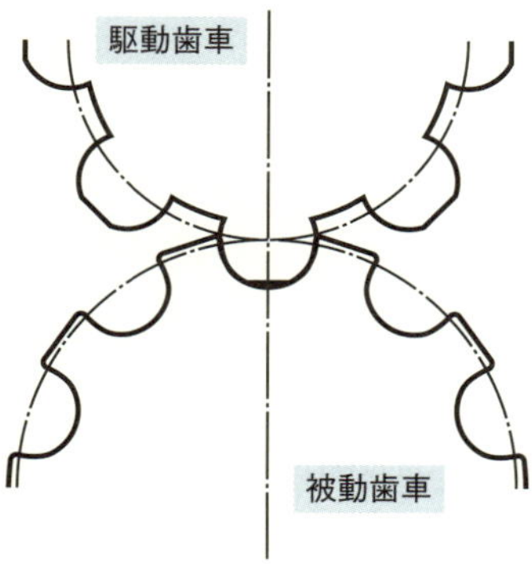

◆図２　ノビコフ歯車と歯形

6-2-3 ● 歯車のかみ合い

歯車はかみ合って回転しています。これは両基礎円を結ぶ共通接線（見えない糸）の上を両歯車の接触点が移動していることになります。基礎円の大きさを変えなければ、糸の速度は同じですから**中心距離**を変えても角速度は変わりません。このことを図に示すと図 6.3 のようになります。

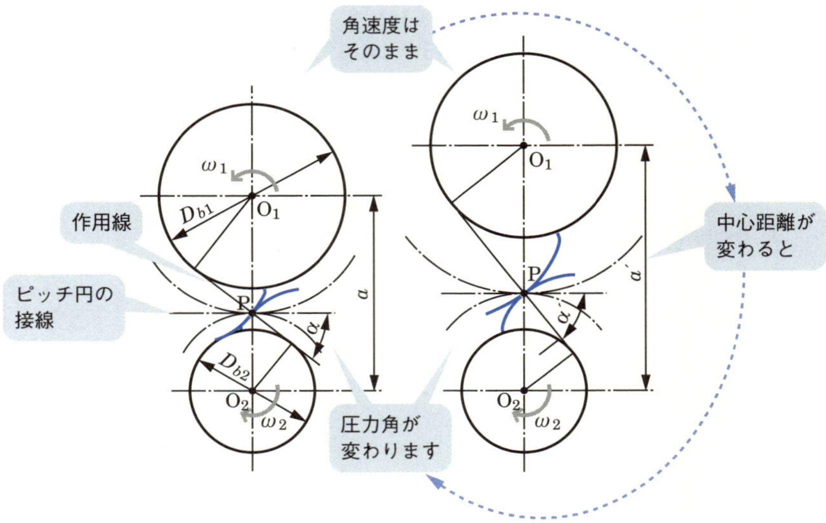

◆図 6.3 中心距離と圧力角

「糸の方向に力が伝わる」ためこの糸に相当する線分を作用線、その角度 α を圧力角といいます。この角度は、中心距離の大きさにより変わります。両歯車の中心線を結ぶ線と作用線が交わる点 P をピッチ点といい、各歯車の中心からピッチ点までの距離を半径とした円をピッチ円といいます。先の圧力角は、両ピッチ円の共通接線と作用線の角度です。このピッチ点を中心とした歯面上で、かみ合いとともに接触点が移動します。

先の図 6.2 と一緒に考えると、「中心距離を変えると、同じインボリュート曲線上でのかみ合う領域が変わる」ことが分かります。そして、両歯車の中心からピッチ点までの距離が変わるため、両歯車のピッチ円の大きさも変化します。また図から分かるように、圧力角が小さいときは、インボリュート曲線の「基礎円に近い部分」で、大きくなるにつれて「遠い部分」でかみ合うようになります。圧力角は、基礎円により決まるインボリュート曲線上の位置を示していることが分かります。

回転を持続するには、図6.4に示すように一定の間隔でインボリュート曲線が存在し、次々にかみ合う必要があります。基礎円上におけるその間隔 p_e を**基礎円ピッチ**といい、ピッチ円上での間隔 p を**円ピッチ**といいます。なお、作用線上での間隔を**法線ピッチ** p_n といい基礎円ピッチと同じになります。

同図より、基礎円直径 $D_b(=2r_b)$ とピッチ円直径 $D(=2r)$ との関係は、

$$D_b = D\cos\alpha \tag{6.3}$$

となります。一方歯数を z とすると、基礎円の周長は $zp_e(=\pi D_b)$、ピッチ円上の周長は $zp(=D)$ となるので、基礎円ピッチ p_e と、円ピッチ p との関係は、式(6.3)より、

$$p_e = \frac{\pi D_b}{z} = \frac{\pi D\cos\alpha}{z} = p\cos\alpha \tag{6.4}$$

となります。また、反対方向の回転に対応するため、もう一つの共通接線に対応するインボリュート曲線の歯面も必要となります。

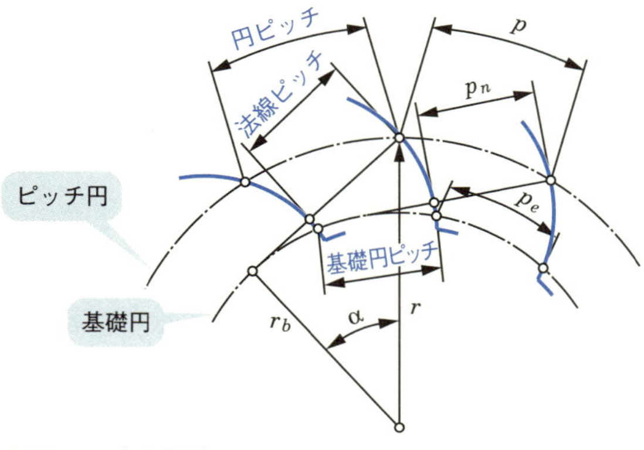

◆図6.4　歯の間隔

6-3

歯車の名称および記号

歯車の各部の名称はおよび用語は JIS B 0102 に、記号は JIS B 0121 に定められています。名称を既に出てきたものも含め、図 6.5 に示します。本章で用いている記号については、JIS に準拠して使っています。

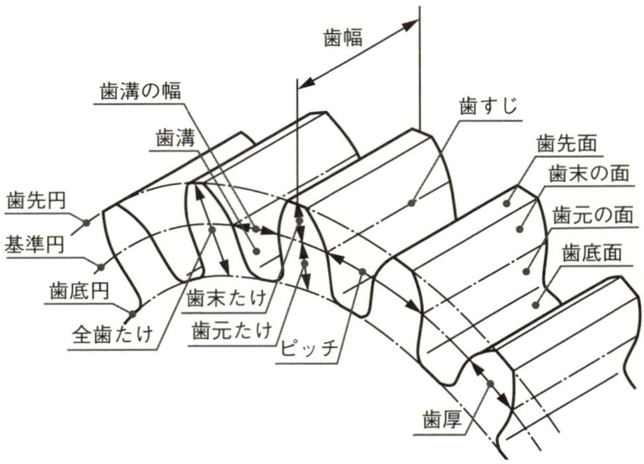

◆図 6.5　歯車の名称

図 6.5 中の基準円は、次節で説明する「歯の大きさの基準」を考えるときに基準になる円です。したがって、基準円は歯車が単独のときに定義されます。前節の「ピッチ円」は 2 個の歯車がかみ合うことで定義されますが、標準的にはかみ合う歯車の基準円が接するように中心距離を設定することが多く、そのときには「基準円」と「ピッチ円」の大きさは一致します。

6-4 歯の大きさの基準

6-4-1 • モジュール

歯車の歯は、基準円上に等間隔かつ整数で存在するので、円ピッチ（$p=\pi D/z$）は必ず円周率 π を含む無理数となります。そこで、簡単にするためモジュールという長さを表す単位を導入し、式(6.5)のように定義します。

$$m=\frac{p}{\pi}\left(=\frac{D}{z}\right) \tag{6.5}$$

このようにすることで、例えば、括弧内に示すように基準円直径、歯数とモジュールの関係を簡単に表すことができます。モジュール m の値はJISにより、表6.1のように定められ、特殊な用途でない限り第Ⅰ列が用いられます。また、同じモジュールの歯がかみ合って力を伝えるので、基準円上での歯厚と歯溝の幅が同じときに最も大きい力を伝えることができます。そこで、歯厚（＝歯溝の幅）が、$p/2(=\pi m/2)$ となるよう反対側（逆回転用）の歯面を作ります。モジュール m が大きくなると歯車が大きくなり（式(6.5)）、大きい力を伝える（式(6.17)、(6.22)）ことができます。

◆表6.1　モジュールの標準値〔mm〕（JIS B 1701-2 より抜粋）

Ⅰ列	Ⅱ列	Ⅰ列	Ⅱ列	Ⅰ列	Ⅱ列
1	1.125	4	4.5	16	18
1.25	1.275	5	5.5	20	22
1.5	1.75	6	(6.5)、7	25	28
2	2.25	8	9	32	36
2.5	2.75	10	11	40	45
3	3.5	12	14	50	

6-4-2 • 標準歯車と標準ラック

モジュールが m の歯車の基準円を無限大にすると、基準円は直線になり、歯面もそれと交差する直線になります。図6.6のように、台形が並んだ形になり、これをラックといいます。ラックの歯面は、円ピッチ $p=\pi m$ の間隔でデータム線（基準円の半径が無限大になったもの）と交わり、歯面の法線（作用線の方向）は「データム線に対し圧力角 α」で交わります。同じモジュールおよび圧力角を持った歯車やラックは全てかみ合います。

JISでは、図6.6のように圧力角を $\alpha=20°$ とし、それにモジュール m を基準として、歯末方向をデータム線（歯車の基準円に相当）から m、それに対応して歯元方向を m とし、さらに歯車が回転するときの歯先と歯底の干渉を防ぐために、さらに深さ方向に頂隙（ちょうげき）0.25m をとります。その形状はJIS B 1701で定められ、標準基準ラックと呼ばれます。

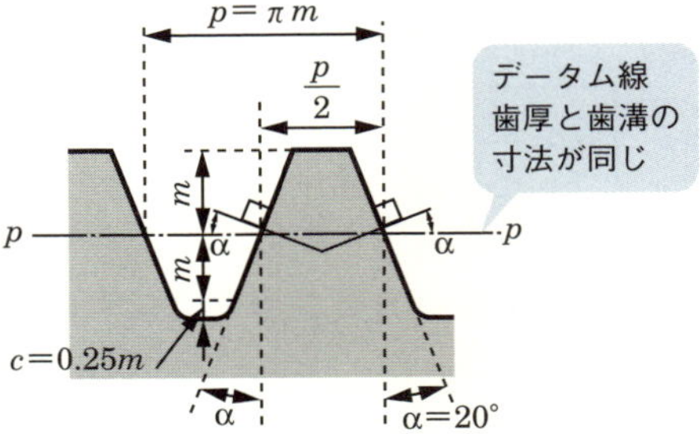

◆図6.6　標準基準ラック

これと反対側（標準基準ラックを上下反対にし、半ピッチずらせたもので相手標準基準ラックという）を切削工具とし、そのデータム線を歯車の基準円に接する（ラックの移動速度と歯車の基準円上での周速度が同じになる）ように運動させて切削した歯車が標準歯車です。

6-4-3 • 歯車の製作

標準基準ラックとラック型工具の圧力角は等しく、工具圧力角と呼び α_0 で表します。加工において、図6.7のように、送り運動として「ラック工具のデータム線と歯車の基準円が接し」かつそこでの「速度が同じ」になるように運動をさせ、切削運動としてラックを紙面に垂直に往復させることで歯切りを行います。

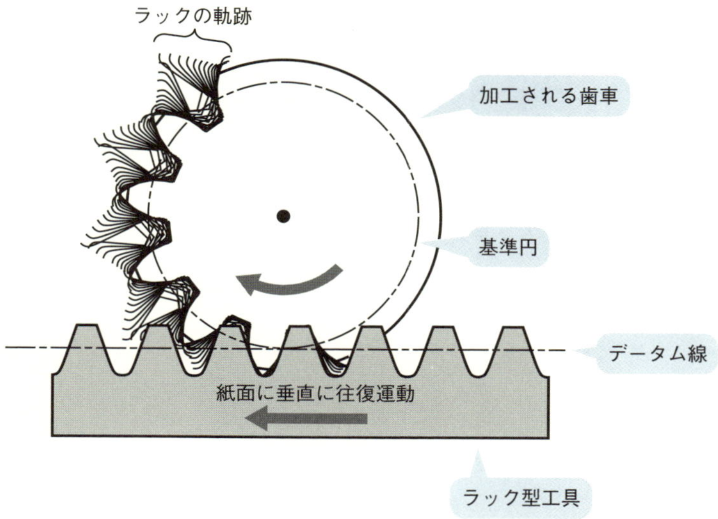

◆図 6.7　ラック型工具による歯切り

歯車の切削に用いられる工具のホブは、ラックの直線運動を回転運動で実現できるようにしたものです。図 6.8 のように、円筒上にラックカッタを一定間隔で軸方向にずらしてねじ状に配置しています。ホブを回転させると図 6.7 のような運動が実現し、無限個の歯数のラックに相当するようになります。また、ラックカッタの代わりに歯車状のピニオンカッタを用いる場合もあります。

このように、工具と歯車素材の関係運動によって歯を作り出す方法を創成法といい、この方法により能率的に高精度の歯車を製作することができます。

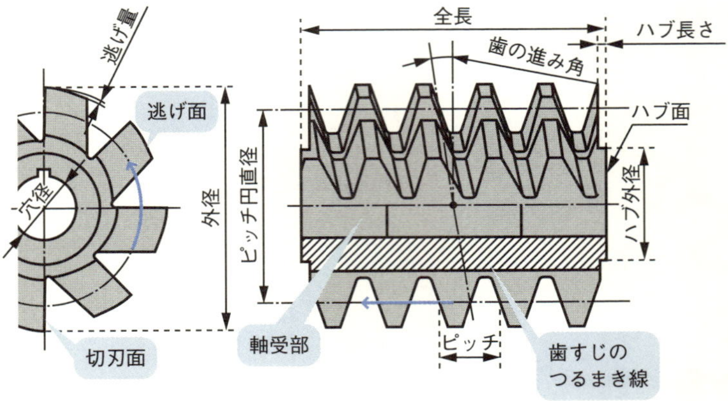

◆図 6.8　ホブ

COLUMN 圧力角について

圧力角には３種類あります。

第１は、インボリュート曲線を表すのに用いられる圧力角 α で、英語では obliquity（傾斜）と呼ばれます。０から増加していくことで、基礎円上からインボリュート曲線が描かれ、インボリュート関数の変数として用いられ、曲線上の位置を表したものです。

第２は、作用線（歯と歯の接触点の軌跡）の傾きとしての圧力角 α です。英語では pressure angle と呼ばれます。かみ合い圧力角と呼ばれることもあります。作用線の定義通り、かみ合っている歯面の接点はこの上を移動し、一定の値を持ちます。両歯車の中心を結ぶ線と作用線の交点すなわちピッチ点は、両歯車のインボリュート曲線を表す式(6.1)、(6.2)において、変数としての圧力角（第１の意味）が、ある特定の値（第２の意味）α の時の座標です。歯面すなわちインボリュート曲線は、かみ合わせたとき、接点が一定の傾きを持った直線上を移動するような性質を持った不思議な曲線です。

第３は、歯車を切削するラック工具の歯（＝刃）の傾きを示したもので工具圧力角 α_0 と呼ばれます。歯面は直線となるので、工具は容易でかつ高精度に製作ができます。標準歯車どうしのかみ合いでは、工具圧力角と第２の意味での圧力角が同じ値になりますが、転位歯車間のかみ合いでは両者は異なります。１つの工具でいろいろな歯車ができます。

6-5
歯車の設計

6-5-1 • 歯車の寸法

歯車では、設計や製作における寸法を、モジュール m を基に計算します。歯車の大きさの基準となる、基準円直径 D は式(6.5)を用いて

$$D = mz \tag{6.6}$$

となります。加工時のホブや歯車素材の回転速度などを決めるのに用いられます。また、歯車素材の直径となる**歯先円直径** D_a は、歯先が基準円から m の高さを持っていることにより、

$$D_a = mz + 2m = m(z+2) \tag{6.7}$$

また、歯の高さである**歯たけ** h は、頂隙を含め、

$$h = 2m + 0.25m = 2.25m \tag{6.8}$$

となり、切り込み量に対応します。さらに、歯車を円滑に回すためには**バックラッシ**が必要となります。これは、さらなる切り込みを与え、歯厚を減らすことで実現し、その大きさを**またぎ歯厚法**などにより管理します。

歯数が z_1 および z_2 の2つの歯車がかみ合ったとき、その**中心距離** a はピッチ点で接することより、それぞれのピッチ円直径（＝基準円直径）を D_1、D_2 とすると、

$$a = \frac{D_1 + D_2}{2} = m\frac{z_1 + z_2}{2} \tag{6.9}$$

で表されます。また z_1 を入力側、z_2 を出力側とすると、**速度伝達比**（入力回転速度 n_i ／出力回転速度 n_o）i は、ピッチ円上での速度が同じなので、$\pi D_1 n_i = \pi D_2 n_o$ より、次式のようになります。

$$i = \frac{n_i}{n_o} = \frac{D_2}{D_1} = \frac{z_2}{z_1} \tag{6.10}$$

COLUMN バックラッシ（backlash）

歯車を円滑に回転させるためには、必ず一定の遊び（隙間）が必要となります（これをバックラッシといいます）。これは、歯車や中心距離などの加工・組立誤差や運転中の熱膨張の影響を吸収するもので、精度等級により決まっています。

COLUMN またぎ歯厚法

歯車の評価・測定項目には、インボリュート形状の正確さ、歯の間隔、中心軸との偏心などがあり必要に応じて測定されます。一般的には、適切なバックラッシのもとでかみ合うことが運転において重要であるため、歯厚が重要視されます。そのときに、またぎ歯厚法がよく用いられます。これは、

$$z_m=(\alpha/180)z+0.5 \tag{1}$$

で決まる歯数 z_m（整数）を、図のようにまたいで寸法 W を測定するもので、測定子は歯面に接するようになり、それに垂直に挟まれた線分は必ず基礎円に接します（インボリュート曲線の定義を考えると分かります）。そのため、外径に関係なく、簡単で正確に測定することができます。そのときの値は、次式で計算できます。

$$W=m\cos\alpha\{\pi(z_m-0.5)+z\cdot\mathrm{inv}\,\alpha\}+2xm\sin\alpha \tag{2}$$

なお、ここで x は転位係数で転位歯車の所で出てきます。標準歯車では $x=0$ です。図は $z_m=3$ の場合で、$W=2p_e+S_b$ となり、p_e は理論値なので、加工後の歯厚1枚の基礎円上の歯厚 S_b を計算できます。

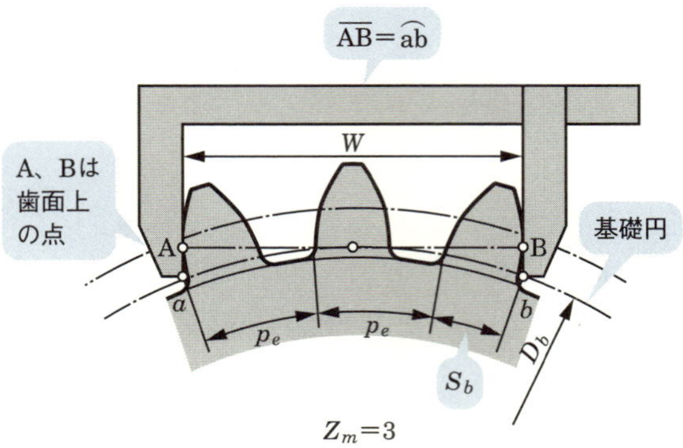

例題 6.1

歯先円直径が D_{a1}＝120〔mm〕および D_{a2}＝228〔mm〕の 2 つの標準歯車が中心距離 a＝166〔mm〕でかみ合っています。両歯車のモジュールおよび歯数を求めなさい。また、速度比を求めなさい。

解

式(6.7)および(6.9)より、$m=4$、$z_1=28$、$z_2=55$ となり、この値を式(6.10)に代入すると、速度比 $i=z_2/z_1=1.96$ となります。

6-5-2 • 歯車の強さ

歯車は、歯面を通じて力を伝達します。そのとき、「歯車の歯」は片持ちはりの形状をしているので「折れないための曲げ強さ」と、表面で接触面が必要以上に「変形しないための面圧強さ」について検討する必要があります。そのとき、インボリュート曲線は基礎円により決まるので、モジュールや歯数が変わると形が変わります。さらに、転位歯車を使うと圧力角が変わるのでやはり形が変化します。また、モジュールや歯数により歯の厚さも変化します。そのため、歯を簡単な形状に置き換えて解析します。また、モジュール m は mm（ミリメータ）で表すので、後述の計算で使う場合には単位に注意する必要があります。

(a) 曲げ強さ

歯面は、図 6.9 のようにインボリュート曲線で決まる圧力角に応じて、斜めに力が加わります。そのため、円周方向（曲げ）と半径方向（圧縮）に力を分解できますが、そのうちの曲げ強さのみを考えます。

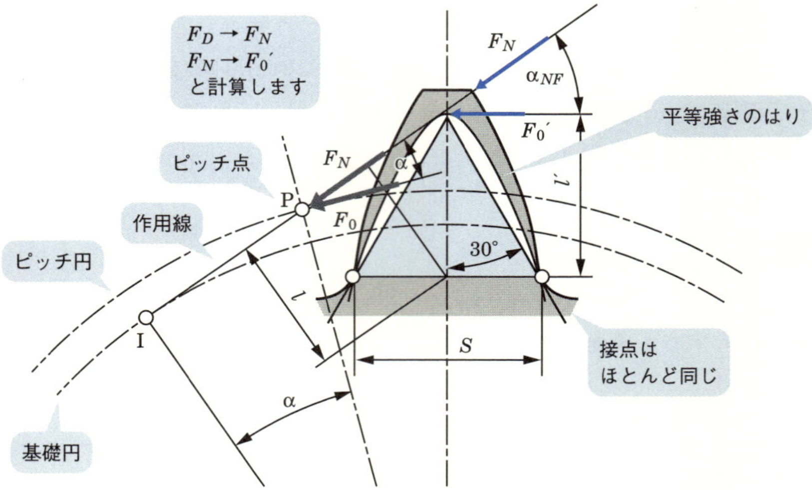

◆図 6.9　曲げ強さ

そこで、歯車によくフィットする既知の形状は、同図内に示すように、その「歯元で歯形に接する放物線」となります。このように仮定すると、平等強さのはりとなり取り扱いが簡単になります。また、危険断面は放物線と歯形が接する2点を結んだ面となりますが、この断面の位置の計算が複雑なため、図6.9のように、歯形の中心線と30°をなす2直線と歯形との接点を考えます。そこで図のように、放物線の頂点の荷重 F_0' のかかる点と危険断面の間の距離を l' とすると曲げモーメント M は、

$$M = F_0' l' \tag{6.11}$$

となります。また、危険断面の幅を S、歯幅を b とすると、断面係数 Z は、平等強さのはり（有光隆著「入門材料力学」、技術評論社に詳しく書いてあります）なので、

$$Z = \frac{bS^2}{6} \tag{6.12}$$

となります。曲げ応力を σ_F とすれば、$\sigma_F = M／Z$ の関係より、

$$F_0'l' = \sigma_F \frac{bS^2}{6} \qquad (6.13)$$

が得られます。F_0' はピッチ円上で伝達する力 F_0 から、

$$F_0' = F_N \cos \alpha_{NF} = \frac{F_0}{\cos \alpha} \cos \alpha_{NF} \qquad (6.14)$$

となります。式(6.14)および $l' = l / \cos \alpha_{NF}$ を、これらを式(6.13)に代入して F_0 を求めると、

$$F_0 = \sigma_F\, b \frac{S^2}{6l} \cos \alpha \left(= \sigma_F\, bm \frac{S^2}{6ml} \cos \alpha \right) \qquad (6.15)$$

となります。

S および l はモジュール m に比例するので、式中の $S^2/(6ml)$ は無次元数となりかつモジュールに関係なく歯数、圧力角および歯たけ（モジュールに対する比として）などの「形により決まる項」となり、

$$Y = \frac{6ml}{S^2 \cdot \cos \alpha} \qquad (6.16)$$

と表し、これを**歯形係数**といいます。これを用いて、F_0 は

$$F_0 = \frac{\sigma_F\, bm}{Y} \qquad (6.17)$$

と表されます。

平歯車の歯形係数を図 6.10 に示します。図中の x は転位係数で後に出てきます（標準歯車の場合は $x = 0$）。なお、歯形係数は、強さの式の導出方法により値や定義が異なるため、引用に際しては十分注意する必要があります。

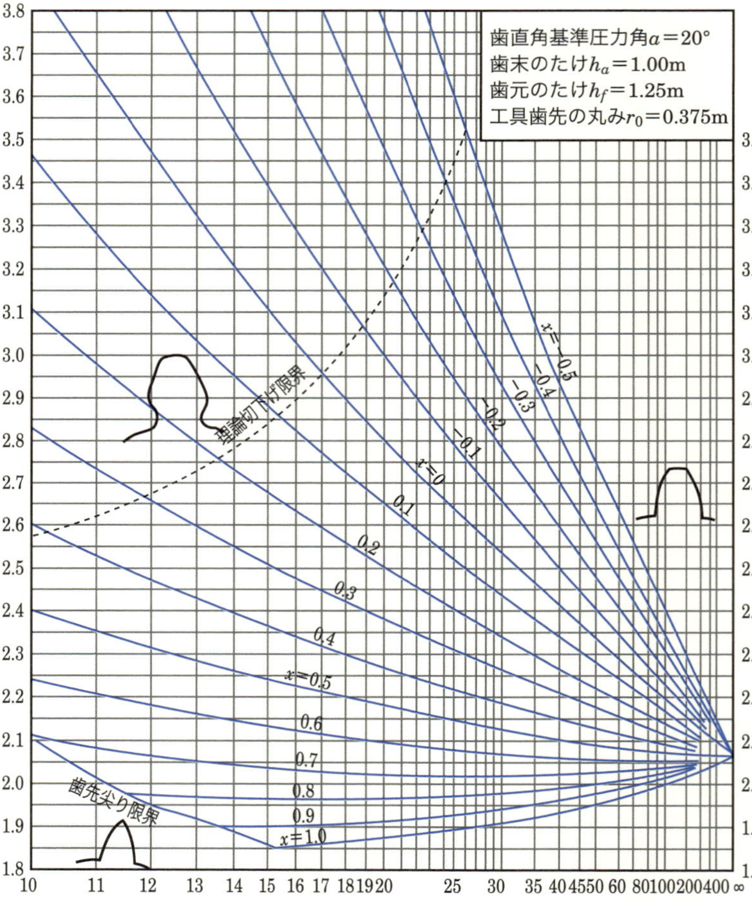

◆**図 6.10　歯形係数**（財団法人日本規格協会「歯車伝動機構設計のポイント」（1998）仙波正荘編 p186）

以上は、静的な強さでの評価ですが、実際は動的な状態で用いるため、それらを考慮した係数が付加されます。その代表的な係数としては、かみ合いの繰り返し数を考慮した**寿命係数** K_L（表 6.2）、歯車の周速度による歯の当たり具合を考慮した**動荷重係数** K_V（表 6.3）、荷重の質に係わる**過負荷係数** K_O（表 6.4）および1組以上の歯車がかみ合っている場合の負荷の分散を考慮した**荷重分配係数** K_ε などがあります。これらを考慮する

と、式(6.17)は、

$$F_0 = \frac{K_L}{K_V K_O K_\varepsilon} \frac{\sigma_F bm}{Y} \quad (6.18)$$

と表されます。また荷重分配係数は、かみ合い率（「6-7-1：かみ合い率」参照）を ε として $K_\varepsilon = 1/\varepsilon$ となります。

◆表 6.2　寿命係数 K_L

繰り返し回数	硬さ（鋳鋼も含む）* HB 120〜220	硬さ* HB 221以上	浸炭歯車 窒化歯車
10,000 以下	1.4	1.5	1.5
10^5 前後	1.2	1.4	1.5
10^6 前後	1.1	1.1	1.1
10^7 以上	1.0	1.0	1.0
不詳の場合	1.0	1.0	1.0

*高周波焼入歯車は心部の硬さ
財団法人日本規格協会「歯車伝動機構設計のポイント」（1989）仙波正荘編 p189

◆表 6.3　動荷重係数 K_V

JIS B 1702 の歯車精度等級		基準ピッチ円上の周速 v〔m/s〕						
歯形		1 以下	1を超え 3 以下	3を超え 5 以下	5を超え 8 以下	8を超え 12 以下	12を超え 18 以下	18を超え 25 以下
非修整	修整							
	1			1.0	1.0	1.1	1.2	1.3
1	2		1.0	1.05	1.1	1.2	1.3	1.5
2	3	1.0	1.1	1.15	1.2	1.3	1.5	
3	4	1.0	1.2	1.3	1.4	1.5		
4		1.0	1.3	1.4	1.5			
5		1.1	1.4	1.5				
6		1.2	1.5					

財団法人日本規格協会「歯車伝動機構設計のポイント」（1990）仙波正荘編 p190

◆表 6.4 過負荷係数 K_O

原動機側からの衝撃	被動機側からの衝撃		
	均一負荷(U)	中程度の衝撃(M)	はげしい衝撃(H)
均一負荷（電動機、タービン、油圧モータ）	1.0	1.25	1.75
軽度の衝撃（2気筒以上の機関）	1.25	1.5	2.0
中程度の衝撃（単気筒の機関）	1.5	1.75	2.25

財団法人日本規格協会「歯車伝動機構設計のポイント」（1991）仙波正荘編 p191

(b) 面圧強さ

歯の接触部においては、伝達力に応じて「歯面が弾性変形」して力が伝えられます。そのとき、過大な応力が生じると歯面にピッチング（pitting：転がり疲れによる表面の微孔）が生じ摩耗が激しくなります。そのため、その圧力が材料による許容値以下になるように設計する必要があります。しかし、歯面はインボリュート曲線であり、そのままでは解析が難しいため、「2つの円柱の接触問題」に置き換え、ヘルツ（Hertz）の式を適用します。

図 6.11 のようにピッチ点での接触を考え、各歯車の歯面の半径（作用線上における基礎円の接点からの距離とする）、縦弾性係数およびポアソン比をそれぞれ、ρ、E、ν（添え字は歯車1、2に対応）とします。これらが F_H という力で押しつけられて、$2b_H$ の接触幅になったとすると、接触面に生じる最大接触応力 σ_H は、歯幅を b として、

$$\sigma_H = \frac{2}{\pi b_H}\frac{F_H}{b} \qquad (6.19)$$

となります。ここで b_H は、材料定数係数 Z_M を用いて、

$$b_H = \frac{2}{\pi Z_M}\sqrt{\frac{F_H/b}{1/\rho_1 + 1/\rho_2}} \qquad (6.20)$$

で表され、押しつけ力とともに増加します。ここで Z_M は次のように計算できます。

$$\frac{1}{{Z_M}^2} = \pi\left\{\frac{(1-{\nu_1}^2)}{E_1} + \frac{(1-{\nu_2}^2)}{E_2}\right\} \qquad (6.21)$$

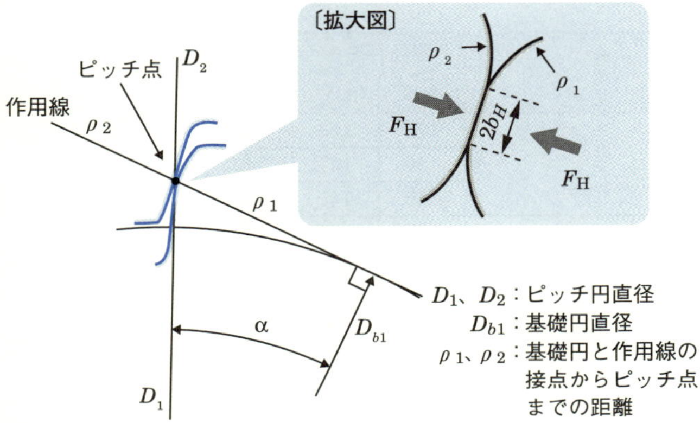

◆図 6.11　面圧強さ

また図6.11より、$\rho_1 = (D_1/2)\sin\alpha = (mz_1/2)\sin\alpha$ であり ρ_2 も同様に表すことができます。その他、**領域係数** $Z_H = (1/\cos\alpha_0)\sqrt{2/\tan\alpha}$（転位歯車の場合には、$\alpha \neq \alpha_0$）、およびピッチ円上での伝達力 F_0 が、$F_0 = F_H\cos\alpha$ の関係を持つことより、式(6.19)は係数を考慮して

$$F_0 = \frac{\sigma_H{}^2 K_{HL}}{Z_M{}^2\, Z_H{}^2\, K_V\, K_O} bm \frac{z_1 z_2}{z_1 + z_2} \tag{6.22}$$

で表されます。ここで K_{HL} は**寿命係数**で表6.5のようになります。その他の係数は、曲げ強さの場合と同じです。

設計においては、式(6.18)および式(6.22)において σ_F、σ_H が表6.6の許容曲げ強さ $\sigma_{F\lim}$ と許容面圧強さ $\sigma_{H\lim}$ よりもおのおの小さくなるように設計します。

◆表 6.5　寿命係数 K_{HL}

繰り返し回数	K_{HL}
10,000 以下	1.5
10^5 前後	1.3
10^6 前後	1.15
10^7 以上	1.0
不詳の場合	1.0

財団法人日本規格協会「歯車伝動機構設計のポイント」(1992) 仙波正荘編 p192

◆表 6.6 歯車の許容応力

材料		歯面の硬さ HB	歯面の硬さ HV	$\sigma_{F\,\mathrm{lim}}$ MPa	$\sigma_{H\,\mathrm{lim}}$ MPa
構造用炭素鋼焼きならし	S25C	120	126	135	407
構造用炭素鋼焼きならし	S25C	130	137	145	417
構造用炭素鋼焼きならし	S25C	140	147	155	431
構造用炭素鋼焼きならし	S25C, S35C	150	157	162	441
構造用炭素鋼焼きならし	S25C, S35C, S43C	160	167	172	456
構造用炭素鋼焼きならし	S25C, S35C, S43C	170	178	180	466
構造用炭素鋼焼きならし	S25C, S35C, S43C, S48C, S53C, S58C	180	189	186	480
構造用炭素鋼焼きならし	S35C, S43C, S48C, S53C, S58C	190	200	191	490
構造用炭素鋼焼きならし	S35C, S43C, S48C, S53C, S58C	200	210	196	505
構造用炭素鋼焼きならし	S35C, S43C, S48C, S53C, S58C	210	221	201	515
構造用炭素鋼焼きならし	S43C, S48C, S53C, S58C	220	231	206	529
構造用炭素鋼焼きならし	S43C, S48C, S53C, S58C	230	242	211	539
構造用炭素鋼焼きならし	S53C, S58C	240	252	216	554
構造用炭素鋼焼きならし	S53C, S58C	250	263	221	564
構造用炭素鋼焼入焼戻し	S35C	160	167	178	500
構造用炭素鋼焼入焼戻し	S35C	170	178	190	515
構造用炭素鋼焼入焼戻し	S35C	180	189	198	529
構造用炭素鋼焼入焼戻し	S35C	190	200	206	544
構造用炭素鋼焼入焼戻し	S35C, S43C	200	210	216	559
構造用炭素鋼焼入焼戻し	S35C, S43C, S48C	210	221	225	573
構造用炭素鋼焼入焼戻し	S35C, S43C, S48C	220	231	230	588
構造用炭素鋼焼入焼戻し	S35C, S43C, S48C, S53C, S58C	230	242	235	598
構造用炭素鋼焼入焼戻し	S35C, S43C, S48C, S53C, S58C	240	252	240	613
構造用炭素鋼焼入焼戻し	S35C, S43C, S48C, S53C, S58C	250	263	245	627
構造用炭素鋼焼入焼戻し	S35C, S43C, S48C, S53C, S58C	260	273	250	642
構造用炭素鋼焼入焼戻し	S35C, S43C, S48C, S53C, S58C	270	284	255	657
構造用炭素鋼焼入焼戻し	S43C, S48C, S53C, S58C	280	295	255	671
構造用炭素鋼焼入焼戻し	S43C, S48C, S53C, S58C	290	305	260	686
構造用炭素鋼焼入焼戻し	S43C, S48C, S53C, S58C	300	316		696
構造用炭素鋼焼入焼戻し	S53C, S58C	310	327		711
構造用炭素鋼焼入焼戻し	S53C, S58C	320	337		725

HB：ブリネル硬さ、HV：ビッカース硬さ、$\sigma_{F\,\mathrm{lim}}$：許容曲げ強さ、$\sigma_{H\,\mathrm{lim}}$：許容面圧強さ
財団法人日本規格協会「歯車伝動機構設計のポイント」（1994）仙波正荘編 p203

COLUMN 歯幅について

曲げ強さ、面圧強さの式から分かるように、歯幅 b を大きくすれば伝達能力は比例して向上します。しかし、歯の加工や相互の歯当たりの問題によりいくらでも大きくすることはできません。一般には、$b/m = 6 \sim 10$ の値がとられます。精密に歯を加工したり軸を正確に位置決めすることで、この値を大きくすることができます。また、歯幅の方向に少しふくらみを持たすクラウニングにより歯当たりの向上も期待できます。歯幅の異なる歯車をかみ合わせたときは、もちろん歯幅の小さい方で設計を行います。

(c) 歯車材料

市販の標準歯車では、強度や価格のかねあいにより「S45C 系の材料が 90％近くを占める」といわれています。強度のあまり必要でないところでは生産性から鋳鉄が、強度が必要な場合は S25C のような低炭素鋼、ニッケルなどの低合金鋼が使われます。さらに強度や耐摩耗性を必要とする場合には、クロムやモリブデンを加えた SCM、SNC、SNCM などの高合金鋼が使われます。そして、必要に応じて焼き入れなどの熱処理が施されます。また、表面硬化処理として、高周波焼き入れ（S45C）、浸炭（SCM、SNC）や窒化などが行われます。表 6.6 に許容応力の一例を示します。

例題 6.2

モジュール m＝3〔mm〕、歯幅 b＝10m、圧力角 α＝20°の、駆動歯車の歯数 z_1＝20、被動歯車の歯数 z_2＝80 の歯車を用い、駆動歯車の回転速度 n＝900〔rpm〕において伝達できる動力を求めなさい。両歯車の材料を機械構造用炭素鋼焼きならしの S43C（200HB）で、ポアソン比 ν＝0.3、縦弾性係数 E＝206〔GPa〕とします。また、歯車精度等級は非修整歯車の 3 等級とし、原動、被動ともに均一負荷とします。また、荷重分配係数は、K_ε＝1／1.69 とします。

解

歯車のピッチ円上の周速度Vは、次のようになります。

$$V=\frac{\pi m z_1 n}{60}=\frac{\pi\times 3\times 10^{-3}\times 20\times 900}{60}=2.83〔\mathrm{m/s}〕\tag{1}$$

まず、曲げ強さから、ピッチ円上の接線力F_0を求めます。表6.6より$\sigma_{F\mathrm{lim}}=196$〔MPa〕、また、材質が同じなので、歯形係数の大きい、小歯車の方が歯は弱いことが分かります。そこで図6.10より歯数20のときの歯形係数を調べると、$Y=2.8$となります。また、表6.2～表6.4より、$K_L=1$、$K_V=1.2$、$K_O=1.0$となます。これを式(6.18)に代入します。

$$\begin{aligned}F_0&=\frac{K_L}{K_V K_O K_\varepsilon Y}\sigma_F bm\\&=\frac{1\times 1.69}{1.2\times 1\times 2.8}196\times 10^6\times 30\times 10^{-3}\times 3\times 10^{-3}\\&=8873〔\mathrm{N}〕\end{aligned}\tag{2}$$

次に、面圧強さからのピッチ円上の接線力としてF_0を求めます。表6.6より$\sigma_{H\mathrm{lim}}=505$〔MPa〕、式(6.22)より同一材料であることを考慮して$\frac{1}{{Z_M}^2}=2\pi\frac{1-\nu^2}{E}=2.78\times 10^{-11}$、$\alpha=\alpha_0$より$Z_H=(1/\cos\alpha_0)\sqrt{2/\tan\alpha}=2.49$、表6.5より$K_{HL}=1$、$K_V$および$K_O$は上記の値を用いると、次式のようになります。

$$\begin{aligned}F_0&=\frac{{\sigma_H}^2 K_{HL}}{{Z_M}^2{Z_H}^2K_V K_O}bm\frac{z_1 z_2}{z_1+z_2}\\&=2.78\times 10^{-11}\times\frac{(505\times 10^6)^2\times 1}{2.49^2\times 1.2\times 1}\times 30\times 10^{-3}\times 3\times 10^{-3}\times\frac{20\times 80}{20+80}\\&=1372〔\mathrm{N}〕\end{aligned}\tag{3}$$

面圧強さによる接線力の方が小さいので、伝達動力Pは次式となります。

$$P=F_0V=1372\times 2.83=3883〔\mathrm{W}〕\tag{4}$$

6-6 転位歯車

歯車を用いた設計を行うと、

・歯数の少ない歯車を用いる（できるだけ小型化したい）。

・標準歯車の中心距離とは異なった中心距離でかみ合う歯車を作る（自由に中心距離を決めたい）。

・歯厚を変えることで強さを調整する（モジュール、歯数、材質はそのままで伝達能力を向上させたい）。

・かみ合い率を調整する（騒音を少なくしたり、歯１枚にかかる力を小さくしたい）。

という要求が出てきます。このような要求に応えるために**転位歯車**が用いられます。これは、図 6.12 のように標準歯車を加工する条件（「6-4-3：歯車の製作」参照）で、ラックと加工される歯車を「離したり」、「近づけたり」して製作されたものです。

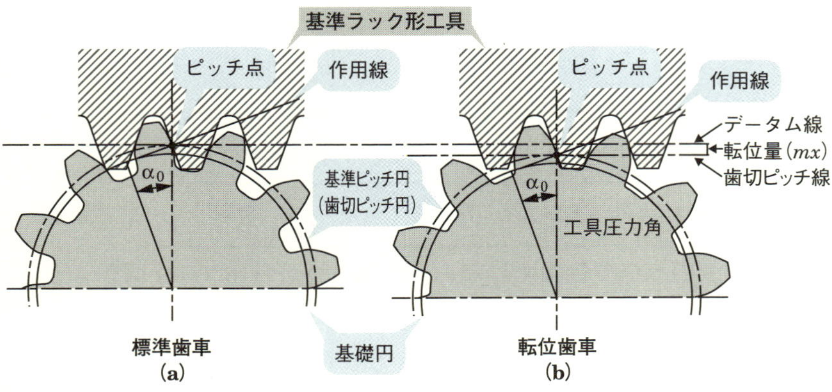

◆図 6.12　標準歯車と転位歯車

6-6-1 • 転位と中心距離

図6.12(b)のようにして加工した歯車が**転位歯車**です。データム線とピッチ円との距離を**転位量**と呼び、モジュール m を用いて mx として表し、x を**転位係数**といいます。また、データム線がピッチ円の外側にある場合を**正の転位**、内側の場合を**負の転位**といいます。転位歯車をかみ合わせると、図6.3のように、中心距離および圧力角が変わってきます。標準歯車の場合、工具圧力角とかみ合ったときの圧力角は同じですが、転位歯車の場合は異なるので区別して**かみ合い圧力角**と呼びます。

まずかみ合い圧力角 α は、工具圧力角を α_0 とし、添え字1、2を各歯車に対応するものとすると、

$$\mathrm{inv}\,\alpha = \mathrm{inv}\,\alpha_0 + 2\tan\alpha_0 \cdot \frac{x_1 + x_2}{z_1 + z_2} \tag{6.23}$$

となります。また中心距離 a は、同じ歯数およびモジュールの標準歯車とした場合を a_0 とし、そこからの変化量を my として、

$$\boxed{a = a_0 + my} \tag{6.24}$$

と表されます。ここで y は**中心距離修正係数**と呼ばれ、転位係数とかみ合い圧力角 α をパラメータとして関係づけられ、

$$\boxed{B(\alpha) = \frac{2(x_1 + x_2)}{z_1 + z_2}} \tag{6.25}$$

$$\boxed{B_v(\alpha) = \frac{2y}{z_1 + z_2}} \tag{6.26}$$

となり相互に求めることができます。ここで $B(\alpha)$、$B_v(\alpha)$ の関係は、数表や線図から相互に求められますが、工具圧力角 $\alpha_0 = 20°$ のときは、

$$\boxed{B(\alpha) = B_v(\alpha)\sqrt{1 + 7.076B_v(\alpha)}\text{、}B_v(\alpha) = \frac{B(\alpha)}{\sqrt[4]{1 + 13B(\alpha)}}} \tag{6.27}$$

の関係を使うことができます。なお、式(6.23)から(6.27)の関係より、$x_1 + x_2 = 0\ (x_1 = -x_2)$ のとき、中心距離および圧力角は標準歯車の場合と同じになります。

実際に用いる場合には、❶転位歯車を組み合わせたときの中心距離を求めたり、❷中心距離を調整するために転位歯車を使ったりします。そこ

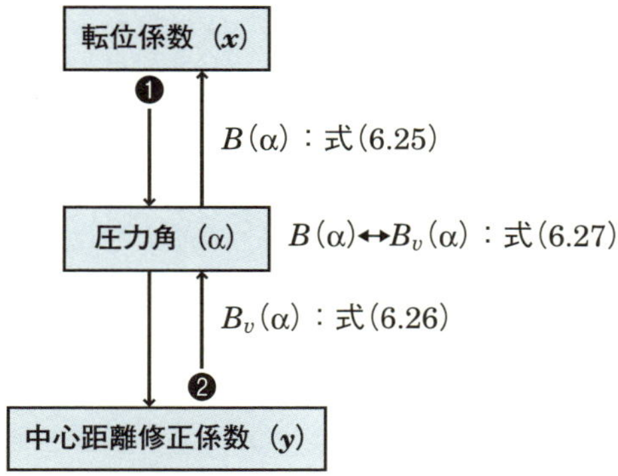

◆図 6.13

で、図 6.13 に示す手順がとられます。

特に❷の場合は、転位係数の和として求められるため、これを歯車 1、2 に配分する必要があります。その方法としては、次のようなことが考慮されます。

(i) 歯数の比に反比例して配分する（一般に歯数の少ない方が、大きい曲げ応力が生じる）。

(ii) 小歯車が切下げを起こさないように配分する（歯数が多い方は、切下げが生じ難い）。

(iii) 大小歯車の曲げ応力が接近するように振り分ける。

また、「正の転位が大きすぎる」と歯先が尖り（図 6.10 参照）、「負の転位が大きすぎる」と切下げ（「6-7-2：歯の干渉」参照）が生じやすくなります。

6-6-2 • 転位歯車の寸法

転位歯車は標準歯車と同じラック工具を使い加工されるので、歯数が決まればピッチ円直径、基礎円直径および歯たけは、標準歯車と同じになります。一方、歯先円直径は転位量分だけ変化するので、

$$\boxed{D_a = m\{z + 2(1 + x)\}} \tag{6.28}$$

となります。また、歯車が 2 枚かみ合った状態での中心距離 a は、式(6.24) より、

$$\boxed{a = \frac{z_1 + z_2}{2} m + ym = \frac{D_{w1} + D_{w2}}{2} = \frac{(z_1 + z_2) m \cos \alpha_0}{2\cos \alpha}} \tag{6.29}$$

となります。ここで、D_{w1}、D_{w2} は、各転位歯車のピッチ点までの直径で、**かみ合いピッチ円直径**といい、おのおの、

$$D_{w1} = 2a\left(\frac{z_1}{z_1 + z_2}\right) = \frac{D_{b1}}{\cos \alpha}、D_{w2} = 2a\left(\frac{z_2}{z_1 + z_2}\right) = \frac{D_{b2}}{\cos \alpha} \tag{6.30}$$

と表されます。図6.12から分かるように、基準ピッチ円上での歯厚sは、例えば正の転位をすると大きくなります。

COLUMN 転位歯車とインボリュート曲線

標準歯車の加工においては、ラック型工具のデータム線と加工される歯車の「ピッチ円がピッチ点で接し」かつ「ピッチ円上の周速度がラックの歯の移動速度と同じになる」ようにします。

それに対し、図6.12のように、速度はそのままで、歯車のピッチ円をラックのデータム線から歯先の方に遠ざけて加工すると、ピッチ点も先端の方に移動します。すると、加工された歯車のピッチ点は歯元に移動します。すなわち標準歯車では、歯の中央部分にピッチ点があり作用線がそこを通っていたのが歯車の根元の方に移動したことになります。すなわち歯車の歯の根元部分が工具圧力角（$\alpha_0=20°$）になり、かみ合う歯面はインボリュート曲線の基礎円から離れた（圧力角の大きい）部分を使うようになります。近づけて加工すると、歯車の歯先の部分が工具圧力角になり基礎円に近い（圧力角の小さい）部分を使うようになります。このように、転位により、工具（圧力角＝20°）はそのままで、いろいろな形の歯形を加工することができます。

例題 6.3

モジュール$m=4$、工具圧力角$\alpha_0=20°$で製作した$z_1=23$、$z_2=40$の2枚の歯車において、転位係数をそれぞれ$x_1=0.55$、$x_2=0.35$とした場合の中心距離aおよび歯先円直径D_{a1}、D_{a2}を求めなさい。

解

図6.13の❶の手順で計算を進めます。

歯数および転位係数の和は、それぞれ次のようになります。

$$z_1+z_2=63 \quad (1)$$

$$x_1+x_2=0.9 \quad (2)$$

式(6.25)より、$B(\alpha)$は、

$$B(\alpha)=\frac{2(x_1+x_2)}{(z_1+z_2)}=\frac{2\times 0.9}{63}=0.0286 \quad (3)$$

と計算でき、これに対する$B_v(\alpha)$は、式(6.27)より、

$$B_v(\alpha)=0.0264 \quad (4)$$

となります。すると中心距離修正係数は、式(6.26)より、

$$y=\frac{z_1+z_2}{2}B_v(\alpha)=\frac{63}{2}\times 0.0264=0.832 \qquad (5)$$

となり、中心距離 a は次のように求められます。

$$a=\frac{z_1+z_2}{2}m+ym=\frac{63}{2}\times 4+0.832\times 4=129.33\,[\mathrm{mm}] \qquad (6)$$

また、ラック型工具で加工した場合の各歯車の歯先円直径 D_{a1}、D_{a2} は、式(6.28)により求められます。

$$\begin{aligned} D_{a1}&=m\{z_1+2(1+x_1)\}=\{23+2\times(1+0.55)\}\times 4=104.4\,[\mathrm{mm}] \\ D_{a2}&=m\{z_2+2(1+x_2)\}=\{40+2\times(1+0.35)\}\times 4=170.8\,[\mathrm{mm}] \end{aligned} \qquad (7)$$

6

例題 6.4

モジュール $m=5$、工具圧力角 $\alpha_0=20°$ の歯切り工具を用い $z_1=12$、$z_2=34$ の歯車を製作するとき、$a=117$〔mm〕に取り付けるための転位係数を求めなさい。

解

図 6.13 の❷の手順で計算を進めます。

中心距離と歯数の値を式(6.26)に代入することで $B_v(\alpha)$ を求めます。

$$B_v(\alpha)=\frac{y}{(z_1+z_2)/2}=\frac{\dfrac{a-(z_1+z_2)m/2}{m}}{(z_1+z_2)/2}=\frac{a-(z_1+z_2)m/2}{(z_1+z_2)m/2}$$

$$=\frac{117-46\times 5/2}{46\times 5/2}=0.0174 \qquad (1)$$

これに対応する $B(\alpha)$ は、式(6.27)より

$$B(\alpha)=0.0184=\frac{2(x_1+x_2)}{z_1+z_2} \qquad (2)$$

$$x_1+x_2=\frac{0.0184}{2}\times 46=0.423$$

となります。このとき、転位量を両歯車に分配する方法として、小歯車が切下げを起こさないように配分します。図 6.10 より、$x_1=0.3$ となり、$x_2=0.123$ となります。詳しくは、後出の式(6.35)より計算できます。

6-7 動力の伝達、設計で考慮すべき事項

6-7-1 ● かみ合い率

歯車は、かみ合いが連続して運動を伝えるので「滑らかに回転するには常に1組以上の歯車がかみ合っている」必要があります。歯の接触点は必ず作用線上にあり、図6.14のように点aで接触し始め、歯面上を接触点が移動し点bで接触が終わります。$\overline{ab}=l$ を**かみ合い長さ**といいます。

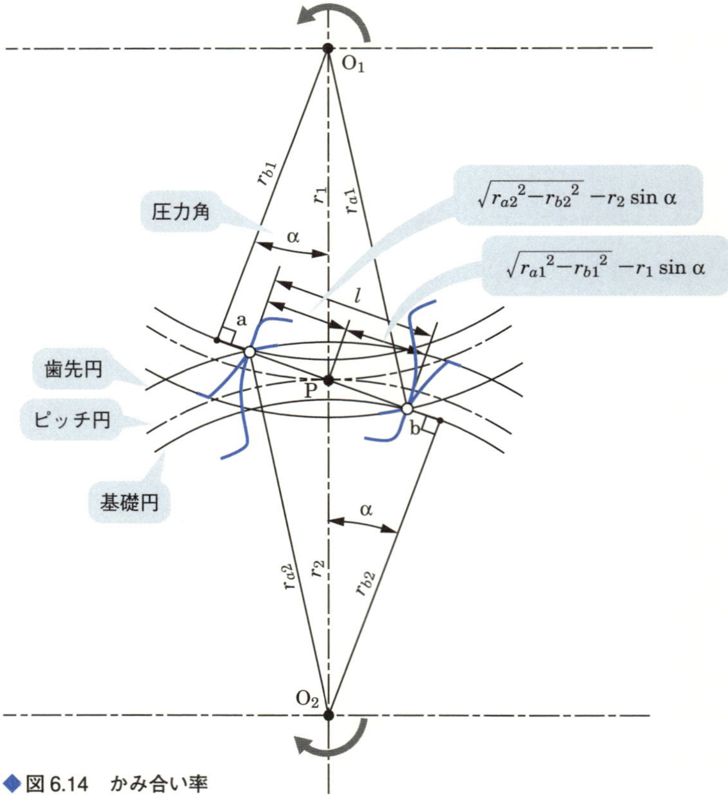

◆図6.14 かみ合い率

歯面は作用線上に法線ピッチ p_n（図 6.4 参照）の間隔で存在することより、かみ合い率 ε として

$$\varepsilon = \frac{l}{p_n} \tag{6.31}$$

のように定義します。l は、ピッチ円の半径を $r(=D/2)$、基礎円の半径を $r_b(=D_b/2)$ および歯先円の半径を $r_a(=D_a/2)$ とし、添え字を歯車1、2 に対応させると、図より、

$$\overline{\mathrm{ab}} = l = \left(\sqrt{r_{a1}{}^2 - r_{b1}{}^2} - r_1 \sin\alpha\right) + \left(\sqrt{r_{a2}{}^2 - r_{b2}{}^2} - r_2 \sin\alpha\right) \tag{6.32}$$

となります。標準歯車では、$r_a = r + m$、$r_b = r\cos\alpha_0$ および $r = mz/2$ より、歯数だけで決まり、

$$\varepsilon = \left(\sqrt{(z_1+2)^2 - (z_1\cos\alpha_0)^2} + \sqrt{(z_2+2)^2 - (z_2\cos\alpha_0)^2} - (z_1+z_2)\sin\alpha_0\right) / (2\pi\cos\alpha_0) \tag{6.33}$$

となります。例えば $\varepsilon = 1.3$ の場合は、かみ合い長さが $1.3p_n$ あり、必ず 1 枚以上かみ合い、そのうちかみ合い始めおよびかみ合い終わりの $0.3p_n$ の間は 2 枚かみ合っていることを表しています。この値が大きいほど、運転中の騒音や歯車の強さ（式(6.18)参照）の面から有利となります。また、この値は、加工や組立誤差のため、一般的には 1.2 以上、高精度歯車でも 1.1 以上必要です。また、大きいかみ合い率が必要な場合は、歯すじがねじれた「はすば歯車」が用いられます。

例題 6.5

歯数 50 の 2 枚の標準歯車のかみ合いで、圧力角が 14.5°の場合と 20°の場合を比較しなさい。

解

①圧力角が 14.5°の場合

式(6.33)に $\alpha_0 = 14.5°$ を代入して、

$$\varepsilon = \left(\sqrt{(50+2)^2 - (50\cos14.5°)^2} + \sqrt{(50+2)^2 - (50\cos14.5°)^2} - (50+50)\sin14.5°\right) / (2\pi\cos14.5°)$$

$$= 2.13$$

②圧力角が 20°の場合

同じように、$\alpha_0 = 20°$ を代入して、$\varepsilon = 1.75$ となります。圧力角の小さい方がかみ合い率が高くなります。ただし、切下げを起こさない最小歯数は大きくなります（昔は圧力角が 14.5°の標準歯車でした）。

6-7-2 • 歯の干渉

ラック工具で歯車を加工している状態を考えます。そのとき、図 6.15 のようにピッチ点を通る作用線が基礎円に接する点 a を**干渉点**（かんしょうてん）といいます。

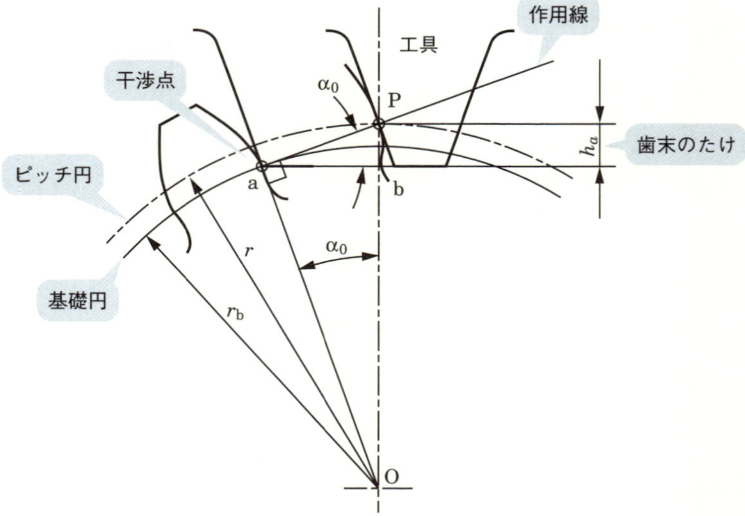

◆図 6.15　歯の干渉

インボリュート曲線は、ここを起点として歯面を形成しますので、「歯面が加工され始める点」です。この点より前に、ラック工具が歯面と接触点を持つと、図 6.16 のように歯元をえぐります。これを**切下げ**（アンダーカット）といい歯の強度を低下させます。歯数が減少するとピッチ円と基礎円の半径の差（$(D - D\cos\alpha_0) / 2 = mz(1 - \cos\alpha_0) / 2$）は小さくなり、一方ラック工具の歯末のたけは $h_a = m$ なので（図 6.6 参照）、切下げが起こりやすくなります。

切下げが起こらないようにするには、図6.15において干渉点とラック工具のピッチ線との距離が歯末のたけ以上であればよいことが分かります。それを式に表すと次式のようになります。

$$\overline{\mathrm{Pb}}=\overline{\mathrm{Pa}}\sin\alpha_0=r\sin^2\alpha_0\geqq h_a \tag{6.34}$$

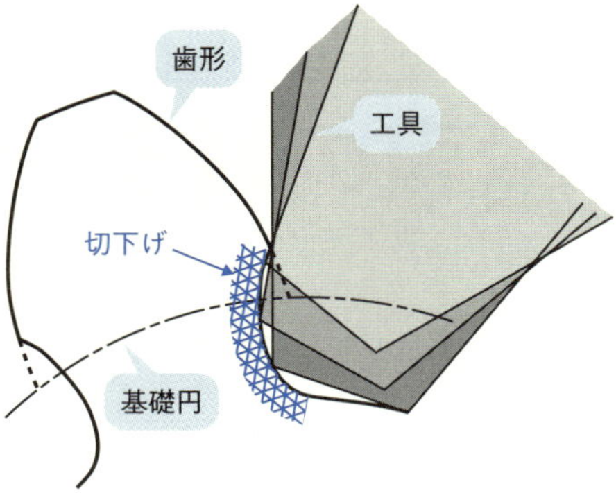

◆図6.16　切下げ

歯数を z_g、モジュールを m として代入し、切下げを起こさない最小歯数 z_g を求めると、

$$z_g\geqq\frac{2h_a}{m\sin^2\alpha_0} \tag{6.35}$$

となります。標準歯車の場合は、$h_a=m$ および $\alpha_0=20°$ を代入して、$z_g=17$ となりますが、実用上14までよいとされています。転位歯車の場合、歯末の高さは mx だけ減少するので、$h_a=m(1-x)$ を代入します。

例題6.6

圧力角 $\alpha_0=20°$ のモジュール $m=4$〔mm〕の標準歯車切削用のラック工具を用い、歯数10枚において切下げのないように加工したい。転位係数および転位量を求めなさい。

解

式(6.35)に $h_a=m(1-x)$ を代入して、書き直すと、

$$x\geqq1-\frac{z_g}{2}\sin^2\alpha_0 \tag{1}$$

より、$z_g=10$ および $\alpha_0=20$ を代入して、$x\geqq0.415$ となります。転位量はモジュールを掛けて1.66mm以上となります。

6-8 歯車の種類と用途

歯車は、取り付けられる軸の位置関係により次の3種類に分けられます。

6-8-1 ● 軸が平行な場合

①平歯車（spur gear）

歯車の基本

特徴

(1) 製作が容易、高精度の加工。

(2) 軸方向に力がかからない。

用途 一般的な動力伝達。

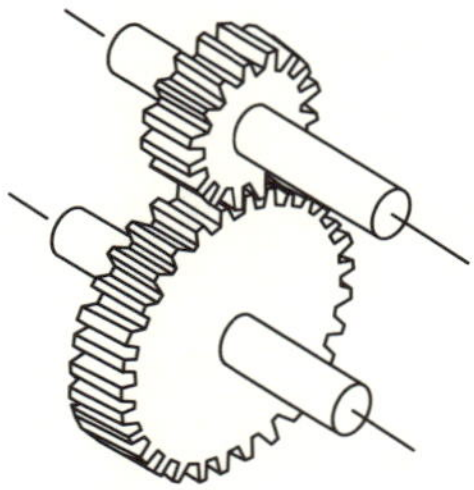

◆平歯車

②はすば歯車（helical gear）

歯すじが軸に対し斜め、かみ合い率が大きい。

特徴

(1) 強度が高い。

(2) 騒音や振動が少ない。

(3) 軸方向の力が生じる。

用途 一般的な伝動装置、自動車。

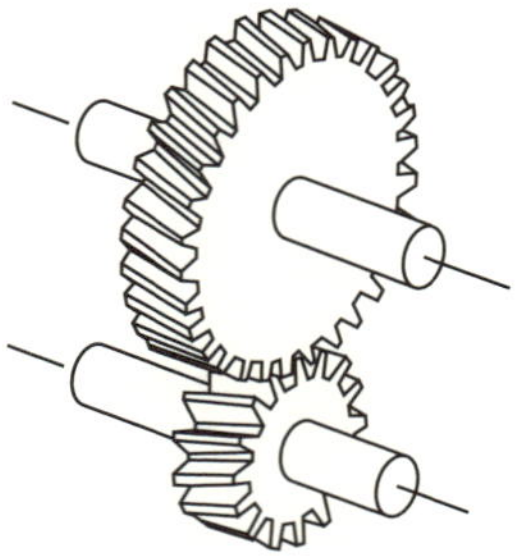

◆はすば歯車

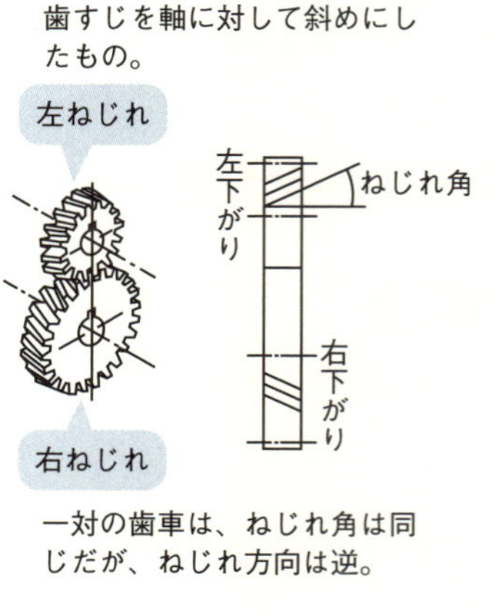
歯すじを軸に対して斜めにしたもの。
左ねじれ
右ねじれ
左下がり
ねじれ角
右下がり
一対の歯車は、ねじれ角は同じだが、ねじれ方向は逆。

③内歯車（internal gear）

円筒の内側に歯車、内側で外歯車とかみ合う。

特徴

(1) 回転方向が同じ。

(2) 内歯車と、外歯車の歯数差に制限。

(3) 小型化が可能。

用途

減速比の高い歯車装置、遊星歯車装置。

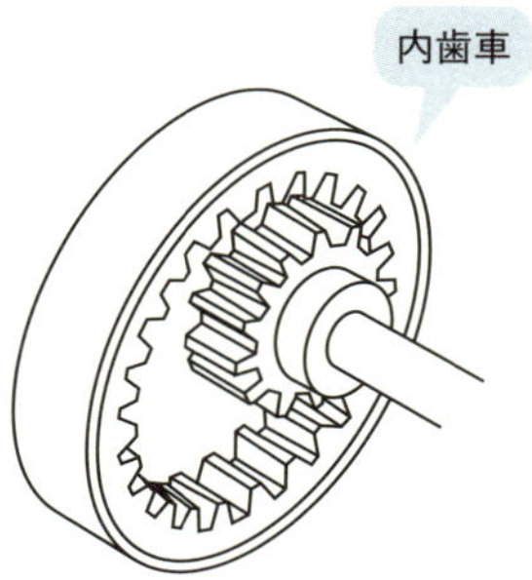

◆内歯車

④ラック（rack gear）

平歯車の半径を無限大。

特徴

回転運動と直線運動を相互に変換。

用途

回転運動と直線運動の変換装置全般（例：自動車のハンドル、工作機械の送り装置）。

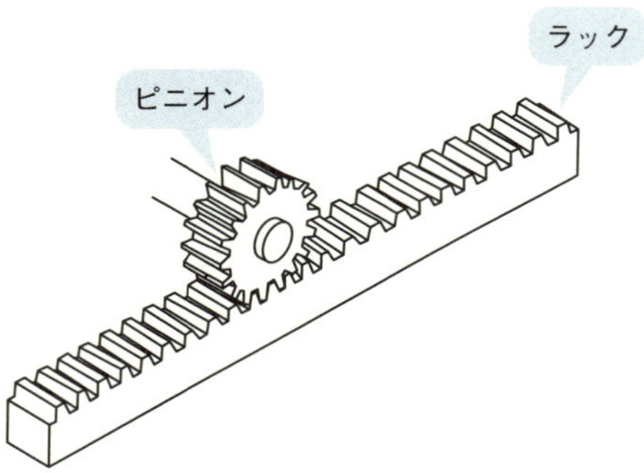

◆ラック

6-8-2 • 軸が交差する場合

①すぐばかさ歯車（straight bevel gear）

歯すじが交差する頂点に向かって円錐状にまっすぐ。

特徴

伝動の方向を変える。

用途

(1) 工作機械や印刷機械など（種々の方向の力）。

(2) 差動歯車装置。

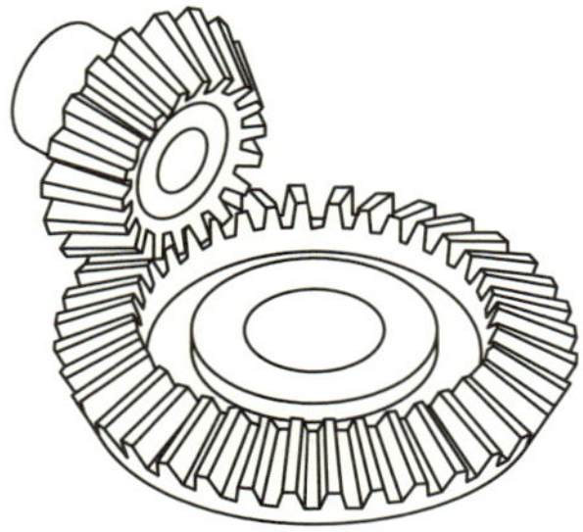

同じ歯数の場合、マイタ歯車という

◆すぐばかさ歯車

②まがりばかさ歯車（spiral bevel gear）

さらに、歯すじが曲線。

特徴

(1) 製作が難しい（高価）。

(2) 強度が高く、振動や騒音が少ない。

用途

高負荷・高速運転が可能で、自動車の最終減速装置に利用。

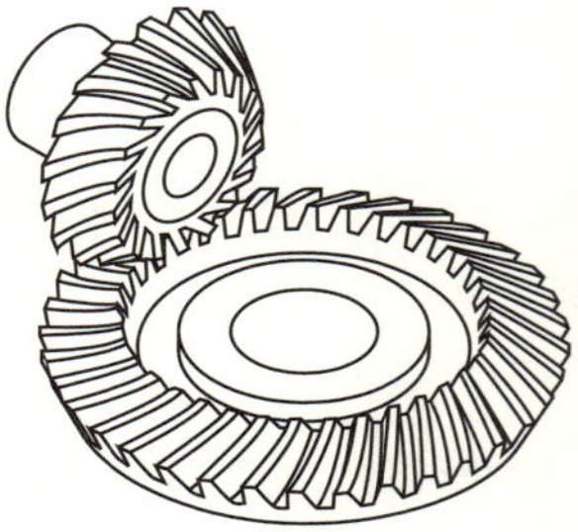

軸が交差しない
ハイポイドギヤ
もある

◆まがりばかさ歯車

6-8-3 ● 軸が行き違う場合

①ねじ歯車（spiral gear）

はすば歯車のねじれ角が異なったものや、同じねじれ方向を組み合わせる。

特徴

(1) 組み合わせにより自由な方向。

(2) すべり接触のため摩耗しやすい。

用途

自動機械などで複雑な運動が必要なところ。

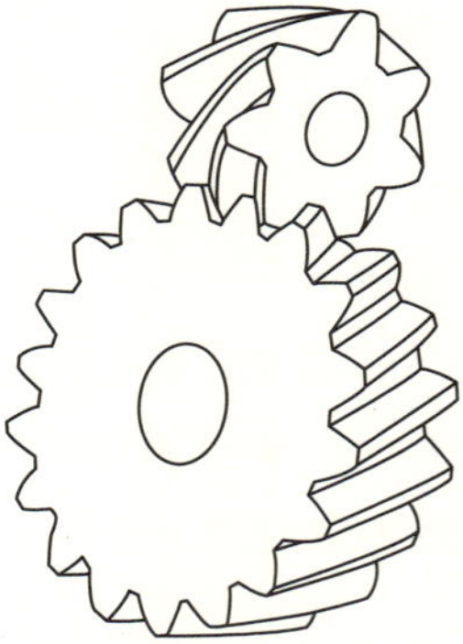

◆ねじ歯車

②ウォームギヤ（worm gear）

ねじ状のウォームとこれにかみ合うウォームホイール。

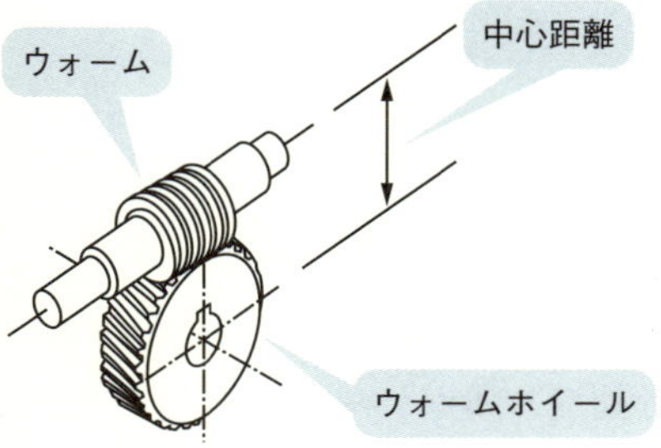

速度比$i=\dfrac{z_2}{z_1}$

z_1：ウォームの条数（ねじと同じ）
z_2：ウォームホイールの歯数

◆ウォームギヤ

特徴

(1)　小型で大きい減速比。

(2)　ウォームホイールからウォームへの伝動は不可（セルフロッキング）。

用途

大きい速度比の減速装置、割出装置、チェーンブロック（セルフロッキングを利用して）。

COLUMN はすば歯車

静かなかみ合いのためには、かみ合い率εが２以上であることが望ましいといわれています。圧力角20°の標準歯車では、歯数を増加させてもεはほとんど２未満となります。負の転位によりかみ合い率を増加させることができますが、強度が低くなります。逆に正の転位を行うと、強度が向上するのに対しかみ合い率は減少し、期待するほど伝達力は増加しません。

そこで、伝達力とかみ合い率を向上させる方法として、はすば歯車が多く採用されています。詳しい説明は省きますが、ねじれ角をβ、歯すじに直角な方向のモジュールをm、歯幅をbとすると、かみ合い率は、式(6.33)の歯数から決まる値に加え$b\sin\beta/(\pi m)$だけ増加し、伝達力は「歯数がzから$z/\cos^3\beta$に増加」したのと同じ効果により増加します。

6-9 歯車列

6-9-1 ● 多段歯車列（gear train）

2つの歯車間における速度比は、平歯車では1～10、はすば歯車では1～15といわれています。歯数比を大きくした場合歯数の少ない小歯車に切下げを起こしやすくなり、かみ合い率、強度の観点からも不利になります。そのため、必要に応じて中間軸をもうけ速度比を分配します。例えば、Ⅰ軸とⅡ軸、Ⅱ軸とⅢ軸、Ⅲ軸とⅣ軸の間に歯車をもうけ、おのおの、z_1 と z_2、z_2' と z_3、z_3' と z_4 の歯数の歯車がかみ合っているとすると、全体の速度比は各速度比の積となり、回転方向を±の符号（＋：正回転、－：逆回転）で表すと、次のように表されます。

$$i=\left(-\frac{z_2}{z_1}\right)\left(-\frac{z_3}{z_2'}\right)\left(-\frac{z_4}{z_3'}\right) \tag{6.36}$$

段数に応じて速度比を追加していきます。歯数を増加させると比例して直径が大きくなり、その2乗で重量が増加することからも、速度比の分割は小型化のための有力な手段となります。

さらに自動車の変速機などのように、各軸間に2組以上の歯車をもうけることで、多段変速機となります。そのときには、中心距離が同じなので、歯数比に制限が出てきます（例えば、両組の歯数の和が同じ）。そのため、転位歯車を採用することで歯数選択の自由度を増加させます。

6-9-2 ● 遊星歯車装置（planetary gears）

遊星歯車の機構を図6.17に示します。中心の太陽歯車A、その周りにある遊星歯車B、外周にある内歯車Cおよび遊星歯車を保持するためのアームDからできています。入力軸と出力軸を同一軸上に配置でき、コンパクトに構成されます。図6.18のように、3つの歯車要素のどれを固定するかにより減速比や回転方向が変わります。

遊星歯車の回転数は、歯数比による自転分と、互いの歯車の間に生じる公転分との代数和として求められます。この考え方を基に、太陽歯車Aが自転した後、固定する部分が0になるように公転させて計算します（**のりづけ法**といいます）。そこで図6.18について計算してみます。太陽歯車A、遊星歯車B、内歯車Cの各々の歯数をそれぞれ、z_a、z_b、z_cとします。

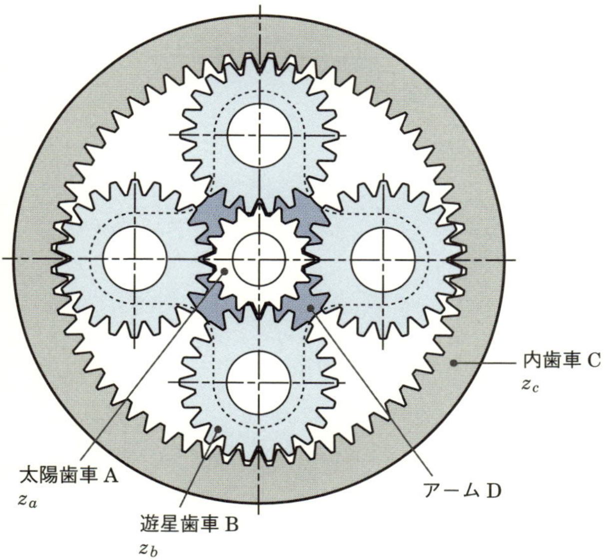

◆図6.17　遊星歯車装置

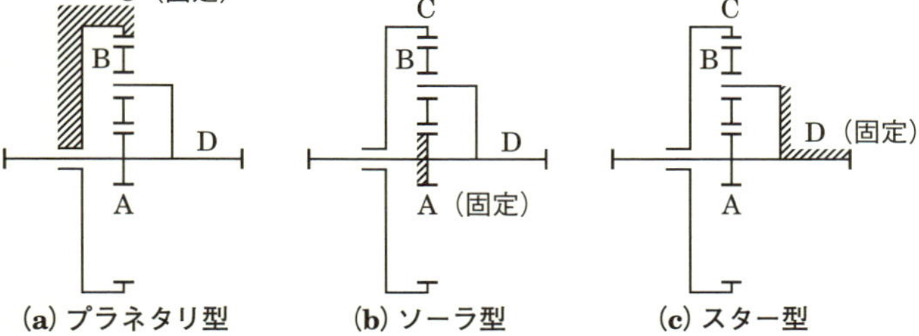

◆図6.18　遊星歯車装置の変速タイプ（小原歯車工業(株)、歯車技術資料より）

(a) プラネタリ型

内歯車Cを固定しています。入力軸を太陽歯車A、出力軸をアームDとします。すると次の表6.7が作成できます。

◆表6.7 プラネタリ型の速度計算

手順	太陽歯車A(z_a)	遊星歯車B(z_b)	内歯車C(z_c)	アームD
Dを固定しAを1回転	$+1$	$-z_a/z_b$	$-z_a/z_c$	0
全体をのりづけして$+z_a/z_c$回転する	$+z_a/z_c$	$+z_a/z_c$	$+z_a/z_c$	$+z_a/z_c$
合計	$1+z_a/z_c$	$z_a/z_c-z_a/z_b$	0（固定）	$+z_a/z_c$

表より、速度比iは次のようになります。

$$i=\frac{1+z_a/z_c}{z_a/z_c}=z_c/z_a+1 \tag{6.37}$$

となり、回転方向は変わりません。

(b) ソーラ型

太陽歯車Aを固定しています。入力軸を内歯車C、アームDを出力軸としたときの計算を表6.8に示します。

◆表6.8 ソーラ型の速度計算

手順	太陽歯車A(z_a)	遊星歯車B(z_b)	内歯車C(z_c)	アームD
Dを固定しAを1回転	$+1$	$-z_a/z_b$	$-z_a/z_c$	0
全体をのりづけして－1回転する	-1	-1	-1	-1
合計	0（固定）	$-z_a/z_b-1$	$-z_a/z_c-1$	-1

同様に表より、速度比は次のようになります。

$$i=\frac{-z_a/z_c-1}{-1}=z_a/z_c+1 \tag{6.38}$$

となり、やはり回転方向は変わりません。

(c) スター型

アーム D を固定しています。これは、単純な歯車列になるので、式(6.36)を用いて、

$$i=\left(-\frac{z_b}{z_a}\right)\left(\frac{z_c}{z_b}\right)=-\frac{z_c}{z_a} \tag{6.39}$$

速度比が負になるので、回転は反対方向になります。

例題 6.7

図 6.17 のように太陽歯車 A (z_a=16)、遊星歯車 B (z_b=22)、内歯車 C (z_c=48) としたときの、プラネタリ型、ソーラ型、スター型の速度比を求めなさい。

解

各値を式(6.36)～(6.39)に代入すると、ソーラ型では $i=4$、プラネタリ型では $i=1.\dot{3}$、スター型では $i=-3$ となります。

小型であることや、重ねることで多段化できるため、自動車の自動変速機として多く使われています。

6-9-3 • ハイポサイクロイド機構(hypocycloid gears)

内歯車と外歯車を組み合わせるときに、転位歯車とすることでその歯数差を小さくすることができます。これを図 6.19 のように使うことで大きい減速比が得られます。内歯車を z_2 外歯車を z_1 の歯数とすると、速度比は次のようになります。

$$i=-\frac{z_1}{z_2-z_1} \tag{6.40}$$

$z_1=48$、$z_2=50$ とすると $i=-24$ となります。大きい減速比を得られることや小型にできるので、ロボットの関節部などに用いられています。

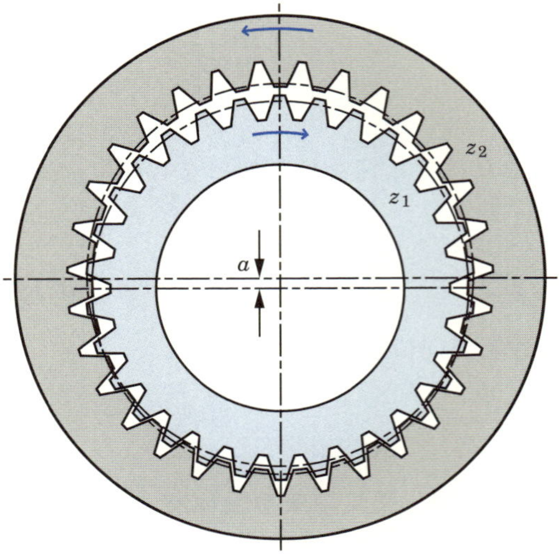

◆図 6.19 ハイポサイクロイド機構

6-9-4 ● 差動歯車装置（differential gears）

2つの軸に駆動を与えたき、第3の軸がそれらの作用を同時に受けて回転するような歯車装置のことです。自動車における駆動輪によく用いられます。自動車がカーブするときには、内輪差のため「外側の車輪はより速く」、「内側の車輪はより遅く」回転する必要があります。図 6.20 の構造で回転差を得ることができます（図 6.21 参照）。

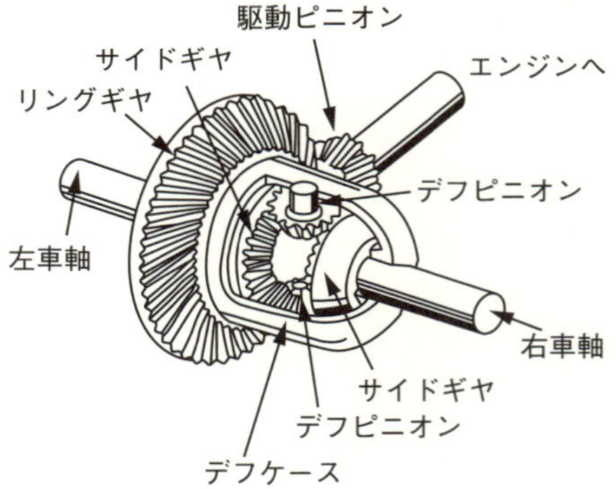

◆図 6.20 差動歯車装置

駆動ピニオンからの回転は、リングギヤ（デフケースも一緒に回ります）に伝えられ、左右の車軸の回転が等しい（直進する）ときには、デフピニオンは回転せず、左右の各々の軸につながったサイドギヤに駆動力を伝えます。左右の軸に回転差が生じる（カーブする）ときには、その大きさに応じてデフピニオンが回転し、左右のサイドギヤに回転差が生じながら駆動力を伝えます。最近では、エンジンと電動モータを利用したハイブリッド自動車の動力分割機構にも用いられています。先の遊星歯車装置で差動機構を構成し、エンジンと電動モータの出力を足し合わせたり、エンジンと駆動力の差を電動モータ（発電機として利用）に伝えたりしています。

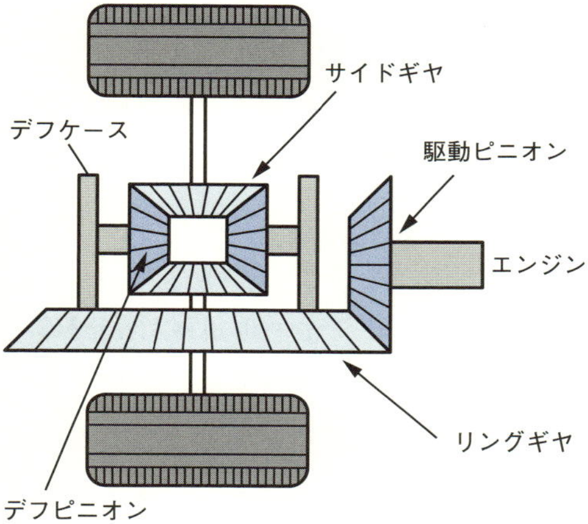

◆図 6.21　差動歯車装置の構造

第6章：演習問題

問1 標準平歯車において、中心距離 120mm、速度比 $i=2$ とするときの入出力歯車のモジュール、歯数、ピッチ円直径、歯先円直径を求めなさい。歯数は切下げを起こさない最小の歯数であることとし、またモジュールは第1系列を用いることとします。

問2 速度比 $i=2$、モジュール $m=3$〔mm〕、中心距離 $a=100$〔mm〕の平歯車の転位量を求めなさい。転位量はできるだけ少なくし、歯数に反比例して配分することとします。

問3 中心距離 $a=100$〔mm〕、速度比 $i=1.5$、モジュール $m=4$〔mm〕の標準平歯車で、入力回転数 $n=500$〔rpm〕、動力 $H=2$〔kW〕を伝えるためには、どの程度の許容曲げ応力を持った材料が必要か求めなさい。入出力歯車は同一の材質とし、歯幅は $b=10m$ とし、また、寿命係数 K_L、動荷重係数 K_V および過負荷係数 K_O は1とします。

第7章

ベルトおよびチェーン

軸間が離れて歯車で回転を直接的に伝えることができないような場合に、柔軟性のある媒体を車に巻き掛けて伝動する装置（巻き掛け伝動装置）が用いられます。この巻き掛け伝動装置には、摩擦を利用したベルト伝動とかみ合いによるチェーン伝動とがあります。

ベルト伝動の設計では、ベルトの周長が規格で決められているので、これに合わせた設計が求められます。

チェーン伝動の設計では、チェーンの自重によるたるみが悪影響を及ぼさないように配置する必要があります。

7-1 ベルト伝動装置

ベルト伝動装置は図7.1のようにベルト車（プーリ）とベルトから構成され、ベルトの掛け方により、駆動軸と従動軸の回転方向が同一になる**オープンベルト**と反対になる**クロスベルト**とに分類できます。用いられるベルトには、その断面形状により、平ベルト、Vベルト、丸ベルトなどがあります。これらの中で伝達能力の高さから、Vベルトが広く使用されています。

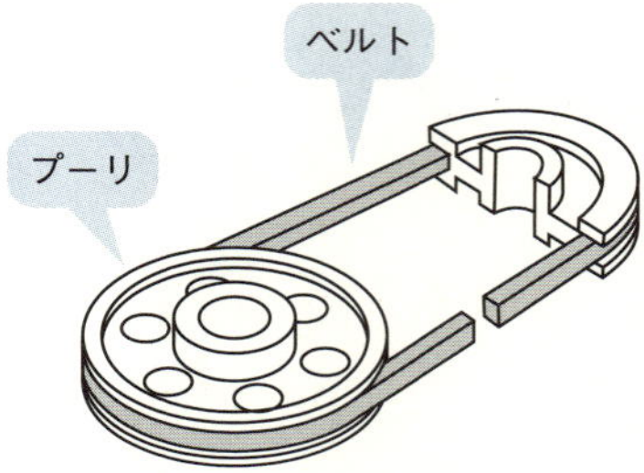

◆図7.1 ベルト伝動装置（オープンベルト）

ベルト伝動には次のような長所・短所があります。

【長所】

- 軸間距離を大きくとれる。
- 大きい速度比が容易に得られる。
- 滑らかに動力を伝え、静かな運転ができる。
- 装置が簡単で、潤滑が不要になる。
- プーリとベルト間で滑りが生じるので、過負荷に対する安全装置になる。

【短所】

- 大きい動力を伝えられない。
- 滑りが生じ、正確な運動を伝え難い。

7-2 平ベルトによる伝動

ベルト伝動では、原動プーリの動力をベルトにより従動プーリへと伝達しています。図 7.2 のように従動プーリに巻き掛けられている平ベルトの張力を F_t（引張り側）と F_s（ゆるみ側）とします。摩擦伝動では、摩擦により伝達力を発生させるため、平ベルトをベルト車に押しつけるための力としてゆるみ側でも張力が必要になります。ベルトの速度を v とすると、伝達動力 H は次式となります（式(4.1)参照：ベルトの等速直線運動）。

$$H=(F_t-F_s)v=F_e v \tag{7.1}$$

ここで、$(F_t-F_s)=F_e$ を**有効張力**といいます。

次に、張力 F_t および F_s の大きさについて検討してみましょう。図 7.2 のように、半径 r の平ベルト車に巻き掛け角（接触角）θ〔rad〕でベルトが掛かり、長さ $ds(=rd\theta)$ のベルトの微小部分に作用するゆるみ側の張力を F、引張り側の張力を $F+dF$ とします。ベルトがベルト車から受ける半径方向の力を Q、遠心力を C とすると、半径方向の力のつり合いは次式になります。

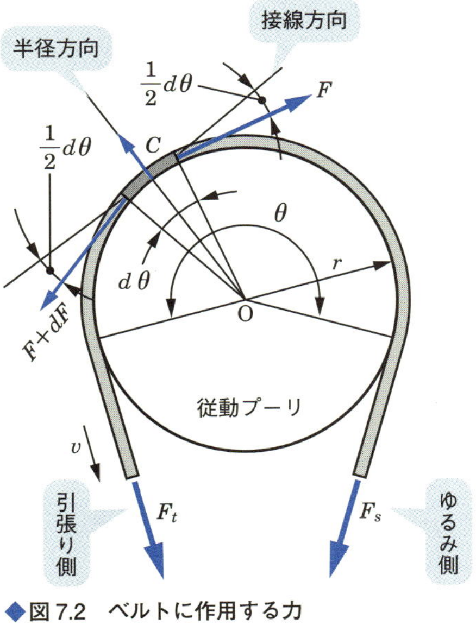

◆図 7.2　ベルトに作用する力

$$(F+dF)\sin\frac{d\theta}{2}+F\sin\frac{d\theta}{2}=Q+C \tag{7.2}$$

ベルトの単位長さ当たりの質量を m、ベルトの速度を $v(=r\omega)$ とすると、長さ ds の微小部分に作用する遠心力は次式で表されます。

$$C = m(ds)r\omega^2 = mr(d\theta)r\omega^2 = mv^2 d\theta \tag{7.3}$$

ベルトとプーリの摩擦係数を μ とすると、ベルトの円周方向の運動方程式は、等速回転しているので、次式になります。

$$(F + dF)\cos\frac{d\theta}{2} - \left(F\cos\frac{d\theta}{2} + \mu Q\right) = m\frac{dv}{dt} = 0 \tag{7.4}$$

式(7.2)と(7.4)において、$d\theta$ を微小とすると $\cos(d\theta/2) \fallingdotseq 1$、$\sin(d\theta/2) \fallingdotseq d\theta/2$ と近似できて、それぞれ次式になります。

$$Fd\theta = Q + mv^2 d\theta \tag{7.5}$$

$$dF = \mu Q \tag{7.6}$$

式(7.5)、(7.6)から Q を消去すると次式になります。

$$\mu d\theta = \frac{dF}{F - mv^2} \tag{7.7}$$

式(7.7)を巻き掛け角度 θ にわたって積分すると、以下のような計算になります。

$$\int_0^{\theta} \mu d\theta = \int_{F_s}^{F_t} \frac{dF}{F - mv^2} \tag{7.8}$$

$$[\mu\theta]_0^{\theta} = [\log(F - mv^2)]_{Fs}^{Ft} \tag{7.9}$$

$$\log(F_t - mv^2) - \log(F_s - mv^2) = \mu\theta \tag{7.10}$$

$$\frac{F_t - mv^2}{F_s - mv^2} = \exp(\mu\theta) \tag{7.11}$$

式(7.11)を引張り側の張力 F_t とゆるみ側の張力 F_s について解くと、

$$F_t = (F_s - mv^2)\exp(\mu\theta) + mv^2 \tag{7.12}$$

$$F_s = (F_t - mv^2)\exp(-\mu\theta) + mv^2 \tag{7.13}$$

となります。したがって、有効張力 F_e は次式で表されます。

$$F_e = F_t - F_s = \frac{(F_t - mv^2)(\exp(\mu\theta) - 1)}{\exp(\mu\theta)} \tag{7.14}$$

ベルト内の最大引張り応力は引張り側に生じるので、伝達動力 H を次式のように F_t を用いて表してみます。

$$H = F_e v = \frac{(F_t v - mv^3)(\exp(\mu\theta) - 1)}{\exp(\mu\theta)} \tag{7.15}$$

$\mu\theta$ が一定のとき、伝達動力を最大にするベルト速度 v_{max} は、dH/dv

=0から、次式になります。

$$v_{\max}=\sqrt{\frac{F_t}{3m}} \tag{7.16}$$

つまり、「ベルトの速度を上げると伝達動力は次第に大きく」なりますが、「次第に遠心力が大きくなりプーリを押える力が減少して伝達動力は低下」します。通常は、皮ベルトでは26～28m/s以下で、ゴムベルトでは24～26m/s以下で使用されます。

例題 7.1

2.0kWを伝達するベルト伝動装置において、ベルト車の直径200mm、回転速度1,500rpm、巻き掛け角140°、平ベルトとプーリ間の摩擦係数0.3としたときの、有効張力F_e、引張り側張力F_t、ゆるみ側張力F_sを求めなさい。ただし、ベルトの単位長さ当たりの質量は、0.2kg/mとします。

解

ベルトの周速度：$v=\pi\times 200\times 10^{-3}\times(1500/60)=15.7$〔m/s〕 (1)

式(7.1)より、

有効張力：$F_e=\dfrac{H}{v}=\dfrac{2\times 10^3}{15.7}=127$〔N〕 (2)

$\theta=140$〔deg〕、$\mu=0.3$より

$\exp(\mu\theta)=\exp[0.3\times(140/180)\pi]=2.08$ (3)

式(7.14)より

引張り側張力：

$$F_t=F_e\frac{\exp(\mu\theta)}{\exp(\mu\theta)-1}+mv^2=127\times\frac{2.08}{2.08-1}+0.2\times 15.7^2$$

$=294$〔N〕 (4)

ゆるみ側張力：

$F_s=F_t-F_e=294-127=167$〔N〕 (5)

7-3 Vベルトによる伝動

7-3-1 ● VベルトとVプーリとの摩擦

広く使用されているVベルトとVプーリとの接触面に生じる摩擦力について考察してみましょう。

V字形のベルトとそれに対応した溝の形状をしたVプーリを組み合わせると、側面どうしの接触により接触圧力が増大し、伝達能力が高くなります。図7.3のように、ベルトをプーリに押しつける力をQ、接触面の垂直方向に生じる反力をQ_nとすると、溝面にμQ_nの摩擦力（μ：摩擦係数）が生じ、半径方向の力のつり合いから次式を得ます。

$$Q = 2\left(Q_n \sin\frac{\alpha}{2} + \mu Q_n \cos\frac{\alpha}{2}\right) \tag{7.17}$$

回転方向では、「ベルトとプーリ間の摩擦力」は$2\mu Q_n$となり、これに式(7.17)から得られるQ_nを代入すると次式のようになります。

$$2\mu Q_n = \frac{\mu}{\sin\frac{\alpha}{2} + \mu\cos\frac{\alpha}{2}} Q \tag{7.18}$$

つまり、V字形の溝により摩擦係数がμから$\mu / \{\sin(\alpha/2) + \mu\cos(\alpha/2)\}$へ増大し、大きな動力の伝達が可能になります。このように「くさび形の接触面にすると、みかけの摩擦係数が増加すること」を**くさび効果**といいます。式(7.18)より、「V字形の角度αが小さいほど」くさび効果が大きくなりますが、同時に「ベルトが溝から離れにくくなる効果」もあるため、その角度は40°程度に定め

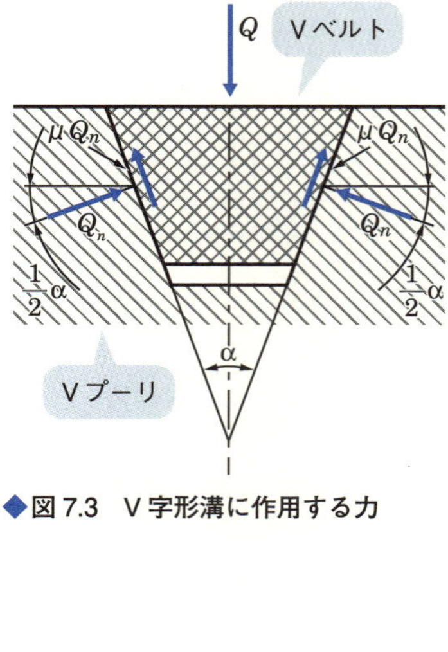

◆図7.3 V字形溝に作用する力

られています。

COLUMN 無段変速機（CVT：continuously variable transmission）

図１のように、可動プーリを軸方向に移動させるとV字形の溝幅が変化します。これに一定幅のVベルトが巻き掛けられると、プーリは「ベルトと接触する位置が変化する」可変径プーリになります。この可変径プーリを用いて、図２のようにベルト伝動を行うと変速比を連続的に変化させることができます。以上がベルト式CVTの基本的な原理です。スクーターにはゴムベルトが、自動車にはスチールベルトが用いられています。ベルト式のCVT以外にも、ローラの摩擦を利用したトロイダルCVT、チェーン、電動式、油圧式CVTなど多くの種類があります。

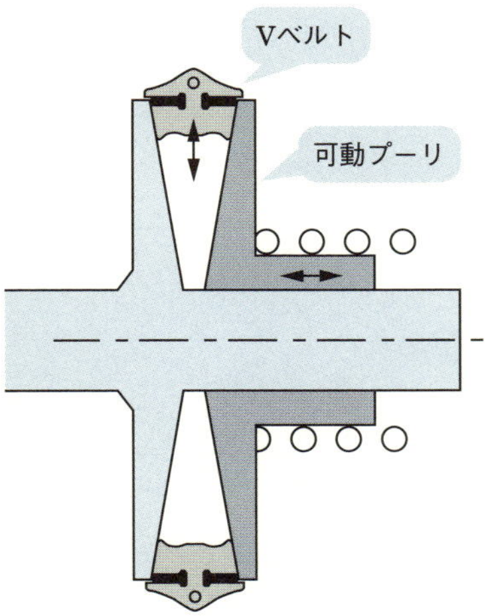

◆図１

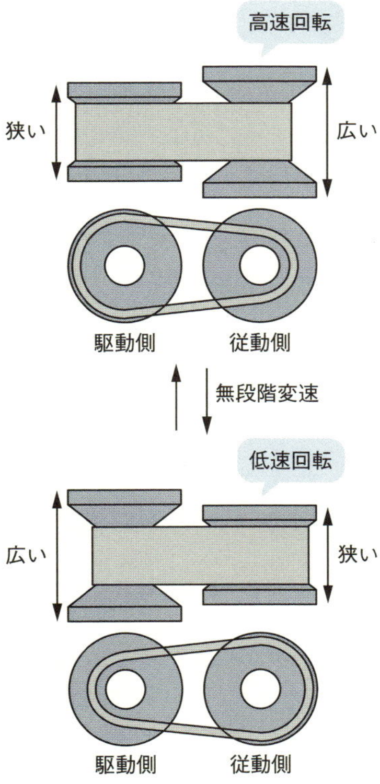

◆図２

7-3-2 ● 一般用 V ベルトと細幅 V ベルト

JIS に規定されている V 形のベルトには、一般用 V ベルト(JIS K 6323)と細幅 V ベルト(JIS K 6368)とがあります。これらのほかにも、ベルトメーカにより多くの製品が開発されているので、実際の設計ではメーカの設計資料を取り寄せ、最新のデータを用いる必要があります。

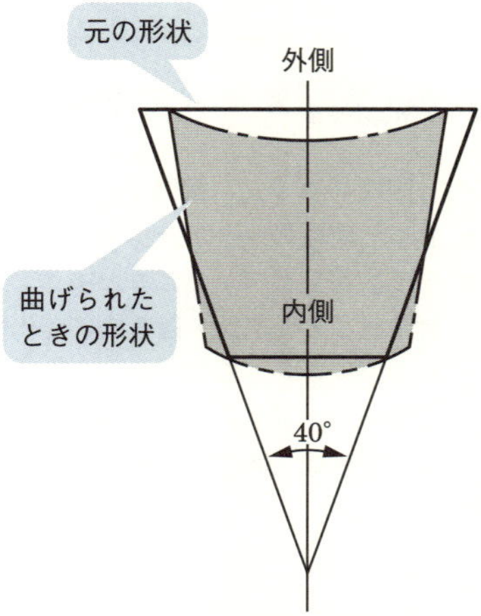

◆図 7.4 V ベルトの断面の変形

一般用 V ベルトは、ベルトの上幅が厚さに比べて広いため、プーリに巻き付けたときにベルト断面が凹型に変形し、引張り力が均一にかからず、特に上幅上端部が大きくそこから破断しやすくなる欠点があります（図 7.4 参照）。そこで、細幅 V ベルトでは、上幅に対し厚さを 30%ほど増加させその影響を小さくしています（図 7.5 参照）。そのため、小さい断面積で、大きな伝達能力があります。また、細幅 V ベルトの周長に対する許容値も小さい（ばらつきが小さい）ため、2 本以上巻き掛けて伝達力を大きくするときに有利になります。JIS では、表 7.1 のように 3 種類（3V、5V、8V）が規定されています。

COLUMN V ベルトの構造

今まで紹介してきた機械要素の JIS 規格の部門記号が B（一般機械）であったのが、V ベルトでは K（化学）になっているのに気がつきましたか？ V ベルトの内部構造は図（JIS K 6323：ラップド V ベルト）のように引張り部分に配置された高張力材料の心線とゴム、ゴムを塗布した布からなる複合的なものになっています。

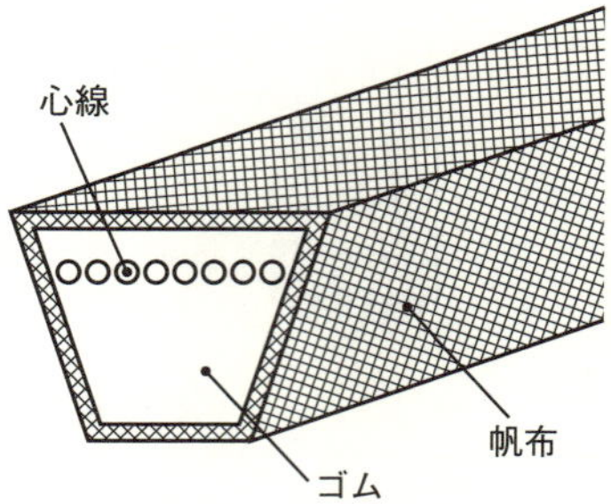

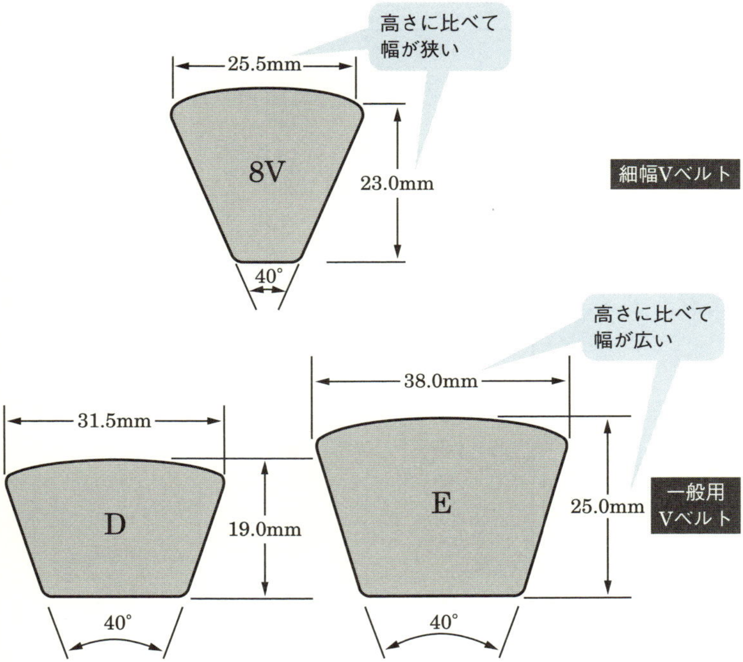

◆図 7.5　一般用 V ベルトと細幅 V ベルトの断面形状

◆表 7.1　細幅 V ベルトの基準寸法と機械的性質

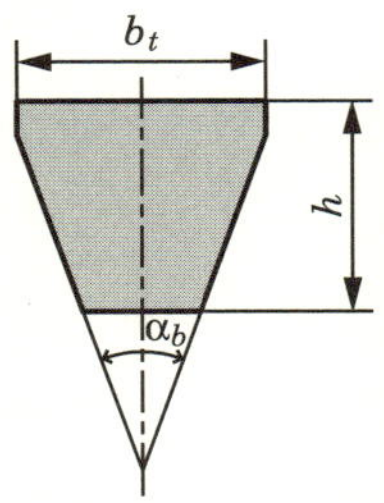

		3V	5V	8V
断面寸法	b_t〔mm〕 h〔mm〕 α_b〔deg〕	9.5 8 40	16.0 13.5 40	25.6 23.0 40
引張り特性	引張り強さ〔kN/本〕	2.3以上	5.4以上	12.7以上
参考値	許容張力〔kN/本〕 質量〔kg/m〕	0.440 0.08	0.980 0.2	2.210 0.5

JIS K 6368：1999　財団法人日本規格協会「細幅 V ベルト」(1999) p2

7-3-3 • 細幅 V プーリ

細幅 V プーリの溝部の形状や寸法は JIS B 1855 に規定されています。表 7.2 に細幅 V プーリの呼び外径 d_e と直径（ピッチ径）d_m を示します。

◆表 7.2 細幅Ｖプーリの呼び外径と直径（JIS B 1855 より抜粋）

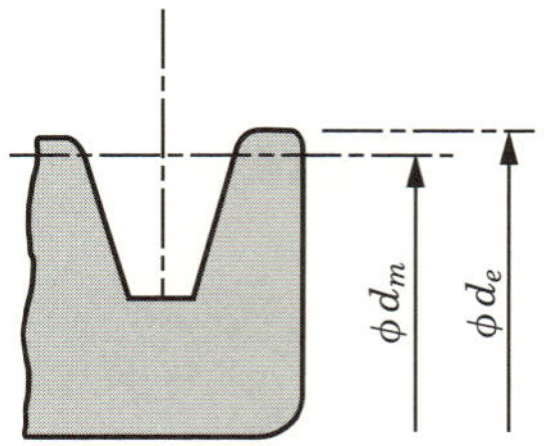

3V：$d_m = d_e - 1.2$

5V：$d_m = d_e - 2.6$

8V：$d_m = d_e - 5.0$

3V	5V	8V
呼び外径 d_e	呼び外径 d_e	呼び外径 d_e
67	180	315
71	190	335
75	200	355
80	212	375
90	224	400
100	236	425
112	250	450
125	280	475
140	315	500
160	355	560
180	400	630
200	450	710
250	500	800
315	630	1000
		1250

7-3-4 • 細幅Ｖベルトの設計

Ｖベルトの設計について、最も普及している、細幅Ｖベルトを例として選定方法の一例を示します。一般用Ｖベルトなどの摩擦伝動ベルトについても同様な手順で設計することができます。プーリについては、通常はメーカにより製作された標準プーリの中から回転比（大プーリのピッチ径／小プーリのピッチ径）の近い組合せを選定し、軸穴などの接続部を加工して使用します。標準プーリでは回転比が得られない場合には、Ｖ溝をJISに従って加工すれば、直径やプーリの形状も用途に応じて製作することができます。

①設計仕様の検討

Ｖベルト伝動装置の設計仕様には、伝達動力、使用する機械の種類（負荷の状態）、小プーリ回転速度、回転比、1日の稼働時間、暫定軸間距離などがあげられます。設計にあたってはこれらの設計仕様から、ＶベルトとVプーリを設計します。

②設計動力の計算

原動機や被動機の負荷変動の影響などを、伝動動力 P_t に加味して設計動力 P_d を式(7.19)のように計算します。

$$P_d = P_t K_s \quad (K_s = K_o + K_i + K_e) \tag{7.19}$$

ここで、K_s：過負荷係数は以下の補正係数の和で表されます。

- **負荷補正係数** K_o：原動機また使用機械の負荷変動による補正（表7.3参照）
- **アイドラ補正係数** K_i：アイドラを用いる場合の取り付け位置の影響による補正（表7.4参照）
- **環境補正係数** K_e：使用環境による補正（表7.5参照）

◆表 7.3　負荷補正係数 K_o（JIS K 6368：1999 より抜粋）

原動機 ＼ 使用機械	最大出力が定格の300%以下のもの ・交流電動機（誘導電動機、同期電動機） ・直流電動機（分巻） ・2気筒以上のエンジン			最大出力が定格の300%を超えるもの ・特殊電動機（高トルク） ・直流電動機（直巻） ・単気筒エンジン、ラインシャフトまたはクラッチによる運転		
	運転時間			運転時間		
	断続使用 1日3〜5時間使用	普通使用 1日8〜10時間使用	普通使用 1日16〜24時間使用	断続使用 1日3〜5時間使用	普通使用 1日8〜10時間使用	普通使用 1日16〜24時間使用
攪拌機（流体）、送風機(7.5kW以下)、遠心ポンプ、遠心圧縮機、軽荷重用コンベア	1.0	1.1	1.2	1.1	1.2	1.3
ベルトコンベア（砂、穀物）、送風機（7.5kWを超えるもの）、発電機、ラインシャフト、工作機械、パンチプレス、せん断機、印刷機械、回転ポンプ、ふるい機	1.1	1.2	1.3	1.2	1.3	1.4

◆表 7.3（続き）

バケットエレベータ、励磁機、往復圧縮機、コンベア（バケット、スクリュー）、ハンマーミル、製紙用ミル、ピストンポンプ、ルーツブロア、粉砕機、木工機械、繊維機械	1.2	1.3	1.4	1.4	1.5	1.6
クラッシャ、ミル（ボール、ロッド）、ホイスト、ゴム加工機（ロール、カレンダー、押出機）	1.3	1.4	1.5	1.5	1.6	1.8

◆表 7.4　アイドラ補正係数 K_i（JIS K 6368：1999 より抜粋）

アイドラープーリの位置	K_i
ベルトのゆるみ側で、ベルトの内側から使用する場合	0.0
ベルトのゆるみ側で、ベルトの外側から使用する場合	0.1
ベルトの張り側で、ベルトの内側から使用する場合	0.1
ベルトの張り側で、ベルトの外側から使用する場合	0.2

◆表 7.5　環境補正係数 K_e（JIS K 6368：1999 より抜粋）

環境条件	K_e
起動・停止の回数が多い	0.2
保守点検が容易にできない	0.2
粉塵などが多く、摩擦を起こしやすい	0.2
熱のあるところで使用する	0.2
油類、水などの飛沫がある	0.2

油類、水の飛沫はベルトのスリップを生じるので、カバーの設置が望ましい。
各々の条件に対して、加算する。

③ベルトの選定

設計動力と小プーリの回転速度より、図 7.6 を用いてベルトの種類を決定します。

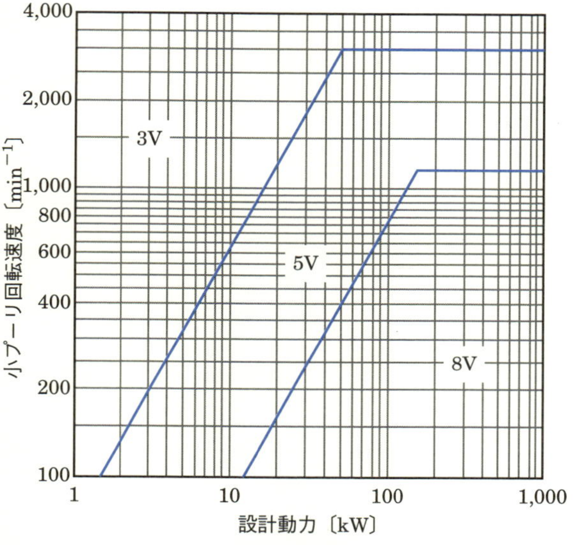

◆図 7.6　細幅 V ベルトの種類の選定図
JIS K 6368：1999 財団法人日本規格協会「細幅 V ベルト」(1999) p10

④プーリ径の決定

プーリの回転比 γ（ガンマ）は次式で表されます。

$$\gamma = \frac{D_m}{d_m} \tag{7.20}$$

ここで、D_m：大プーリのピッチ径、d_m：小プーリのピッチ径を表します。標準プーリの中から回転比が最も近い組合せを表 7.2 から探し、プーリ径とします。もし標準プーリでは回転比が得られない場合には、まず小プーリ径を設計します。このとき、プーリ径が小さいとベルトの屈曲が大きくなり、ベルトの耐久性が落ちます。したがって、プーリの最小径は表 7.6 の値より大きくする必要があります。

◆表 7.6　プーリの最小径

ベルト	3V	5V	8V
プーリの最小径〔mm〕	67	180	315

⑤ベルト長さと軸間距離の決定

ベルトはループ状（つないで任意の長さにできない）なので、

(a)暫定的な軸間距離から（規格品の）ベルトの長さを決定

(b)ベルトの長さから正確な軸間距離を決定

の順に設計します。

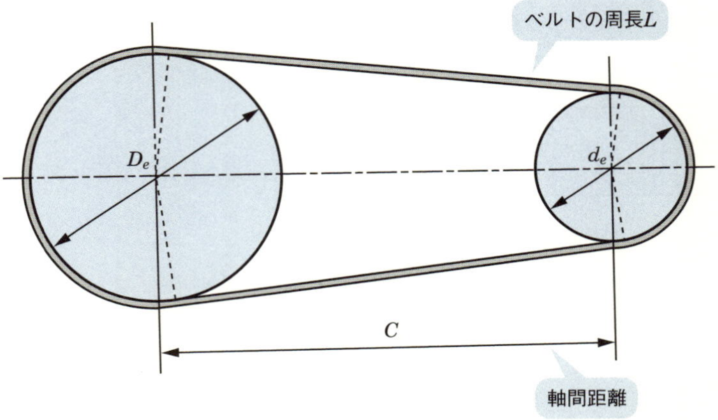

◆図 7.7　ベルトの長さと軸間距離

(a)ベルトの長さの決定

大プーリの呼び径（有効径）: D_e、小プーリの呼び径: d_e、暫定軸間距離: C' とすると、ベルト長さ：L' は次式で近似的に計算できます（図 7.7 参照）。

$$L' = 2C' + 1.57(D_e + d_e) + \frac{(D_e - d_e)^2}{4C'} \tag{7.21}$$

式(7.21)で得られたベルト長さに最も近い長さのVベルトを表 7.7 から選択します。

◆表 7.7　細幅Vベルトの有効長さ（JIS K 6368：1999 より抜粋）（単位：mm）

ベルトの呼び番号	有効周長さ		ベルトの呼び番号	有効周長さ			ベルトの呼び番号	有効周長さ	
	3V	5V		3V	5V	8V		5V	8V
250	635	－	1000	2540	2540	2540	1500	3810	3810
265	673	－	1060	2692	2692	2692	1600	4064	4064
280	711	－	1120	2845	2845	2845	1700	4318	4318
300	762	－	1180	2997	2997	2997	1800	4572	4572
315	800	－	1250	3175	3175	3175	1900	4826	4826
335	851	－	1320	3353	3353	3353	2000	5080	5080
355	902	－	1400	3556	3556	3556	2120	5385	5385
375	953	－					2240	5690	5690
400	1016	－					2360	5994	5994
425	1080	－					2500	6350	6350
450	1143	－					2650	6731	6731
475	1207	－					2800	7112	7112
500	1270	1270					3000	7620	7620
530	1346	1346					3150	8001	8001
560	1422	1422					3350	8509	8509
600	1524	1524					3550	9017	9017
630	1600	1600					3750	－	9525
670	1702	1702					4000	－	10160
710	1803	1803					4250	－	10795
750	1905	1905					4500	－	11430
800	2032	2032					4750	－	12065
850	2159	2159					5000	－	12700
900	2286	2286							
950	2413	2413							

(b)正確な軸間距離の決定

選択されたベルト長さLを用いた場合の軸間距離Cは、次式で表されます。

$$C=\frac{B+\sqrt{B^2-2(D_e-d_e)^2}}{4} \tag{7.22}$$

ここで、$B=L-1.57(D_e+d_e)$と表されます。

⑥ベルト本数の算出

多本掛けのベルトの場合には、ベルトの本数 Z は次式により計算（小数点以下は切上げ）します。

$$Z = P_d / P_c \tag{7.23}$$

ここで、P_d：設計動力（式(7.19)参照）、P_c：ベルト1本当たりの補正伝動容量を表し、P_c は次式で求められます。

$$P_c = P \times K_L \times K_\theta \tag{7.24}$$

ここで、K_L：長さ補正係数、K_θ：接触角補正係数と呼ばれ、それぞれ、ベルトの長さ、ベルトとプーリとの接触角による補正係数です。また、P はベルト1本当たりの伝動容量で、ベルトの許容応力と小プーリの直径や回転速度などを考慮して決定されます。これらの計算方法や値についてはJIS K 6368の附属書に解説されています。

例題 7.2

定格出力 3.0kW、回転速度 1,500rpm のモータを最大出力が定格の200%になるように用いて、遠心ポンプを稼働時間1日8時間、回転速度 400rpm で運転します。暫定軸間距離を 400mm として、使用する細幅Vベルトを選定しなさい。ただし、ベルトの本数は考慮しないことにします。

解

表7.3から $K_o = 1.1$、$K_i = 0$、$K_e = 0$ とします。式(7.19)より、

設計動力：$P_d = 3.0 \times 1.1 = 3.3$〔kW〕　(1)

図7.1（設計動力 3.3kW および小プーリの回転速度 1500rpm）より、ベルト形は 3V となります。

小プーリ径を最小値とすると、表7.6より $d_e = 67$〔mm〕を選びます。

大プーリのピッチ径：$D_m = \gamma\, d_m = \dfrac{1500}{400}(67 - 1.2) = 246.8$〔mm〕　(2)

大プーリの呼び外径：$D_e = D_m + 1.2 = 246.8 + 1.2 = 248$〔mm〕　(3)

この値に最も近いプーリとして、表7.2から $D_e = 250$ を選びます。

ベルトの長さ：

$$L' = 2 \times 400 + 1.57 \times (67 + 250) + \frac{(250 - 67)^2}{4 \times 400} = 1319〔\mathrm{mm}〕 \quad (4)$$

この値に最も近いベルトとして、表7.7から、呼び番号530（$L = 1346$〔mm〕）を選びます。

また、実際の軸間距離 C は式(7.22)を用いて、次式のように求められます。

$$B = 1346 - 1.57(67 + 250) = 848$$

$$C = \frac{848 + \sqrt{848^2 + 2 \times (250 - 67)^2}}{4} = 433.7〔\mathrm{mm}〕 \quad (5)$$

与えられた条件での回転比：1500／400＝3.75

$D_e = 250$、$d_e = 67$ での回転比：$(250 - 1.2) / (67 - 1.2) = 3.78$

この例題では、「小プーリ径に最小値を用いる」ことを仮定しましたが、次のようにプーリ径を選択すると、回転比を与えられた条件により近づけることができます。

$D_e = 315$、$d_e = 85$ での回転比：$(315 - 1.2) / (85 - 1.2) = 3.74$

多くのプーリ径の組み合わせの中から最も近い回転比を得るには大変な作業が必要ですが、プーリやベルトのメーカの資料にまとめられています。

COLUMN プーリとベルトの「呼び」について

Vプーリ・Vベルトと細幅Vプーリ・細幅Vベルトとでは、管理寸法が少し異なります。一般用Vプーリではピッチ径 d_m が「呼び径」で、プーリの回転比とベルトの長さは d_m を用いて計算します。したがって、一般用Vベルトの長さは「ピッチ円周上を通るベルトの長さ」で表示されています。

細幅Vプーリでは d_e が「呼び外径」になります。プーリの寸法だけで決まる回転比は d_m で計算します。細幅Vベルトでは、d_e を「有効直径」と呼び、長さは「有効直径の円周上を通る長さ」で管理されています。したがって、d_e を用いて有効周長さを計算します。

Vベルトの「呼び番号」はベルトの長さをインチ（25.4mm）で表示していて、細幅Vベルトのそれはベルトの有効周長さをインチで表した場合の10倍の数値で表示しています。例えば、細幅Vベルトの呼び番号1000は有効周長さ100インチ（2540mm）のものを表します。

7-4 歯付きベルト（JIS K 6372）

歯付きベルトはベルトの内側に一定間隔で歯をもうけ、プーリにその歯がかみ合うように加工をしたものです。ベルト伝動のように初期張力が不要でスリップがなく大きな力を伝えることができる上、チェーン伝動のような「がた」がないため精密な伝動が可能です。また、潤滑が不要で軽量で静かな伝動ができるので、工作機械からOA機器に至るまで幅広く用いられています。JISでは、表7.8のような5種類（XL－XXH）の歯付きベルトが規定されています（ベルトの幅については表7.9参照）。実際の設計には、製造会社からの資料が必要になります。

◆表7.8 一般用歯付きベルトの種類と寸法（JIS K 6372より抜粋）

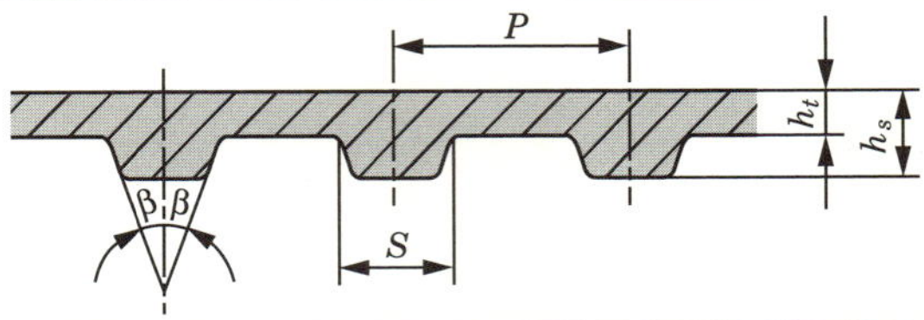

記号	種類				
	XL	L	H	XH	XXH
P〔mm〕	5.080	9.525	12.700	22.225	31.750
2β〔deg〕	50	40	40	40	40
S〔mm〕	2.57	4.65	6.12	12.57	19.05
h_t〔mm〕	1.27	1.91	2.29	6.35	9.53
h_s〔mm〕	2.3	3.6	4.3	11.2	15.7
引張り強さ〔kN/25.4mm〕	2.0	2.7	6.8	9.4	10.8
許容張力〔N/25.4mm〕	182	244	623	849	1040

◆表 7.9　歯付きベルトの幅（JIS K 6372 より抜粋）

種類	ベルト呼び幅	ベルト幅〔mm〕	種類	ベルト呼び幅	ベルト幅〔mm〕	種類	ベルト呼び幅	ベルト幅〔mm〕
XL	025	6.4	H	075	19.1	XH	300	76.2
	031	7.9		100	25.4		400	101.6
	037	9.5		150	38.1	XXH	200	50.8
L	050	12.7		200	50.8		300	76.2
	075	19.1		300	76.2		400	101.6
	100	25.4	XH	200	50.8		500	127.0

COLUMN 特殊形状のベルト

JIS による標準化はされていませんが、さまざまな形状のベルトが市販されています。ベルトを探すときはメーカのカタログを参考にするとよいでしょう。背面を結合したＶベルトでは、ベルトがプーリから外れ難くなり安定した運転ができます。底面に溝を付けると屈曲性が増しプーリ径を小さくできます。

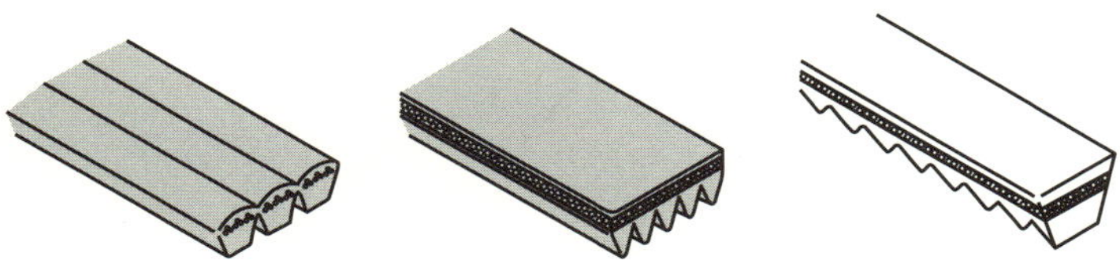

(a) 結合Vベルト　(b) Vリブ付きベルト　(c) ローエッジ・コグベルト

7-5 チェーン伝動装置

チェーン伝動装置は、図7.8のような「ローラとピンの組み合わせによる内リンクと外リンクを交互に多数結合させた」**チェーン**（chain）と、「車としての」**スプロケット**（sprocket：動力を伝える歯車）から構成されています。チェーンの長さの調整は、リンクを分解して内・外リンクを1単位として増減することで行います。

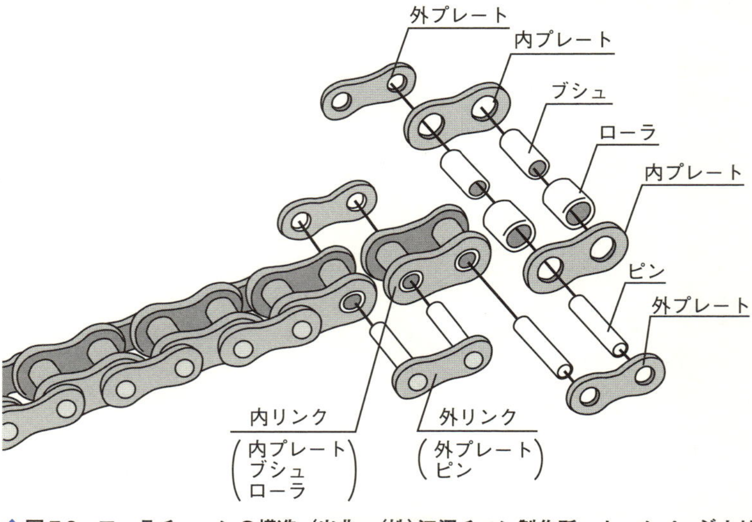

◆図7.8　ローラチェーンの構造（出典：(株)江沼チヱン製作所、ホームページより）

図7.9のように、スプロケットの歯がチェーンとかみ合い、動力を伝達します。チェーンは多くの場合高強度の金属を使用するので、「滑りがなく確実な運動の伝達が行え」、「初期張力が不要」で、「伝達力が大きく」なります。しかし、チェーンの重量が大きいため、ベルト伝動よりも低速で使用されます。高速運転では、一定の張力が常に加わるようにして振動

防止の対策をしなければなりません。また、潤滑も必要になります。

一般には、図 7.9 のようなローラチェーンと、図 7.10 のようなサイレントチェーンがよく使われています。

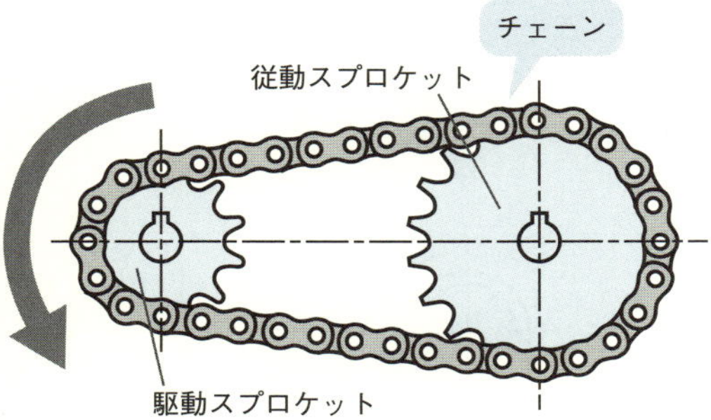

◆図 7.9　チェーンによる動力伝達

◆図 7.10　サイレントチェーン

(a)チェーンの張り方

上をゆるみ側にするとチェーンがスプロケットから離れ難くなるので（図 7.11 (a)参照）、上を引張り側、下をゆるみ側にします（図 7.11 (b)参照）。可能な限りチェーンが水平になるように配置し、傾斜させる場合は 60° 以下にします（図 7.11 (c)参照）。垂直に配置すると重力により下側のスプロケットからチェーンが外れるので、たるみを取るようにアイドラをゆるみ側に配置します（図 7.11 (d)参照）。

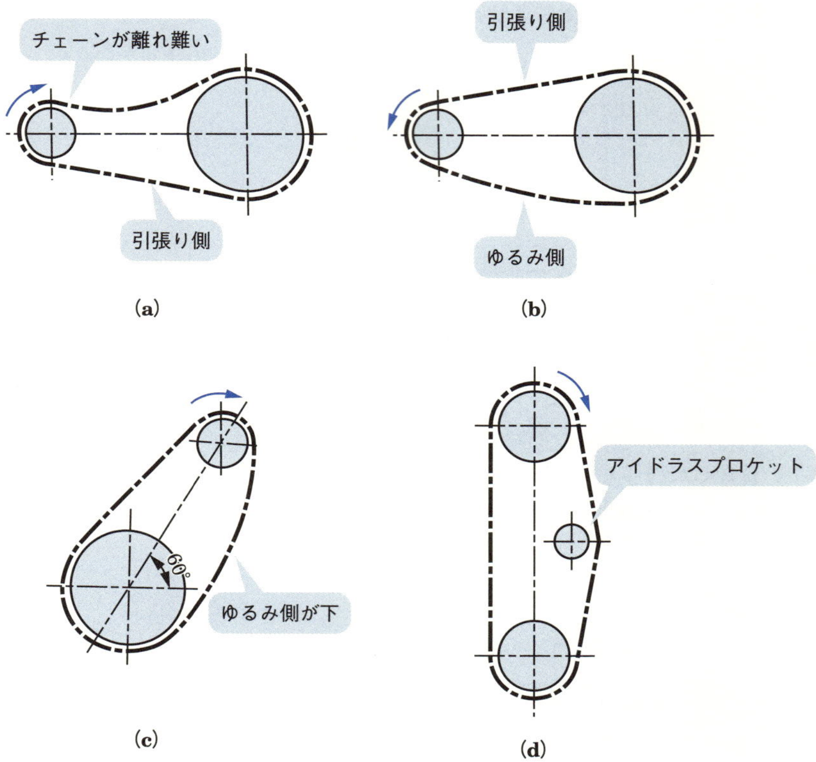

◆図 7.11 チェーンの張り方

(b)速比

大スプロケットと小スプロケットの歯数比（速比）が大きいと、小スプロケットの巻き掛け角が小さくなり次のような問題が生じます。

・磨耗が早く、振動・騒音が生じる。

・チェーンがはずれやすくなる。

・駆動スプロケットが一定回転しても、回転むらが生じる（スプロケットは正多角形と考えられるので、回転半径が周期的に変化します）。

7-6 アイドラ

巻き掛け伝動装置において、ベルトの周長はJISにより離散的に規定され、チェーンの長さはリンクの長さの倍数に制限されます。そのため、チェーンにたるみが生じると、正確な運動の伝達ができなくなったり、高速の場合には振動が問題となったりします。またベルトでは、ゆるみ側の張力が低下して動力伝達ができなくなります。これらを避けるために、プーリやスプロケット間に**アイドラ**（idler：遊び車）を挿入し、たるみをとったり、ゆるみ側に張力を与えたりします（図7.11参照）。ベルト伝動の場合には、アイドラにより巻き掛け角を大きくし、伝達力を増大させるために意図的に長いベルトを使うことがあります。

COLUMN テンショナ

ローラやアイドラスプロケットなどでベルトやチェーンに張力（tension：テンション）を与えて「たるみ」をとる機械要素をテンショナといいます。また、たるみをとる必要のあるワイヤロープ、ケーブルにも専用のテンショナがあります。代表的なテンショナに自転車の外装式変速機があります（図参照）。後輪のスプロケットの歯数を変更してもばね力によりチェーンがたるまないようにしています。

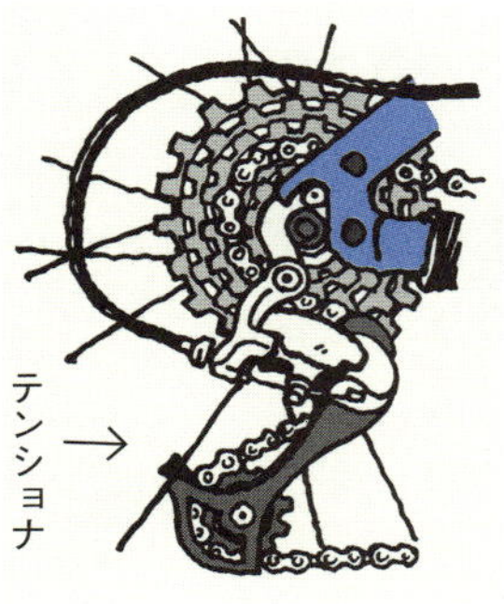

第7章：演習問題

問1 1つの駆動軸、2つの従動軸①および②を時計回りに正3角形に配置し、同じ直径200mmのプーリを取り付け、時計回りの回転方向に1,800rpmの回転速度でベルト駆動します。従動軸①への出力を2kW、従動軸②へ1kWとするとき、各軸間のベルトに生じる張力を求めなさい。なお、ベルトとプーリ間の摩擦係数を0.45とし、遠心力の影響は無視します。

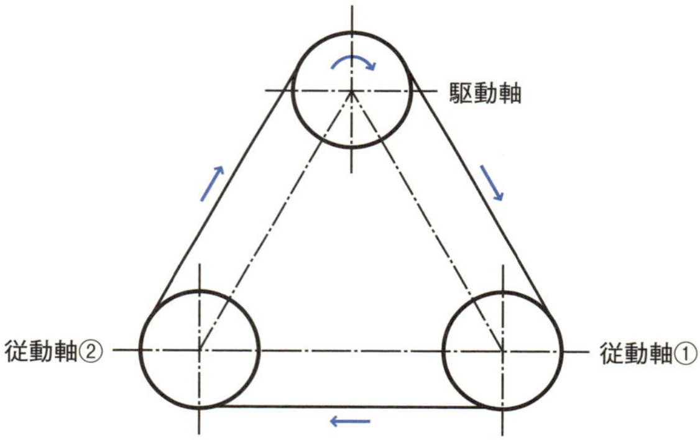

問2 定格出力2.0kW、回転速度1,800rpmの直流モータにより、送風機の軸を500rpmで1日24時間連続運転させるとき、細幅Vベルトと細幅Vプーリを決定しなさい。ただし、モータの最大出力は定格の300%以下で使用し、2軸の暫定軸間距離は500mmとし、ベルトの本数は考慮しないことにします。

問3 種類Hの歯付きベルトに800Nの張力が作用するとき、ベルトの幅を決定しなさい。

第8章

クラッチおよびブレーキ

　動力を伝達するとき、駆動側の回転を止めないで、従動側へ動力を伝達する機能を持つ機械要素がクラッチです。
　従動側で運動エネルギを吸収し、回転速度を減少させたり制御したりする機能を持つ機械要素がブレーキです。

8-1 クラッチ

駆動側の回転を止めないで、動力や運動の伝達を切ったりつないだりする要素を**クラッチ**（clutch）といい、構造からかみ合いクラッチと摩擦クラッチとに分類できます.

8-1-1 • かみ合いクラッチ（claw clutch）

かみ合いクラッチは、凹凸のあるつめが互いにかみ合うことで、駆動側と従動側が機械的に連結されて駆動力を伝えるものです。つめの強さの範囲内では滑りは全くなく、確実に回転を伝えることができます。切り離しは運動中でも行えますが、連結は原則的には静止状態で行います。

図 8.1 にかみ合いクラッチに用いられるつめの形状を示します。三角、角形および台形つめは両方向の回転を伝達可能ですが、「スパイラル」および「のこ歯つめ」は、一方向のみの回転を伝達します。駆動側のつめは軸に固定され、従動軸側のつめは滑りキーなどを用いて左右に動かして駆動軸側と着脱します。

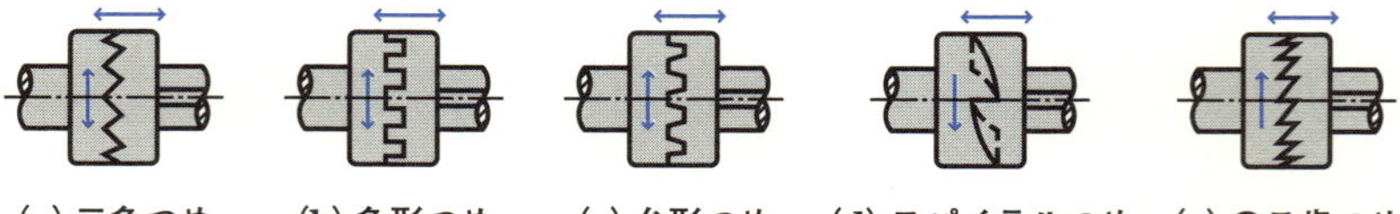

◆図 8.1 かみ合いクラッチ

8-1-2 • 摩擦クラッチ（friction clutch）

摩擦クラッチは、駆動側と従動側にとりつけた摩擦面を押しつけ、発生する摩擦力により動力の伝達を行います。滑りながら従動軸の回転が駆動軸に近づくので、滑らかな伝達ができます。また、過負荷に対して摩擦面で滑りが生じ、安全装置として機能します。このような滑りにより、摩擦面が摩耗するため、保守が重要になります。押しつけ力は、手動、ばね、電磁力、油・空気圧により加えられます。

摩擦面の形状は、円板、円すいなどが使われます。円板クラッチの中で、摩擦板が1枚のものを**単板クラッチ**、複数枚のものを**多板クラッチ**といいます。また、摩擦面を乾燥状態で使用するものを**乾式クラッチ**、潤滑油を表面に付着させたものを**湿式クラッチ**といいます。湿式クラッチの摩擦係数は乾式のそれと比べて1/3程度小さくなりますが、連結が滑らかで摩耗が少なく、クラッチ板の寿命が長くなります。

(a) 円板クラッチ（disk clutch）

図8.2(a)のような単板クラッチ（円板の内径：d_1、外径：d_2）において、許容接触面圧力を p_a とすると、押しつけ力 P は次式のようになります。

$$P \leqq \frac{\pi\ (d_2{}^2 - d_1{}^2) p_a}{4} = \pi\, d_m b p_a \tag{8.1}$$

ここで、平均直径：$d_m = (d_2 + d_1)/2$、接触面の幅：$b = (d_2 - d_1)/2$ とします。摩擦係数を μ、回転速度を n〔rpm〕とすると、伝達トルク T_1 と伝達動力 H とはそれぞれ次式になります。

$$T_1 = \mu P \frac{d_m}{2} \leqq \frac{\mu \pi (d_2{}^2 - d_1{}^2) p_a}{4} \frac{d_m}{2} = \frac{\mu \pi d_m{}^2 b p_a}{2} \tag{8.2}$$

$$H = T_1 \omega = \frac{\pi n}{30} T_1 \tag{8.3}$$

図8.2(b)のような多板クラッチ（板数：z）の場合には、伝達トルク T_z は次式のように板（T_1：1枚あたりの伝達トルク）の枚数だけ大きくなります。

$$T_z = z T_1 \tag{8.4}$$

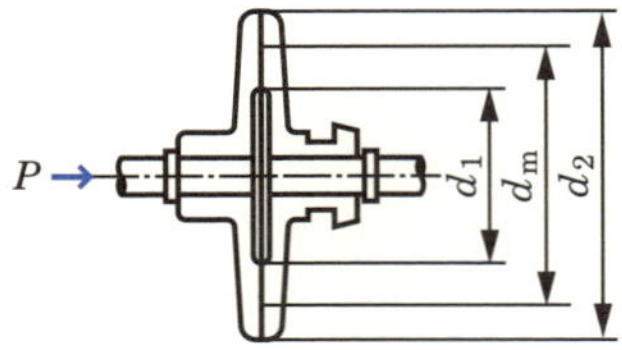

(a) 単板クラッチ（乾式）

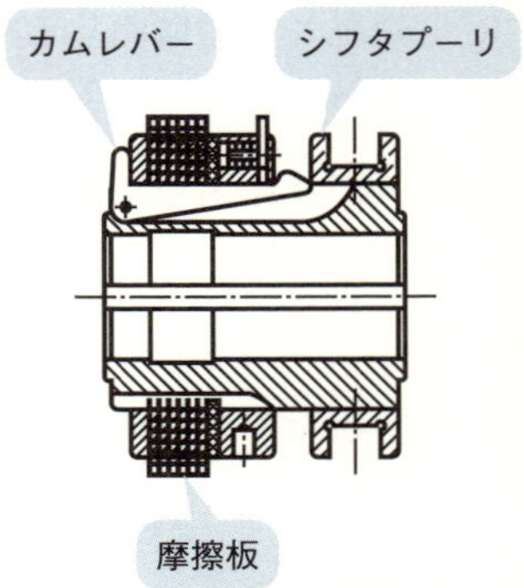

(b) 多板クラッチ（湿式）

◆図 8.2　円板クラッチ

(b) 円すいクラッチ（cone clutch）

円すいクラッチは図 8.3(a)のように「摩擦板が押しつけ力の方向に対して傾いた」構造をしています。くさび効果により小さい押しつけ力で大きい伝達トルクが得られます。クラッチを軸方向に押す力 P と、円すい面に直角に押しつける力 Q とは次の関係があります（図 8.3(b)参照）。

$$P = Q(\sin\alpha + \mu\cos\alpha) \tag{8.5}$$

ここで、α：円すい面と軸との角度、μ：摩擦係数を表します。摩擦力 μQ から伝達トルク T を求めると次式になります。

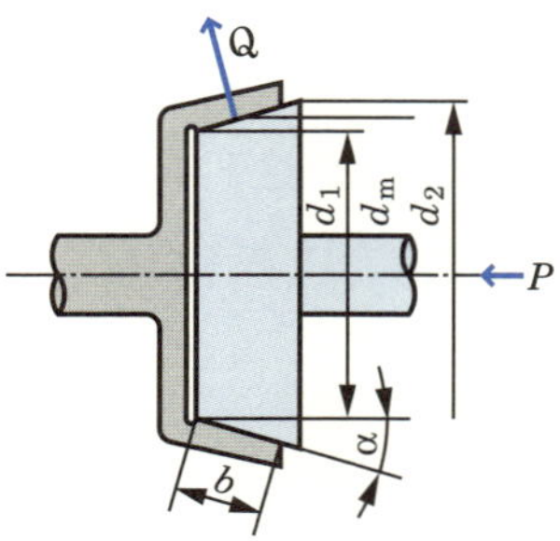

(a) 構造

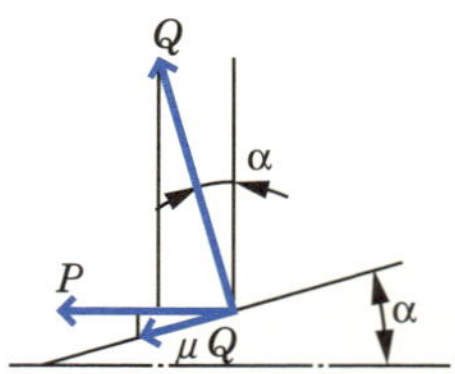

(b) 摩擦面に作用する力

◆図 8.3　円すいクラッチ

$$T = \mu Q \frac{d_m}{2} = \frac{\mu P d_m}{2(\sin\alpha + \mu\cos\alpha)} \tag{8.6}$$

ここで、$d_m = (d_2 + d_1)/2$：平均直径を表します。式(8.6)より、「αの値が小さいと大きい伝達トルクを得られる」ことが分かりますが、接触の際に大きな衝撃力がかかり「着脱し難くなる」ので、一般には$\alpha = 10 \sim 15°$にしています。

例題 8.1

円板クラッチを用いて900rpm、7.0kWの動力を伝達します。クラッチ接触面の内径d_1、外径d_2を求めなさい。ただし、摩擦係数$\mu = 0.25$、接触面圧力を$p = 0.1$〔MPa〕、$d_1 / d_2 = 0.6$とします。

解

式(8.3)より、最大の伝達トルクT_1は次式より得られます。

$$T_1 = \frac{30H}{\pi n} = \frac{30 \times 7.0 \times 10^3}{\pi \times 900} = 7.43 \times 10 \text{〔Nm〕} \tag{1}$$

$d_1 = 0.6 d_2$を式(8.2)に代入して

$$T_1 = \frac{\mu \pi d_2{}^2 (1 - 0.6^2) p_a}{4} \frac{d_2 (1 + 0.6)}{2 \times 2} \tag{2}$$

$$d_2{}^3 = \frac{16 T_1}{\mu \pi p_a (1 - 0.6^2)(1 + 0.6)} \tag{3}$$

$$= \frac{16 \times 7.43 \times 10}{0.25\pi \times 0.1 \times 10^6 \times (1 - 0.6^2)(1 + 0.6)} = 14.78 \times 10^{-3}$$

$$d_2 = 0.245 \text{〔m〕} \tag{4}$$

$$d_1 = 0.6 \times d_2 = 0.6 \times 0.245 = 0.147 \text{〔m〕} \tag{5}$$

COLUMN トルクコンバータ

軸の回転運動と流体の運動（流れ）とを変換する代表的な機械を考えてみましょう。

・ポンプ　：軸の回転運動 → 流体の運動

・タービン：流体の運動 → 軸の回転運動

これら２つの機械の羽根をオイルの中で向かい合わせに配置すると、

駆動軸の回転運動 → 流体の運動 → 従動軸の回転運動

のような動力伝達装置ができます。

ポンプとタービンの間にステータと呼ばれる固定翼を付けて、この固定翼で整流したオイルをタービンからポンプへ戻すと、ポンプの羽根を回転させる駆動力になります。このようなトルク増幅機構をもったものを**トルクコンバータ**といい、オートマチックトランスミッションの自動車（AT車）によく使用されています。トルクコンバータの２軸の間では回転が切り離されているので、クラッチのように使用することができます。しかし、完全に動力伝達を切断できないので、AT車はアイドリング時に動き出してしまいます。

COLUMN ブレーキパッドに作用する力

「8-2-4:ディスクブレーキ」に関してのコラムです。本文を先にお読みください。

ブレーキパッドが受ける力について考えてみましょう。図のようにディスクパッドはディスクの周方向に力Fを受けます。この力Fは容易に理解できます。広がりを持ったブレーキパッドの摩擦面では、ディスクから受ける力は図のように「周方向力がパッドの場所により異なる」方向に作用しています。この「力の方向の違い」からブレーキパッドがねじりモーメントを受けることになります。このねじりモーメントは気付き難いですね。設計対象をモデル化するときに、無視してよい条件とできないものを判断することが設計者に求められます。ブレーキパッドの問題では、パッドの面積を小さくすると、ねじりモーメントは無視できます。

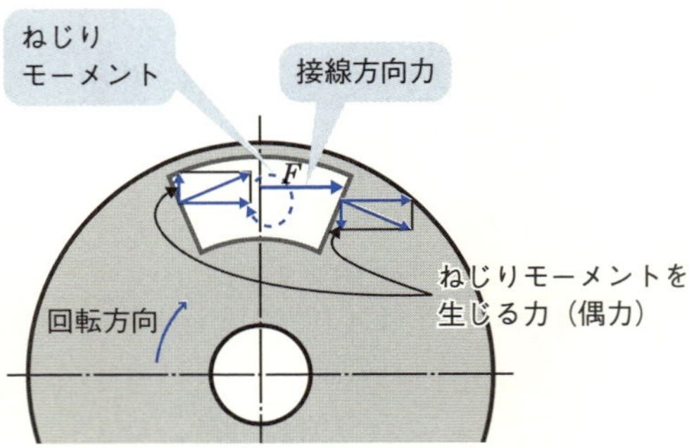

8-2 ブレーキ

従動側で運動エネルギを吸収し、回転速度を減少させたり制御したりする機能を持つ要素を**ブレーキ**（brake）といいます。クラッチの場合は、「被動体が静止している状態から動いている状態」に、ブレーキの場合は「駆動体が運動している状態から静止する状態」になることでお互いの相対運動をゼロにするもので、その構造や材料がよく似ています。

ブレーキは、ブロック形状のものを軸、円板またはドラムに押しつけることにより摩擦力を発生させて制動します。その種類には、ブロックブレーキ、ドラムブレーキ、バンドブレーキ、ディスクブレーキなどがあります。

8-2-1 • ブロックブレーキ（block brake）

ブロックブレーキは、ドラムの外周にブロックを押しつけて摩擦力を発生させるもので、構造が簡単なため車両、フォークリフトのような荷役機械などに広く使用されています。

図 8.4 のような構造のブロックブレーキにおいて、直径 D のブレーキドラムを力 P で押しつけたときに発生する制動トルク T は次式になります。

$$T = \frac{\mu PD}{2} \qquad (8.7)$$

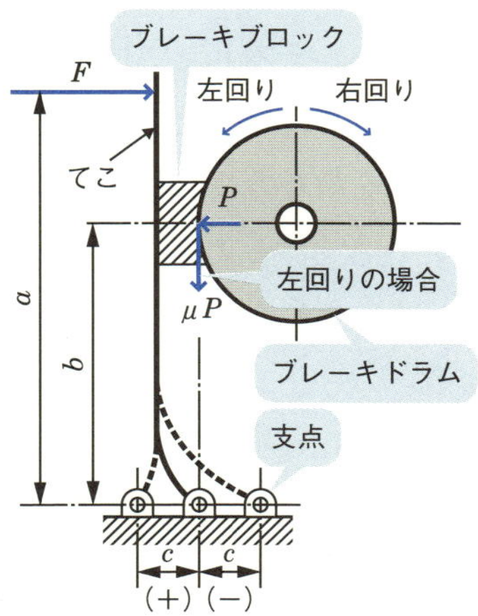

◆図 8.4　ブロックブレーキ

ブレーキレバーに作用する力（F、P、μP）から、支点回りのモーメントのつり合いを考えると、次式が成立します（レバーの支点と摩擦面までの距離 c は正負の値をとります）。

左回転の場合：$Fa-Pb+\mu Pc=0$ (8.8)

右回転の場合：$Fa-Pb-\mu Pc=0$ (8.9)

式(8.8)、(8.9)を作動力 F について解き、整理すると次式が得られます。

$$F=(b\pm\mu c)\frac{P}{a}$$ （+：右回転、−：左回転） (8.10)

ここで、「レバーの支点と摩擦面までの距離 c によりモーメントの符合が変わる」ことと「ドラムの回転方向により摩擦力の方向が変わる」ことに注意しましょう。

式(8.10)において、$b\pm\mu c<0$ になると、$F<0$ となり、「ブレーキブロックをドラムから離すのに力が必要になる（作動力を与えなくても、自動的にブレーキがかかる）」ことになります。このことを、**セルフロッキング**（self-locking）といい、「速度制御の点から望ましくない」だけでなく、摩擦材や支点に過大な負荷がかかり、破損のおそれがあります。また、支点の位置を摩擦面の延長線上($c=0$)にすると、回転方向によらず制動特性が同じブレーキになります。

図8.4のように、片側から（1個のブレーキブロックで）ドラムに押しつけ力を与えると、ブレーキドラムの軸に大きな曲げモーメントが生じます。これを避けるために両側から（2個のブレーキブロックで）ブレーキドラムを挟む方法があります。このようなブレーキを**複ブロックブレーキ**といいます。このとき、「2つのブレーキブロックに作用する摩擦力は互いに逆向きになる」ことに注意しておきましょう。

レバー比 a/b は3〜6に、作動力 F の値は100〜150N程度（手動の場合）にします。みかけの摩擦係数を大きくしたいときには「くさび効果」を利用し、図8.5のように接触面をV字形にします。このときの「みかけの摩擦係数」μ' は次式になります（V

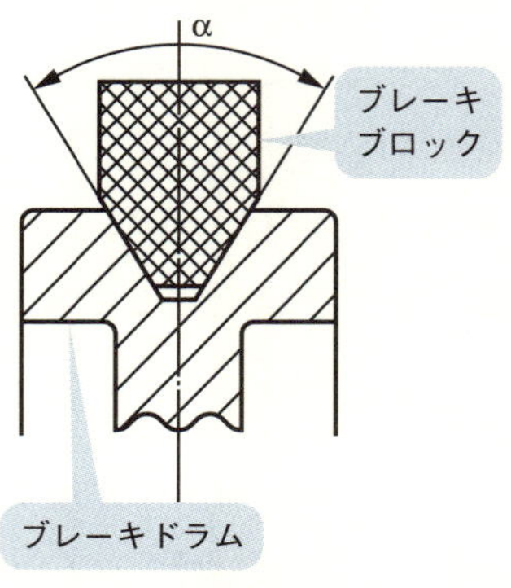

◆図8.5　溝付きブロック

ベルト：式(7.18)参照)。

$$\mu' = \frac{\mu}{\sin\frac{\alpha}{2} + \mu\cos\frac{\alpha}{2}} \tag{8.11}$$

ただし、ブレーキブロックが溝に食い込んで離れ難くならないように、$\alpha \geqq 45°$ にします。

例題 8.2

24Nm のトルクが作用している軸を停止させるために、図 8.4 のようなブロックブレーキを使用することにします。寸法は、$a=1200$、$b=300$、$c=-50$、$D=400$（単位：mm）とします。ブレーキレバーの先端に加える力を求めなさい。ただし、摩擦係数 $\mu=0.2$、ドラムの回転方向は右回転とします。

解

式(8.7)より、停止に必要な押しつけ力 P は次式で得られます。

$$P = \frac{2T}{\mu D} = \frac{2 \times 24}{0.2 \times 400 \times 10^{-3}} = 6 \times 10^2 \text{〔N〕} \tag{1}$$

ドラムが右回転なので、次式で作動力 F が求められます。

$$F = (b + \mu c)\frac{P}{a} = \frac{(300 \times 10^{-3} - 0.2 \times 50 \times 10^{-3}) \times 6 \times 10^2}{1200 \times 10^{-3}} = 145\text{〔N〕} \tag{2}$$

8-2-2 • ドラムブレーキ（drum brake）

前節のブロックブレーキではドラムの外面を摩擦面として利用するのに対して、ドラムブレーキでは、図 8.6 のようにドラムの内面を利用します。ブレーキシューを拡げて内面に押さえつける力を発生させるために油圧やカムが利用されます。狭い空間に機構を納めることができるため、特に自動車のブレーキによく用いられています。

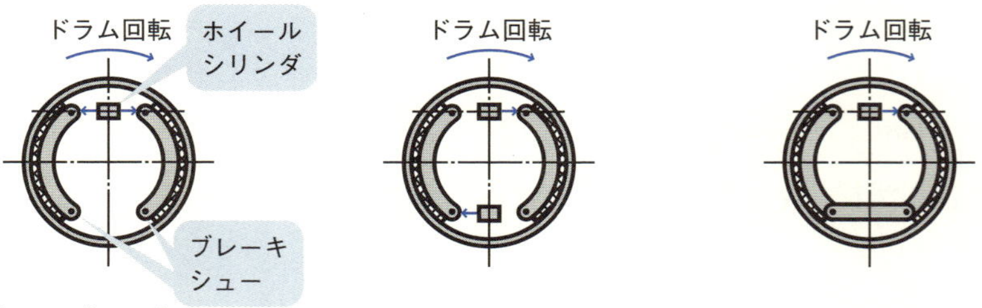

(a) リーディング
トレーリングシュー

(b) 2 リーディングシュー

(c) サーボシュー

◆図 8.6　ドラムブレーキ

8-2-3 • バンドブレーキ（band brake）

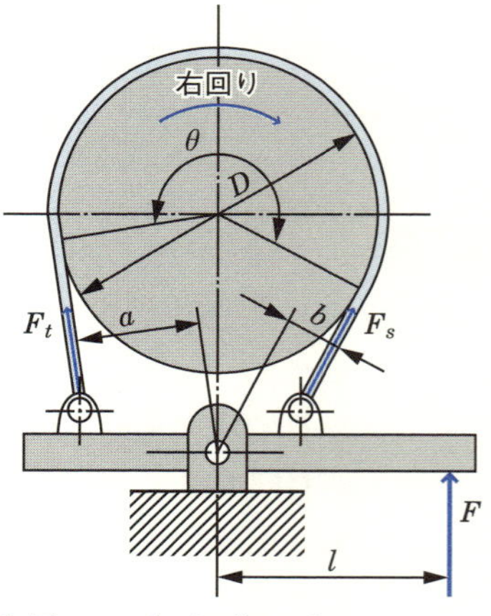

◆図 8.7　バンドブレーキ

バンドブレーキは、図 8.7 のようにドラムに巻き付けたバンドに張力を与え、バンドとドラムの間の摩擦力を利用して制動するものです。このときのバンドの微小要素が受ける力は「ドラムとの間の摩擦力」と「要素両端での張力」となり、7 章で求めた「ベルトとプーリ」とよく似た状態になります。ベルトとプーリの問題と異なる点は、「バンドが運動しないため、遠心力を考えない」ことと「接触面で滑るため、動摩擦係数を用いる」ことになります。バンドの張力を F_t（引張り側）、F_s（ゆるみ側）とし、θ：巻き掛け角、μ：動摩擦係数とすると、これらの間の関係は（式(7.11)に $v=0$ を代入して）次式のようになります。

$$\frac{F_t}{F_s}=\exp(\mu\theta) \tag{8.12}$$

ドラムの直径を D とすると、制動トルク T は次式になります。

$$T=(F_t-F_s)\frac{D}{2} \tag{8.13}$$

バンドブレーキでは、「作動レバーへのバンド取り付け位置」と「支点周辺の位置関係」により作動力が異なります。図 8.7 のような取り付けをしている場合のモーメントのつり合いは、次式のようになります（図中の F_t、F_s は「レバーが受ける力の方向」で示しています)。

$$lF + bF_s - aF_t = 0 \tag{8.14}$$

式(8.14)に式(8.12)、(8.13)を代入すると、制動トルクを得るために必要な作動力 F は次式で得られます。

$$F = \frac{aF_t - bF_s}{l} = \frac{F_s}{l}\{a\exp(\mu\theta) - b\} = \frac{2T}{Dl}\frac{a\exp(\mu\theta) - b}{\exp(\mu\theta) - 1} \tag{8.15}$$

また、$a\exp(\mu\theta) < b$ の場合には $F<0$ となり、セルフロッキングの状態になります。ここで、動摩擦係数は使用状態により変動しやすいので、μ が多少変動してもセルフロッキングの状態にならないように、一般的には $a\exp(\mu\theta)$ と b の比を 2.5 ～ 3 にします。

8

8-2-4 • ディスクブレーキ（disk brake）

ディスクブレーキは、図 8.8 のように、ディスクの両側から摩擦材（パッド）を押し付けることにより制動するものです。ブレーキパッドを力 F でディスクに押しつけると、制動トルク T は次式で得られます。

$$T = \mu FNr \tag{8.16}$$

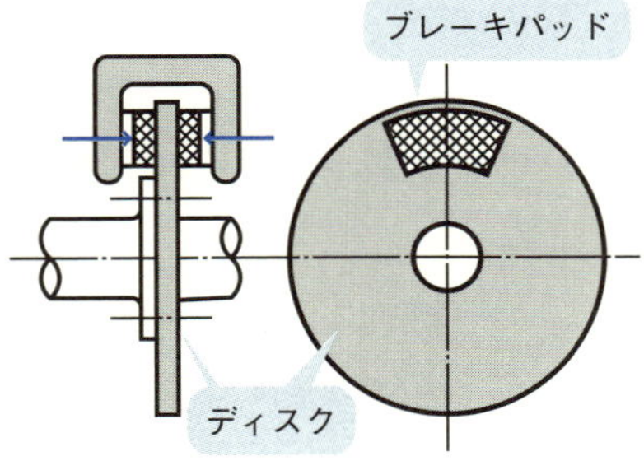

◆図 8.8　ディスクブレーキ

ここで、μ：摩擦係数、N：パッドの数（両側から押さえるので偶数個になることに注意)、r：摩擦材のディスクの中心からの距離を表します。

「摩擦面が小さい」ことと「力の拡大機構がない」ことのために、大きな押しつけ力を必要とします。この作動力を得るため、油圧や空気圧がよく用いられています。ドラムブレーキに比べて、「摩擦熱の放熱性がよい」、「摩擦材の交換が容易」という利点があります。油空圧により制動力を細かく制御できるので、自動車や産業機械において、高トルク・高運動エネルギを持っている場合にもよく用いられています。

第8章：演習問題

問1 図8.3のような円すいクラッチ（外径：100mm、内径：90mm、円すい面と軸との角度$\alpha=15°$）に1,500Nの押しつけ力を作用させるとき、最大伝達トルクを求めなさい。ただし、摩擦係数$\mu=0.15$とします。

問2 図8.4のブロックブレーキにより、40Nmのトルクで左・右両方向に回転できる軸を制動します。ブレーキレバーに加える力Fを求めなさい。ただし、ドラムの直径$D=800$〔mm〕、$a=1800$〔mm〕、$b=600$〔mm〕、$c=-100$〔mm〕とし、ブロックとドラム間の摩擦係数$\mu=0.2$とします。

問3 図8.7のようなバンドブレーキ装置により、左回転している150Nmのトルクを制動します。ブレーキドラムの直径$D=400$〔mm〕、$a=100$〔mm〕、$b=0$〔mm〕、$l=500$〔mm〕、巻き掛け角$\theta=250°$、ベルトとドラム間の摩擦係数$\mu=0.2$として、以下の問いに答えなさい。

(1) 制動に必要な摩擦力F_bを求めなさい。

(2) 前問の摩擦力F_bを得るためのバンドの引張り側張力F_tおよびゆるみ側張力F_sを求めなさい。

(3) レバーに加えるべき力Fを求めなさい。

第9章

リンクおよびカム機構

リンク機構やカム機構は、（例えば回転運動→往復運動のように）ある運動を他の決まった様式に変換するときに用いる要素で、運動の特性に応じた多種多様な種類があります。

4節リンク機構では、静止節の選び方によりリンクの運動が変化することに注意しましょう。

回転する板カムの場合には、回転角を横軸にとったカム線図を描くと解析が容易になります。

9-1 リンク機構 (link mechanism)

リンク（link）または節とよばれる要素を閉じた形でつないだ機構を連鎖（chain）といいます。2つのリンクが互いに接触する部分をペア（対偶）といい、本書では「回転ペア」と「往復ペア」のみを扱います。図9.1に2種類の代表的なリンク機構の4節リンク機構を示します。

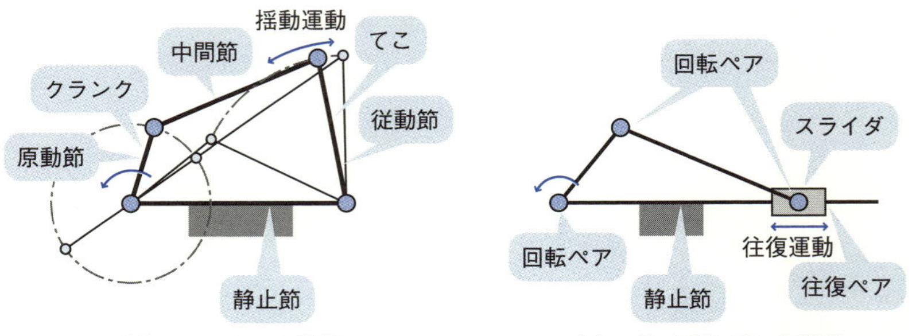

(a) てこクランク機構　(b) スライダクランク機構

◆図9.1　4節リンク機構

図中の用語は次のような意味を表しています。

てこ　：揺動（ようどう）運動するリンク
クランク：回転運動するリンク
スライダ：他のリンクと滑るように接するリンク
静止節　：固定されたリンク
原動節　：運動を与えるリンク
従動節　：運動を受けるリンク
中間節　：原動節から従動節へ運動を伝えるリンク

9-1-1 • 4 節回転リンク機構

4つの棒状リンクⅠ、Ⅱ、Ⅲ、Ⅳの長さをそれぞれ a、b、c、d として、静止節を変えてリンク機構の運動を考えてみましょう。リンクの長さが満たすべき条件は後に検討しますが、次に示す3つの機構は固定するリンクのみが異なっていることに注意しましょう。

(a) てこクランク機構（lever crank mechanism）

図 9.2 のように、リンクⅣを固定して、リンクⅠ（クランク）を原動節として回転させると、従動節のリンクⅢ（てこ）は揺動運動します。原動節を変更して、リンクⅢを揺動運動させると、リンクⅠは回転運動しますが、リンクⅠとⅡとが一直線になる位置でリンクⅠの回転方向が定まらなくなります。このような点を思案点（change point）といいます。自転車をこぐときには、シートチューブ（サドルの下のパイプ）が固定され、大腿骨（原動節）、自転車のクランクアーム（従動節）、頸骨（中間節）がてこクランク機構を構成しています。

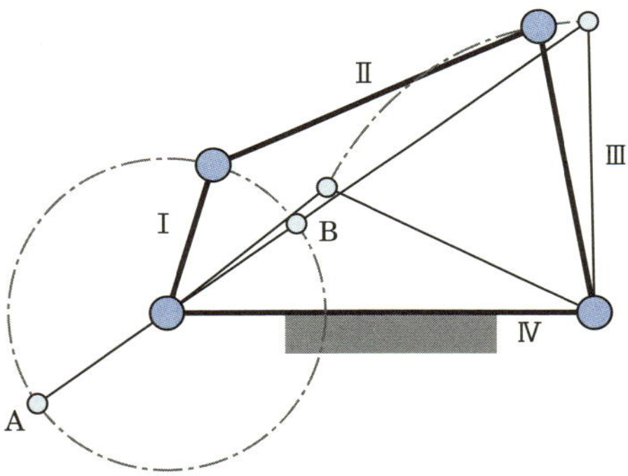

◆図 9.2　てこクランク機構

(b) 両クランク機構（double crank mechanism）

図 9.3 のように、リンクⅠを固定すると、リンクⅡ（クランク）とⅣ（クランク）はともに回転運動します。この場合、原動節をどちらに選ぼうとも、「運動方向が定まらない」思案点は存在しません。平行四辺形になるようにリンクの長さを決めると（平行リンク機構）、両クランク機構の応用例のひとつである蒸気機関の多軸回転機構になります。

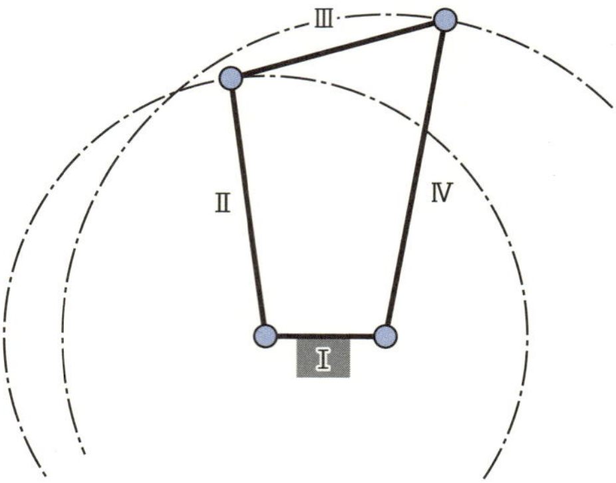

◆図 9.3　両クランク機構

(c) 両てこ機構 (double lever mechanism)

図 9.4 のように、リンクⅢを固定すると、リンクⅡ（てこ）とⅣ（てこ）とはともに揺動運動します。この場合には、2 つのリンクが一直線になる位置が思案点（2 箇所）になります。両てこ機構の応用例として、自動車の前輪の方向を変える**かじ取り機構**が挙げられます。

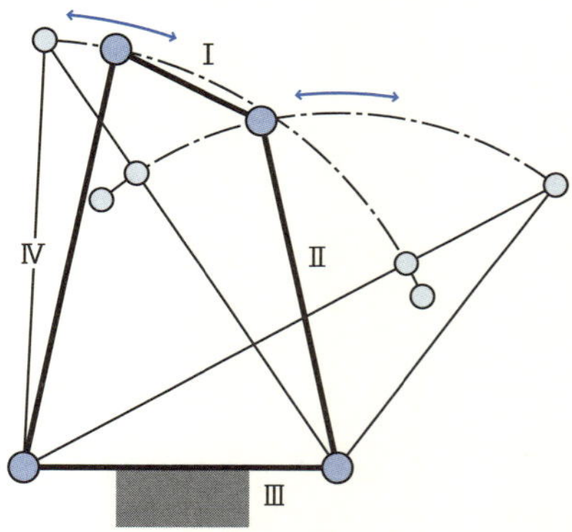

◆図 9.4　両てこ機構

4 節回転リンク機構において、リンクの長さ a（リンクⅠ）、b（リンクⅡ）、c（リンクⅢ）、d（リンクⅣ）について検討してみましょう。4 つのリンクが閉じた四角形になるためには、1 つのリンクの長さは他の 3 つの長さの和より小さいので、次の不等式が成立します。

$$a<b+c+d、b<a+c+d、c<a+b+d、d<a+b+c \quad (9.1)$$

次に、リンクⅠがクランクであるための条件を考えてみましょう（図 9.2 参照）。リンクⅠが回転すると、他のリンクと一直線上に並び三角形を形成する場合があります。この三角形の 1 つの辺の長さは他の 2 辺の長さの和より小さいので、次の３つの不等式が成立します。

・**図9.5(a)の場合**：　$a+b \leqq c+d$　(9.2)

・**図9.5(b)の場合**：$c \leqq (b-a)+d \rightarrow a+c \leqq b+d$　(9.3)

$d \leqq (b-a)+c \rightarrow a+d \leqq b+c$　(9.4)

リンクⅠとⅣとが一直線になる場合には、式(9.4)と同じ不等式が得られます。

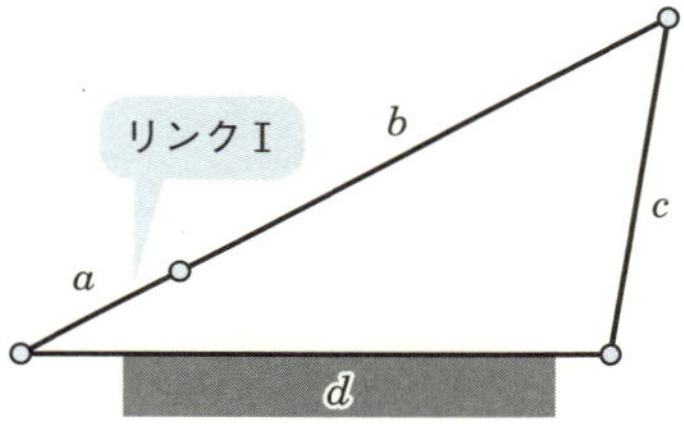

(a)

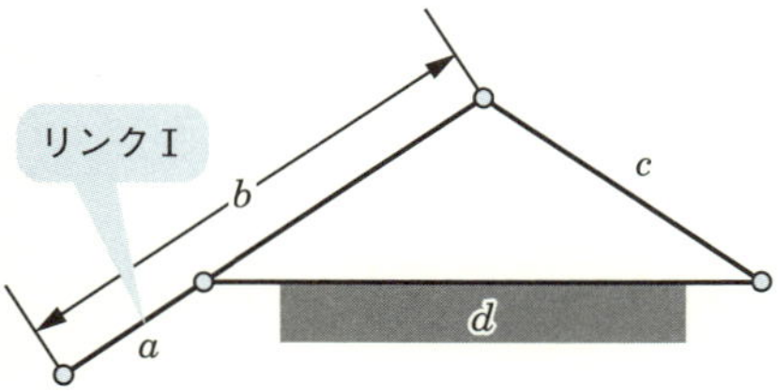

(b)

◆図 9.5　リンクが三角形を形成する場合

9-1-2 • スライダクランク機構(slider crank mechanism)

4節回転リンク機構のリンクのうち1つをスライダに置き換えると、連結部分は「往復ペア」になります。このようなリンク機構を**スライダクランク機構**といいます。このリンク機構も「4つの節のどこを静止節にするか」によりスライダの運動が変わります（図9.6参照)。図9.6(a)の応用例として、自動車のエンジンのピストンクランク機構があります。この場合には、シリンダ内のピストンの往復運動を回転運動に変換しているので、スライダが原動節でクランク軸が従動節になります。

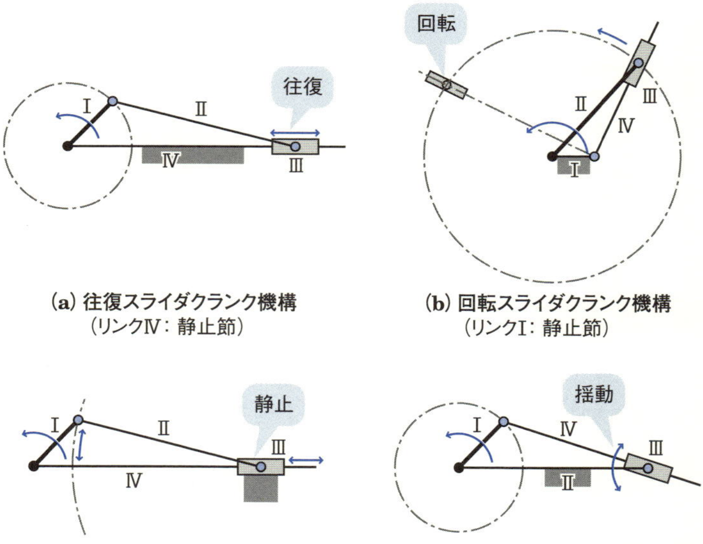

(a) 往復スライダクランク機構
(リンクIV：静止節)

(b) 回転スライダクランク機構
(リンクI：静止節)

(d) 固定スライダクランク機構
(スライダ：静止節)

(c) 揺動スライダクランク機構
(リンクII：静止節)

◆図9.6　スライダクランク機構

9-2 カム機構（cam mechanism）

カム機構は、ある輪郭曲線をもったカムを原動節として回転あるいは往復運動させて接触子（従動節）の運動に変換する機構です。多くの場合、カムは等速運動しますが、接触子は不等速運動します。

9-2-1 • カムの種類

カム機構はカムの形状から平面カムと立体カムに分類でき、それぞれ図9.7(a)と(b)のような種類があります。

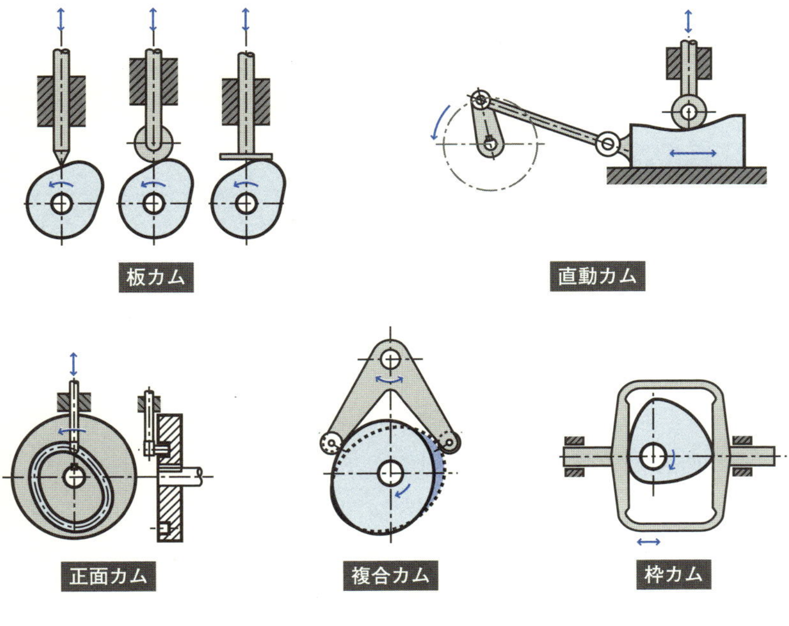

◆図 9.7(a) カムの種類（平面カム）（出典：佃勉著「機構学」コロナ社）

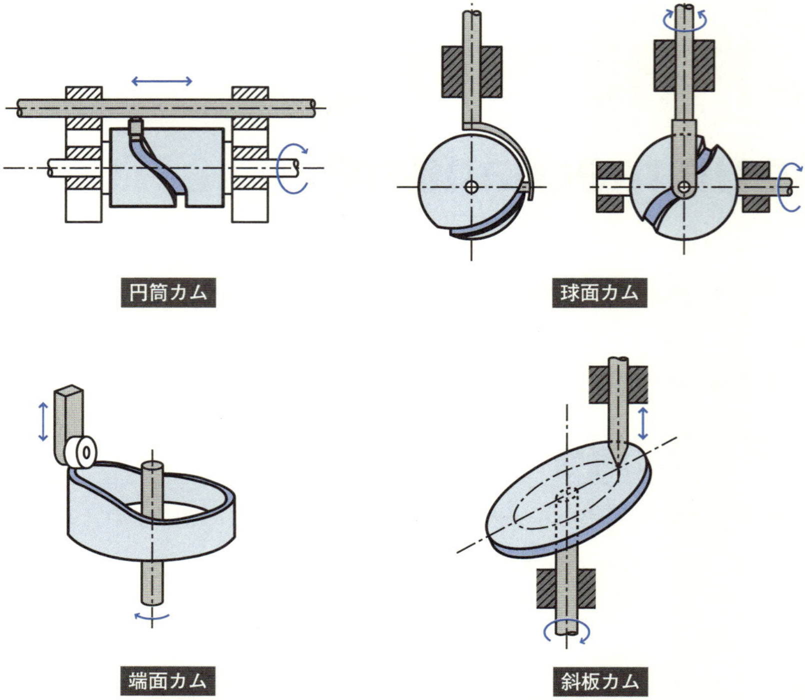

◆図 9.7(b)　カムの種類（立体カム）（出典：佃勉著「機構学」コロナ社）

9-2-2 • カム線図

原動節の変位に対する従動節の変位・速度・加速度を描いたグラフを**カム線図**といい、カムの形状はこの線図を基に設計します。板カムの場合には、カムの回転角 θ に対する接触子の変位 y から図 9.8(a)のような変位線図を描きます。このとき、カムの角速度を一定値 ω とすると、 $\theta = \omega t$ と変換することにより、接触子の変位 y は時間 t の関数で表され、接触子の速度 $\dot{y}(t)$ と加速度 $\ddot{y}(t)$ について検討できます。図中の基礎曲線の x 座標を角度 θ に、$y+r_0$（ここで、r_0：基礎円の半径）の値を半径 r にとり極座標上に描くと**ピッチ曲線**（カムの外形）になります（図 9.8(b)参照）。

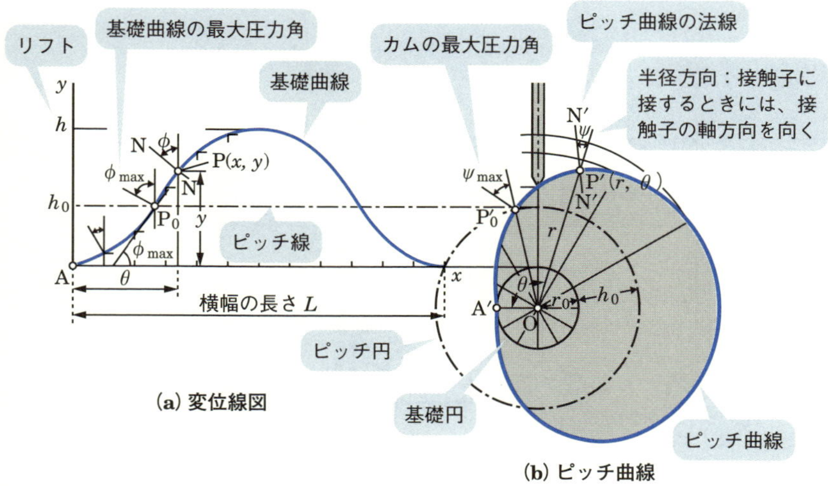

◆図 9.8　変位線図とピッチ曲線

9-2-3 • 圧力角

基礎曲線上の点 P において、法線 NN と鉛直線のなす角 ϕ を**基礎曲線の圧力角**といいます（図 9.8(a)参照）。ピッチ曲線の法線 N′N′ とカムの運動方向（半径方向）のなす角 ψ（プサイ）を**カムの圧力角**といいます（図 9.8(b)参照）。また、基礎曲線上で最大の圧力角となる点 P_0 を通る直線を**ピッチ線**、P'_0 を通る円を**ピッチ円**といいます。幾何学的に、基礎曲線の接線の傾き dy/dx は「基礎曲線の圧力角」に等しくなります。ここで「一般には ϕ と ψ の値は異なる」ことに注意しましょう。

カムの圧力角の物理的な意味を考えてみましょう。カムと接触子の間に摩擦がなければ、接触子はカム曲面に対して垂直な方向にのみ力 Q を受けます（図 9.9(a)参照）。この力 Q の接触子の軸方向成分 F が接触子の運動に寄与します。また、力 S は接触子を支持している部分への押しつけ力となり接触子の運動に対して摩擦力になります。圧力角 ψ が大きくなると（図 9.9(b)参照）、「接触子の運動方向力の成分が減り」、「摩擦力が増える」ので、接触子が運動し難くなります。したがって、大きな圧力角は好ましくないので、一般には最大で 30° 程度にします。

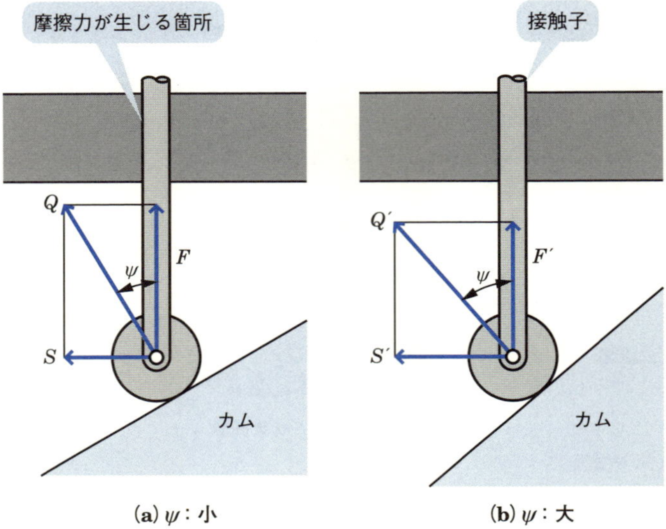

◆図 9.9　圧力角

変位線図（図 9.8(a)）の横軸の長さ L を任意にとれるので、カムの圧力角と基礎曲線の圧力角の関係は次式のようになります。

$$\tan\psi = \frac{L}{2\pi(r_0+y)}\tan\phi \tag{9.5}$$

カムの「圧力角が最大になる位置をピッチ曲線上で探す」のは困難なので、図 9.8(a)の「基礎曲線上で圧力角が最大となる位置を探し」ピッチ線を引きます。このピッチ線に対応したピッチ円を描くことができます。変位線図上で横軸の長さ L をピッチ円の周長にすれば、点 P_0 と点 P_0' では $\phi_{max} = \psi_{max}$ になり、カムの最大圧力角を容易に求めることができます。

例題 9.1

回転数 120rpm のカム軸を用いて、従動節の変位が $y=\dfrac{h}{2}(1-\cos\theta)$（ここで、リフト：$h=10$〔mm〕、$\theta$：カムの回転角）で表される板カムを考えます。従動節の最大速度と最大加速度を求めなさい。また、基礎円半径を 30mm にしたときのカムの最大圧力角を求めなさい。

解

角速度：$\omega=\dfrac{n\pi}{30}=\dfrac{120\pi}{30}=4\pi$〔rad/s〕、$\theta=\omega t$ と置くと

$y=\dfrac{h}{2}(1-\cos\omega t)$となり

速度：$\dot{y}=\dfrac{h}{2}\omega\sin\omega t$、カムの回転角 $\omega t=\dfrac{\pi}{2}+n\pi$ のとき

$$\text{最大速度：}\dot{y}_{\max}=\frac{h}{2}\omega=\frac{10\times10^{-3}}{2}4\pi=6.3\times10^{-2}\text{〔m/s〕} \quad (1)$$

加速度：$\ddot{y}=\dfrac{h}{2}\omega^2\cos\omega t$、カムの回転角 $\omega t=n\pi$ のとき

$$\text{最大加速度：}\ddot{y}_{\max}=\frac{h}{2}\omega^2=\frac{10\times10^{-3}}{2}(4\pi)^2=7.90\times10^{-1}\text{〔m/s}^2\text{〕} \quad (2)$$

となります。ここで最大速度と最大加速度は共に正の値で示しています。

圧力角をピッチ円周上で考えます。

$$\text{ピッチ円の周長：}L=2\pi(r_0+h/2)=2\times\pi\times(30+5)\times10^{-3}=2.20\times10^{-1}\text{〔m〕} \quad (3)$$

$\theta=2\pi\dfrac{x}{L}$と置くと $y=\dfrac{h}{2}\left(1-\cos\dfrac{2\pi}{L}x\right)$となります。基礎曲線の接線の傾きが圧力角に等しいことから次式が得られます。

$$\tan\phi_{\max}=\left.\frac{dy}{dx}\right|_{\max}=\frac{h}{2}\frac{2\pi}{L}=\frac{10\times10^{-3}\times\pi}{2.20\times10^{-1}}=1.43\times10^{-1} \quad (4)$$

$$\text{カムの最大圧力角：}\psi_{\max}=\phi_{\max}=\tan^{-1}1.43\times10^{-1}=8.14\text{〔deg〕} \quad (5)$$

9

COLUMN からくり人形

複雑な運動をするリンク・カム機構を学習するのに、次のような方法が考えられます。

①テキストを読んで「リンクやカムを図や式を使って解析する」。

②運動の様子を動画で楽しめるウェブサイトで視覚的に学習する。

③からくり人形や面白い動きをするリンクロボットのキットを作って楽しむ。

①では、思考力を高められるでしょう。②では、複雑な運動を確認できるでしょう。③では、喜び（感動）を得られるでしょう。

からくり人形の内部には、カムやリンク機構が巧みに用いられています。そして、昔から多くの人を魅了してきました。「からくり儀右衛門」の時代には不可能だった喜びを普通の人が体験できるのではないでしょうか。

第9章：演習問題

問1 厚紙で長さⅠ：4cm、Ⅱ：9cm、Ⅲ：10cm、Ⅳ：15cmのリンクを作成し、それぞれのリンクを押しピンで連結して回転ペアにします。固定するリンクを変えてリンク機構の運動を調べなさい。

問2 例題9.1と同じ変位が得られる板カムにおいて、カムの最大圧力角を15°にするための最小の基礎円半径を求めなさい。

第10章

ばね

ばねは材料の弾性変形を利用した機械要素で、衝撃エネルギの吸収や力の測定、ばね座金のような力の保持などの目的に用います。

引張り・圧縮コイルばねでは、ばねを引張ると線材はねじられます。ねじりコイルばねでは、ばねをねじると線材は曲げられます。このようにばね全体の変形と素線の変形が違う場合があることに注意しましょう。

10-1
ばねの用途とばね材料

ばね（spring）は、外力により比較的大きく変形し、除荷した時に元にもどる性質（弾性）を利用しています。静的な用途としては、変形による力を利用し、①力の測定（ばねばかり）、②押しつけまたは引張り力を発生させて接触状態の確保（ばね座金、安全弁）などが挙げられます。また、動的には、運動エネルギの吸収・放出を繰り返すことで、①衝撃の吸収・緩和（車両の緩衝用ばね）、②貯えたエネルギによる仕事（ぜんまい）などに用いられています。

ばねには、高い弾性限度と疲れ強さを有する材料が用いられています（表10.1参照）。

◆表10.1　ばね材料

線材の種類		表示記号	E〔GPa〕	G〔GPa〕	特徴
鋼	硬鋼線	SW	206	78	C含有量0.24～0.86%の炭素鋼。繰り返し数が少なく、衝撃荷重のかからないときに最も用いられる。
	ピアノ線	SWP	206	78	C含有量0.6～0.95%の炭素鋼。疲れ強さ大。
	オイルテンパ線	SWO	206	78	常温で伸線したあと、油焼入れ・焼戻しをしたもの。耐熱性、耐疲れ性良好。
	ステンレス鋼線	SUS 302 SUS 304 SUS 316	186	69	耐熱性、耐腐食性良好。
		SUS 631 J1	196	74	
銅合金	黄銅線	C2600 W	98	39	導電性、耐食性良好、非磁性。
	洋白線	C7521 W	108	39	銅、ニッケルおよび亜鉛の合金。耐疲れ性、耐食性、展延性良好。
	りん青銅線	C5071 W	98	42	銅、錫および微量のりんを含む合金。洋白線の機械的性質に加え引張り強さ大。
	ベリリウム青銅線	C1720 W	127	44	ニッケル、コバルト、ベリリウムの合金。引張り強さ大。耐食性、導電性良好。

10-2 ばねの種類と設計

10-2-1 • コイルばね（coil spring）

コイル状に巻いたばねで、最も広く使用されています（図 10.1 参照）。**引張りコイルばね・圧縮コイルばね**には、引張り・圧縮荷重が加わりますが、素線の線材はねじられます。**ねじりコイルばね**には、ねじりモーメントが加わりますが、線材は曲げられます。

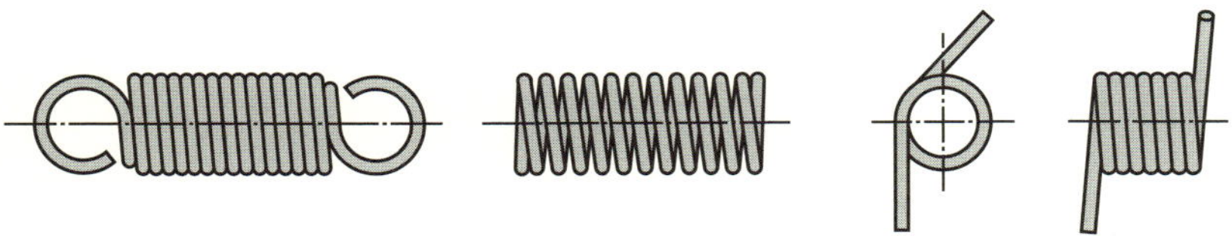

(a) 引張りコイルばね　(b) 圧縮コイルばね　(c) ねじりコイルばね

◆図 10.1　コイルばね

(a) 引張り・圧縮コイルばねの設計

「直径 d の線材をコイル状（コイル平均径：D）に巻いたばね」を引張った場合、ひずみエネルギ U を次の 2 通りに表現できます。「ばねが伸ばされる」と考えて、「荷重 P が作用し、ばねの変形量が δ となった」とすると、ばねに蓄えられるエネルギ U は次式のように表されます（図 10.2 (a) 参照）。

$$U = \frac{P\delta}{2} \tag{10.1}$$

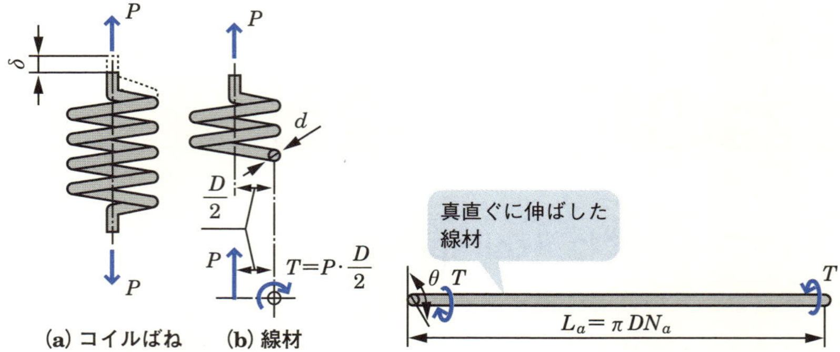

(a) コイルばねの引張り　(b) 線材のねじり

◆図 10.2　引張り・圧縮コイルばねの変形

次に、「線材がねじられる」ことに着目してみましょう。線材に生じるねじりモーメント T は、

$$T=\frac{PD}{2} \tag{10.2}$$

となります（図 10.2(b)参照）。線材に蓄えられるひずみエネルギは「長さ $L_a=\pi DN_a$ の棒にねじりモーメント T が作用し、ねじれ角が θ となった」ことと等価で、次式のように表されます。

$$U=\frac{T\theta}{2}=\frac{T}{2}\left(\frac{TL_a}{GI_p}\right)=\frac{4N_aD^3P^2}{Gd^4} \tag{10.3}$$

ここで、N_a：**有効巻数**（$N_a \geqq 3$ が推奨されています）、$I_p=(\pi d^4/32)$：線材の断面二次極モーメント、G：せん断弾性係数を表します。式(10.1)と(10.3)とで表されたひずみエネルギは同じ値なので、コイルばねの変形量 δ は、

$$\delta=\frac{2U}{P}=\frac{8N_aD^3P}{Gd^4} \tag{10.4}$$

となります。また、ばね定数 k は次式のようになります。

$$k=\frac{P}{\delta}=\frac{Gd^4}{8N_aD^3} \tag{10.5}$$

線材に生じるねじり応力 τ_0 は、次式となります。

$$\tau_0=\frac{T}{I_p}\frac{d}{2}=\frac{8DP}{\pi d^3} \tag{10.6}$$

線材は（まっすぐでなく）曲っているので、線材の断面に生じるねじり応力はコイルの内側で最大になります。このような線材の曲率を考慮して、**ねじり修正応力** τ として評価し、次式のように修正します。

$$\tau = \kappa\tau_0 \tag{10.7}$$

ここで、κ：**応力修正係数**は、コイルと線材との直径の比となる**ばね指数** $c(=D/d)$（$4 \leqq c \leqq 22$ が推奨されています）を用いて、次式のように表されます。

$$\kappa = \frac{4c-1}{4c-4} + \frac{0.615}{c} \tag{10.8}$$

ばねの固有振動数と動荷重の振動数とが一致すると、**サージング**（surging）と呼ばれるばね特有の共振現象が発生します。ばねのピッチ変化が波となって（疎密波が）ばね内を往復伝播します（図10.3参照）。サージングを防ぐには、ばねの固有振動数を動荷重の振動数の3倍以上にするか、ばねの両端に減衰用ダンパを取り付けます。

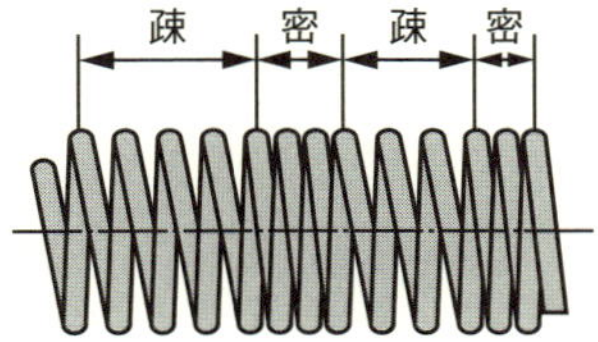

◆図 10.3　サージング

10

例題 10.1

圧縮コイルばねに荷重500Nをかけたときのたわみが30mmになるように、コイルの有効巻数を求めなさい。また、線材に生じる最大ねじり応力を求めなさい。ただし、線材の直径5mm、コイル平均径40mm、材料はピアノ線とします。

解

表10.1よりピアノ線のせん断弾性係数：$G=78$〔GPa〕。有効巻数 N_a は、式(10.4)より、

$$N_a = \frac{\delta G d^4}{8D^3 P} = \frac{30\times10^{-3}\times78\times10^{9}\times(5\times10^{-3})^4}{8\times(40\times10^{-3})^3\times500} = 5.71\text{〔巻〕} \tag{1}$$

となります。ねじ指数は $c=40/5=8$ なので、応力修正係数 κ は次式で得られます。

$$\kappa = \frac{4c-1}{4c-4} + \frac{0.615}{c} = \frac{4\times8-1}{4\times8-4} + \frac{0.615}{8} = 1.184 \quad (2)$$

したがって、最大ねじり応力は次式で得られます。

$$\tau = \kappa\frac{8DP}{\pi d^3} = 1.184 \times \frac{8\times40\times10^{-3}\times500}{\pi\times(5\times10^{-3})^3} = 482\,〔\mathrm{MPa}〕 \quad (3)$$

(b) ねじりコイルばねの設計

ねじりコイルばねは、回転方向のばねとして加工が簡単で、小型部品などによく用いられています。このばねの線材を引き伸ばし、まっすぐな棒として考えてみましょう（図 10.4(b)参照）。

長さ L_a の線材の両端に曲げモーメント T_t が加わると、たわみ角 θ は次式のように表されます。

$$\theta = \frac{T_t L_a}{2EI} \quad (10.9)$$

ここで、E：縦弾性係数、$I(=\pi d^4/64)$：断面二次モーメントです。また、N_a：コイルの有効巻数、D：コイル平均径とすると、$L_a=\pi DN_a$ となり、ねじりモーメント $T_t=PR$ とすると、ばねのねじれ角 ϕ は次式の

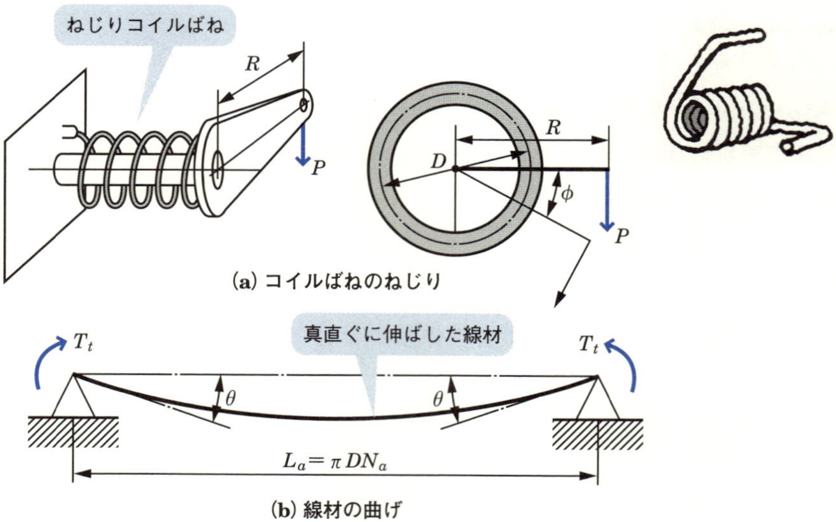

◆図 10.4　ねじりコイルばねの変形

ように表されます。

$$\phi = 2\theta = \frac{T_t L_a}{EI} = \frac{64DN_a}{Ed^4}PR \qquad (10.10)$$

線材に生じる曲げ応力 σ_0 は、線材の直径を d とすると、断面係数 $Z = \pi d^3 / 32$ より、

$$\sigma_0 = \frac{32T_t}{\pi d^3} = \frac{32}{\pi d^3}PR \qquad (10.11)$$

となります。圧縮コイルばねの設計と同様に、線材の曲率を考慮して最大曲げ応力を $\sigma = \kappa_b \sigma_0$ と修正します。このときの**曲げの応力修正係数** κ_b は、ばね指数 c を用いて次式のように表されます。

$$\kappa_b = \frac{4c^2 - c - 1}{4c(c-1)} \qquad (10.12)$$

10-2-2 • うず巻きばね（spiral spring）

図 10.5 のように、帯鋼板をうず巻き状に巻いたばねで、動力用のうず巻きばねを特に**ぜんまいばね**（power spring）といいます。幅 b、厚さ t、長さ L_a の帯鋼板の両端にねじりモーメント T_t が作用したときのねじれ角 ϕ は次式で表されます。

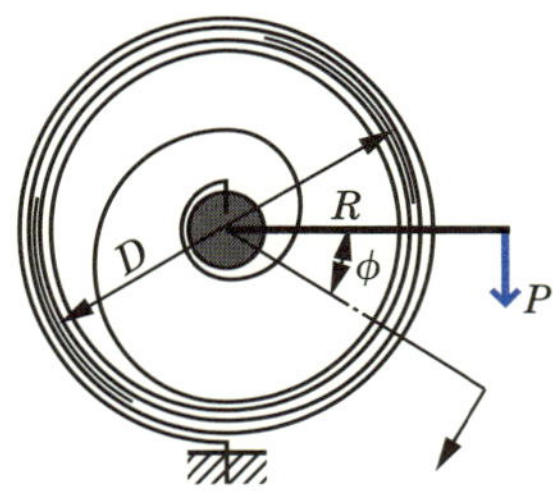

◆図 10.5　うず巻きばね

$$\phi = \frac{T_t L_a}{EI} = \frac{12\pi DN_a}{Ebt^3}PR \qquad (10.13)$$

ここで、断面二次モーメント：$I = bt^3/12$、$L_a = \pi DN_a$、$T_t = PR$ と表されます。

COLUMN **発条**

「ばね」や「ぜんまい」の漢字に発条が当てられています。ばねメーカーの中には、この発条（はつじょう）を社名に入れているところが多くあります。「跳ね（はね）」が「ばね」の語源といわれています。「発」は「跳ねること」を、「条」は「細長いもの」を意味しています。英語の「spring」も「跳ねること」を意味するので、同じ発想から生まれた言葉といえるでしょう。

10-2-3 • 重ね板ばね（laminated spring）

図10.6のように、板ばねを重ね束ねたもので、構造部材としての役割も担うことができるため、陸上交通機関の懸架（けんか）装置として多く用いられています。重ね板ばねの設計には、材料力学の「平等強さのはり」（どの断面でも曲げ応力が一定のはり）の考え方を応用します。

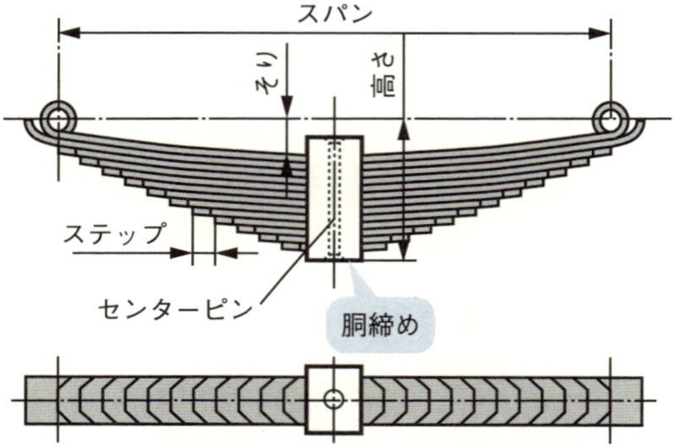

◆図10.6　重ね板ばね

重ね板ばねの半分の領域を「中央で支えられ、先端に荷重Pが作用する片持ちはり」と考えると曲げモーメント$M(x)$は次式のようにxの1次式で表されます。

$$M(x) = -Px \tag{10.14}$$

はりの曲げ応力が一定値になるように、板幅$b(x)$を次式のようにxの1次式に仮定します。

$$b(x) = \frac{b_0}{l}x \tag{10.15}$$

ここで、b_0：支持部での板幅、l：はりの長さを表します。図10.7の三角形状のはりの断面係数$Z(x)$もxの1次式になり、曲げ応力$\sigma(x)$は次式のように一定値になります。

$$|\sigma(x)| = \frac{|M(x)|}{Z(x)} = \frac{6Px}{(b_0/l)xt^2} = \frac{6Pl}{b_0t^2}(\text{一定値}) \tag{10.16}$$

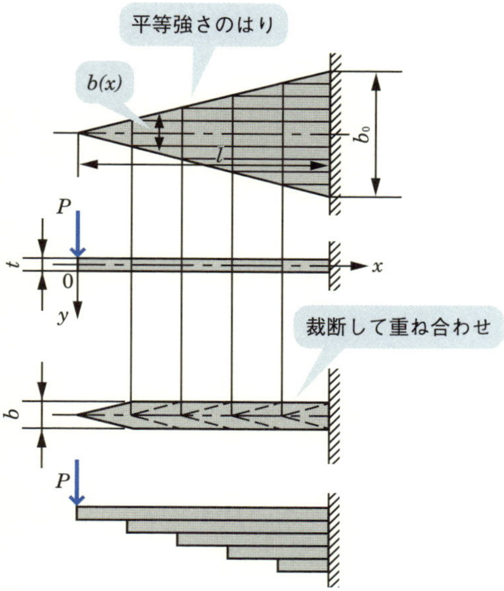

◆図 10.7　重ね板ばねの考え方

ここで、t：板厚を表します。材料の縦弾性係数を E とすると、片持ちはりの先端でのたわみ δ は次式で表されます。

$$\delta = \frac{6P}{Eb_0}\left(\frac{l}{t}\right)^3 \quad (10.17)$$

図 10.7 の三角形状のはりを幅 b になるように裁断して重ね合わせたものが重ね板ばねになります。重ね板ばねに最大荷重が作用したときに、「たわみで板が水平になる」ように、式(10.17) で得られるたわみの値を重ね板ばねの「そり」として逆向きに与えておきます。

例題 10.2

スパンの長さ 1,100mm、板の厚さ 10mm、幅 80mm の重ね板ばねを作製するとき、必要となる板の枚数を求めなさい。ただし、中央の胴締めの幅 100mm、中央部でのそり 60mm、最大荷重 18kN とします。また、板ばねの材料の縦弾性係数を 210GPa とします。

解

片持ちはりの長さは$l=(1100-100)/2=500$〔mm〕と考えられます。片持ちはりに作用する荷重は$P=18/2=9$〔kN〕、式(10.17)より、平等はりの支持部での幅b_0は次式で得られます。

$$b_0=\frac{6P}{\delta E}\left(\frac{l}{t}\right)^3=\frac{6\times9\times10^3}{60\times10^{-3}\times210\times10^9}\left(\frac{500\times10^{-3}}{10\times10^{-3}}\right)^3$$

$$=536\times10^{-3}\text{〔m〕} \tag{1}$$

板ばねの枚数nは

$$n=b_0/b=536/80=6.7\text{〔枚〕} \tag{2}$$

となります。したがって、7枚の板ばねが必要になります。

10-2-4 • トーションバー（torsion bar spring）

ねじりを利用する棒状のばねで、中実または中空丸棒の両端にセレーションやスプラインを加工して用いられます（図10.8参照）。ばね部の体積を小さくすることができるので、小型自動車の懸架装置などに使われています。せん断弾性係数G、長さl、直径dの中実のトーションバーに、トルク$T_t=PR$が作用したときのねじれ角ϕは次式で表されます。

$$\phi=\frac{T_t l}{GI_p}=\frac{32PRl}{\pi d^4 G} \tag{10.18}$$

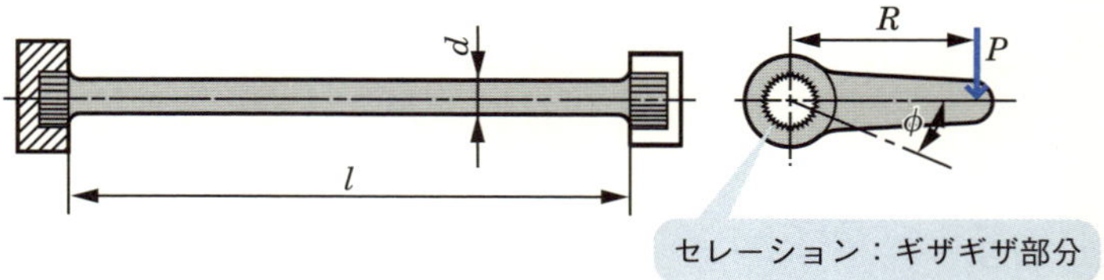

◆図10.8　トーションバー

10-2-5 • さらばね（coned disk spring）

図10.9(a)のように、底のない円すい状の皿形をしていて、高さと板厚の比を変えることで種々のばね特性が得られます。このさらばねを図10.9(b)ように「並列に組合わせると、ばね定数が大きく」、図10.9(c)

のように「直列に組合わせるとばね定数は小さく」なります。

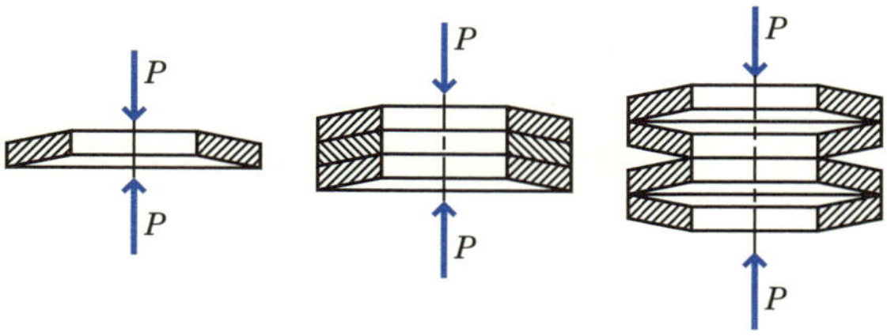

(a)　(b) 並列　(c) 直列

◆図 10.9　さらばね

10-2-6 • その他のばね

図 10.10 のように、長方形断面の板を円すい状に巻いたばねを竹の子ばね（volute spring）といい、容積が小さい割りに大きなエネルギを吸収できる特徴があります。

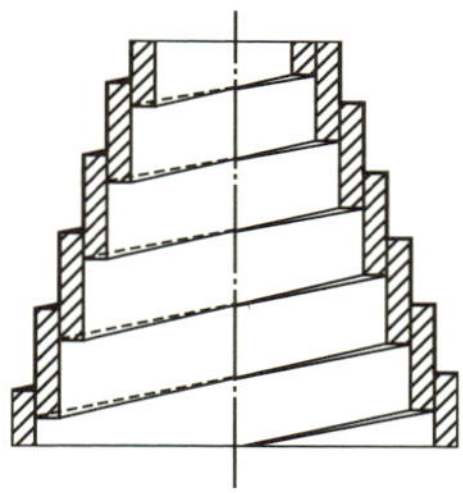

◆図 10.10　竹の子ばね

図 10.11 のように、「接触面が傾斜した内輪と外輪とを組合わせたばね」を輪ばね（ring spring）といいます。接触面の摩擦により変形を熱エネルギとして消費するので、小形でも減衰効果が大きくなります。

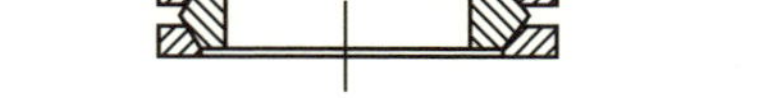

◆図 10.11　輪ばね

COLUMN クリップ

材料の弾性を利用した身近にある製品にクリップがあります。何の変哲もない形状をしていますが、多くの特許がからんでいます。設計では、「強度や精度を計算して決定される形状」と「使い易さや機能を改良工夫して決定される形状」とがあります。このような事情を紹介した興味深い書籍を紹介します。

ヘンリー・ペトロスキー著「ゼムクリップから技術の世界が見える−アイデアが形になるまで」忠平美幸訳、朝日新聞社、2003。

著者のヘンリー・ペトロスキーは、紹介した本以外にもデザインに関する書籍をいくつか著しています。いずれも読みやすい書籍なので、エンジニアを目指す人には一読を勧めます。

第10章：演習問題

問1 線材の直径 $d=4$〔mm〕、コイルの平均径 $D=40$〔mm〕、ばねの有効巻き数 $N_a=8$ の引張りコイルばねのばね定数 k を求めなさい。また、このばねに $P=40$〔N〕の荷重がかかったときのたわみ δ とこの状態での最大ねじり応力とを求めなさい。ただし、材料のせん断弾性係数 $G=80$〔GPa〕とします。

問2 図10.4のようなねじりコイルばね（線材の直径 $d=5$〔mm〕、コイルの平均径 $D=30$〔mm〕）に、$R=50$〔mm〕、荷重 $P=80$〔N〕でねじりモーメントを作用させたとき、ねじれ角を $30°$ にしたい。コイルの有効巻数とこの状態での最大曲げ応力を求めなさい。線材はステンレス鋼 SUS 302 とします。

問3 式(10.17)を導きなさい。

第11章

歯車減速機の設計

10 章までに学習してきた知識を基に、実際に設計を行ってみます。
本書で取り上げた多くの要素を含む装置として、歯車減速機を取り上げます。主要な構成要素である、歯車、軸、軸受およびプーリについて設計を行います。本章で紹介するのは一例であり、目的や設計者の考え方に応じて設計手法が異なります。また、簡単に設計しているようですが、何回もフィードバックして寸法や要素の選択を行った結果を示したものです。

11-1 歯車減速機

構成を理解してもらうため、3D-CAD ソフトウェア（SolidWorks）で製作した減速機の外観を図 11.1 に示します。プーリに回転動力を伝え、入力軸上の歯車と出力軸上の歯車により減速し出力するものです。どのような設計でも、図のような全体のイメージを持って設計に取りかかると、間違いが少なく良い設計ができます。

◆図 11.1　歯車減速機

11-2 設計のポリシーと仕様

(a) 設計のポリシー

ポリシーは、設計の目標であり、設計値の判断や要素の選択の基準となるので大変重要です。ここでは、小型・軽量かつ安価な歯車減速機を設計することを設計のポリシーとします。

(b) 仕様

以下のような仕様の減速機を設計します。

(1) 入力回転速度：$n_1 = 900$〔rpm〕

(2) 出力回転速度：$n_2 = 320$〔rpm〕

(3) 伝達動力：$H = 3.7$〔kW〕

(4) 構成：1組の歯車による1段減速機とし、入力はプーリで行い、出力は相手軸に対し軸継手で結合します。

(5) 歯形：圧力角 20° の標準平歯車を用います。

(6) 材質：同じ材質の歯車の組み合わせとし、歯車によく用いられる S43C 焼入焼戻し（HB290）を用いることにします。

11-3 歯車の設計

11-3-1 ● 速度比および歯数

速度比 i は、入出力回転速度 n_1、n_2 の比より次のようになります。

$$i = \frac{n_1}{n_2} = \frac{900}{320} = 2.81 \tag{11.1}$$

切下げの限界歯数は、圧力角 $\alpha = 20°$ のとき 17 であるため、入力側の歯数を 20 と仮定すると、出力側の歯数は、$20 \times 2.81 = 56.2 \Rightarrow 56$ となりますが、歯当たりの関係より「互いに素な組み合わせ」が望ましいといわれるので、下記の組み合わせとします。

・入力側歯車の歯数：$z_1 = 21$

・出力側歯車の歯数：$z_2 = 59$

11-3-2 ● 歯車の強度計算

同じ材質の歯車がかみ合っているとき、曲げ強さの式(6.18)より、両歯車において歯形係数だけが異なります。また、図 6.10 より標準歯車においては、歯数の小さい方が歯形係数は大きく伝達力が小さいため、入力側の歯車について強度計算を行います。

(a) 材質

表 6.6 より S43C 焼入焼戻し（HB290）の材料の許容曲げ強さは、$\sigma_{F\lim} = 260$〔MPa〕となり、許容面圧強さは $\sigma_{H\lim} = 686$〔MPa〕となります。

(b) かみ合い率

かみ合い率 ε は、式(6.33)に、$\alpha = 20°$、$z_1 = 21$、$z_2 = 59$ を代入して計算すると次のようになります。

$$\varepsilon=\frac{\sqrt{(21+2)^2-(21\cos 20^\circ)^2}+\sqrt{(59+2)^2-(59\cos 20^\circ)^2}-(21+59)\sin 20^\circ}{2\pi\cos 20^\circ}$$

$$=1.68 \qquad (11.2)$$

一般的にかみ合い率は $1.2\leqq\varepsilon$ とされており、この関係を満足しています。

(c) 歯車にかかる荷重

各要素の設計においては、各々にかかる力を明らかにし強度計算することでその大きさが決定されます。伝達動力 H および回転速度 n が決まっているため、式(4.2)よりトルク（ねじりモーメント）T が計算できます。そこで、歯車の直径 D が分かることで、歯にかかる力 F_0 が算出でき、軸受にかかる力 R_A、R_B が計算できます。ここでは、歯数 z がすでに決まっているので、$D=mz$ の関係よりモジュールを決める必要があります。

動力 $H=3700$〔W〕、入力回転数 $n_1=900$〔rpm〕より、モジュールを $m=2.5$〔mm〕と仮定すると、トルク T は

$$T=H\frac{60}{2\pi n}=3700\frac{60}{2\pi\times 900}=39.3\text{〔Nm〕} \qquad (11.3)$$

となり、歯車にかかる力 F_0 は、

$$F_0=\frac{T}{D/2}=\frac{T}{mz_1/2}=\frac{39.3}{2.5\times 10^{-3}\times 21/2}=1497\text{〔N〕} \qquad (11.4)$$

となります。なお、ピッチ円直径は、

$$D=mz_1=2.5\times 10^{-3}\times 21=5.25\times 10^{-2}\text{〔m〕} \qquad (11.5)$$

であり、ピッチ円上の周速度 v は、次のようになります。

$$v=\frac{\pi Dn}{60}=\frac{\pi\times 5.25\times 10^{-2}\times 900}{60}=2.47\text{〔m/s〕} \qquad (11.6)$$

(d) 歯の曲げ強さ

歯の曲げ強さから計算される「ピッチ円上で伝達力 F_b」を求めます。歯の少ない入力側の歯車について計算を行います。以下曲げ強さに係わる係数として、

・$z_1=21$のときの歯形係数は、図6.10の転位係数 $x=0$より、$Y=2.77$。

・寿命係数は、表6.2より硬さがHB＝200および繰り返し回数不詳として$K_L=1$。

・動荷重係数（表6.3参照）は非修整歯車精度3等級相当として、先の周速度の値（2.47m/s）より$K_V=1.2$。

・過負荷係数は原動機、被動機ともに均一負荷として$K_O=1$。

・荷重分配係数は、式(11.2)より$K_\varepsilon=1/\varepsilon=1/1.68$。

となります。歯厚bを未知数とすると、F_bは、式(6.18)より次のようになります。

$$F_b=\frac{K_L}{K_V K_O K_\varepsilon}\frac{\sigma_F bm}{Y}$$
$$=\frac{1\times1.68}{1.2\times1}\frac{260\times10^6\times b\times2.5\times10^{-3}}{2.77}$$
$$=3.29\times10^5 b\,[\mathrm{N}] \tag{11.7}$$

(e) 歯の面圧強さ

面圧強さからのピッチ円上の伝達力F_pを求めます。

・材料の縦弾性係数$E=206$〔GPa〕、ポアソン比$\nu=0.3$として、式(6.21)より材料定数係数は、$1/Z_M{}^2$として

$$\frac{1}{Z_M{}^2}=2\pi\frac{1-\nu^2}{E}=2\pi\frac{1-0.3^2}{206\times10^9}=2.78\times10^{-11} \tag{11.8}$$

・標準歯車より圧力角と工具圧力角は等しく$\alpha=\alpha_0=20°$となり、領域係数は、$Z_H=(1/\cos\alpha_0)\sqrt{2/\tan\alpha}=(1/\cos20°)\sqrt{2/\tan20°}=2.49$

・寿命係数は、表6.5の不詳の場合を採用して、$K_{HL}=1$

その他の係数は曲げ強さのときの値を用いて、F_pは、歯幅bを含んだ式として式(6.22)より次のようになります。

$$F_p=\frac{\sigma_H{}^2 K_{HL}}{Z_M{}^2 Z_H{}^2 K_V K_O}bm\frac{z_1 z_2}{z_1+z_2}$$
$$=\frac{(686\times10^6)^2\times1\times2.78\times10^{-11}}{2.49^2\times1.2\times1}b\times2.5\times10^{-3}\times\frac{21\times59}{21+59}$$
$$=6.81\times10^4 b\,[\mathrm{N}] \tag{11.9}$$

伝達動力より算出した力F_0は、曲げおよび面圧の強さより計算した伝

達力 F_b、F_p より小さいことが必要です。したがって、歯幅 b は次のようになります。

$$
\begin{aligned}
&F_0 < F_b \Rightarrow 1497 < 3.29 \times 10^5 b \Rightarrow b > 4.55\text{〔mm〕} \\
&F_0 < F_p \Rightarrow 1497 < 6.81 \times 10^4 b \Rightarrow b > 21.98\text{〔mm〕}
\end{aligned}
\qquad (11.10)
$$

この結果より、$b=22$〔mm〕とします。一般的な加工において歯幅 b とモジュール m の関係は、$6 \leqq b / m \leqq 10$ を満たすことが望ましく、算出された最小歯幅 b はこの関係を満たすので、モジュール $m=2.5$ を採用します。また、曲げ強さと面圧強さによる伝達力に大きな差がある場合には、材質や表面処理などを再検討し両者を近づけることもあります。ここで、伝達力を計算すると次のようになります。

・曲げ強さから求められる伝達力：$F_b = 3.29 \times 10^5 \times 22 \times 10^{-3}$
$= 7240$〔N〕

・面圧強さから求められる伝達力：$F_p = 6.81 \times 10^4 \times 22 \times 10^{-3}$
$= 1498$〔N〕

(f) 強度計算のまとめ

これまでの設計計算で求められた値を表11.1に、歯車の寸法を表11.2にまとめておきます。

◆表11.1 強度計算結果

	歯数 z	かみ合い率 ε	歯形係数 Y	回転速度 n〔rpm〕	歯先速度 v〔m/s〕	荷重 F_0〔N〕	伝達力 曲げ F_b〔N〕	伝達力 面圧 F_p〔N〕	最小歯幅 b〔mm〕
入力	21	1.68	2.77	900	2.35	1,497	7,240	1,498	22
出力	59		2.28	320			8,800		

基準ピッチ円直径 $D=mz$、基礎円直径 $D_b=D\cos\alpha$、歯先円直径 $D_a=D+2m=(z+2)m$、歯たけ $h \geqq 2m+c_k(=2.25m)$、円ピッチ $p=\pi m$、中心距離 $a=(D_1+D_2)/2$ として、寸法は表11.2のようになります。

◆表11.2 歯車寸法

項　目	入力側歯車	出力側歯車
モジュール m〔mm〕	2.5	
歯数 z	21	59
基準ピッチ円直径 D〔mm〕	52.5	147.5
基礎円直径 D_b〔mm〕	49.3	138.6
歯先円直径 D_a〔mm〕	57.5	152.5
歯たけ h〔mm〕	5.63	
円ピッチ p〔mm〕	7.85	
中心距離 a〔mm〕	100	

11-4 プーリの設計

本設計では細幅Vベルトを使用します。そして、プーリに働く力を求め、ベルトの選定と本数を決定します。駆動源として回転速度 1800rpm のモータとし、呼び外径 $d_e = 100$〔mm〕のプーリを取り付けます。また、駆動源と減速機の軸間距離を 300mm とします。

11-4-1 ● プーリに働く力

細幅Vベルトを用いる場合、その種類を選定する必要があります。図7.6 において小プーリの回転速度 1800〔rpm〕および伝達動力 3.7〔kW〕より、3V のベルト型を用います。減速機に取り付ける大プーリは 1／2 に減速することおよび表 7.2 より $D_e = 200$〔mm〕を用い、そのときの周速度は 9.42m/s となります。

プーリには、引張り側とゆるみ側の両方の力がかかり、それを軸が支えるので、その大きさを見積もることが大変重要です。伝動動力 $P_t = 3700$〔W〕、回転数 $n_1 = 900$〔rpm〕、軸間距離とプーリ径より巻き掛け角 θ を $200°$ と見積もり、ベルトとプーリ間の摩擦 $\mu = 0.25$ としたときの、有効張力 F_e、引張り側張力 F_t、ゆるみ側張力 F_s をそれぞれ求めます。有効張力 F_e は、式(4.2)よりトルク T を求め、

$$F_e = \frac{T}{d_e/2} = \frac{60P}{2\pi n_1(d_e/2)} = \frac{60 \times 3700}{2\pi \times 900 \times 200 \times 10^{-3}/2}$$

$$= 393〔\mathrm{N}〕 \tag{11.11}$$

となります。くさび効果により摩擦係数が増加し、式(7.18)より見かけの摩擦係数は、

$$\mu' = \mu / \{\sin(\alpha/2) + \mu\cos(\alpha/2)\} = 0.25 / (\sin 20° + 0.25 \times \cos 20°) = 0.43 \tag{11.12}$$

となります。式(7.14)中の $\exp(\mu\theta) = \exp[0.43\times(200\pi/180)] = 4.49$ および表7.1より、細幅ベルト3Vの単位長さ当たりの質量 $m = 0.08$〔kg/m〕であることより、引張り側張力 F_t は、

$$F_t = F_e \frac{\exp(\mu\theta)}{\exp(\mu\theta)-1} + mv^2 = 393\times\frac{4.49}{4.49-1} + 0.08\times 9.42^2 = 513\text{〔N〕} \tag{11.13}$$

ゆるみ側張力 F_s は、

$$F_s = F_e \frac{1}{\exp(\mu\theta)-1} + mv^2 = 393\times\frac{1}{4.49-1} + 0.08\times 9.42^2 = 120\text{〔N〕} \tag{11.14}$$

となり、全張力 F_0 は、次のようになります。

$$F_0 = F_t + F_s = 513 + 120 = 633\text{〔N〕} \tag{11.15}$$

11-4-2 • ベルト形状と長さの決定

伝動動力 $P_t = 3700$〔W〕、入力回転数 $n_1 = 900$〔rpm〕のとき、設計動力 P_d は、式(7.19)から求められます。過負荷係数 K_s は、負荷補正係数 $K_O = 1.1$、アイドラ補正係数 $K_i = 0$ および環境補正係数 $K_e = 0$ の和として、

$$P_d = P_t K_s = P_t(K_o + K_i + K_e) = 3700\times 1.1 = 4070\text{〔W〕} \tag{11.16}$$

となります。図7.6より、最初の仮定どおりベルトの種類は3Vとなります。ここで、駆動源に取り付けられたプーリ径 d_e は100mmであり、軸間距離 C' を300mm程度とすると、式(7.21)よりベルト長さは、

$$\begin{aligned} L' &= 2C' + 1.57(D_e + d_e) + \frac{(D_e - d_e)^2}{4C'} \\ &= 2\times 300 + 1.57(200+100) + \frac{(200-100)^2}{4\times 300} \\ &= 1079\text{〔mm〕} \end{aligned} \tag{11.17}$$

となります。ここで、表7.7より、呼び番号425（$L = 1080$mm）を用います。このとき軸間距離 C は、$B = L - 1.57(D_e + d_e) = 609$〔mm〕より、式(7.22)を用い、次のように計算されます。

$$C=\frac{B+\sqrt{B^2-2(D_e-d_e)^2}}{4}=\frac{609+\sqrt{609^2-2(200-100)^2}}{4}$$

$$=300〔mm〕 \qquad (11.18)$$

11-4-3 • ベルト本数の決定

メーカの資料およびJIS K 6368より、3Vのベルト1本当たりの伝動容量$P=3030$〔W〕、長さ補正係数は$K_L=0.93$、接触角補正係数は$K_\theta=0.96$であるので、式(7.23)および(7.24)より、ベルト本数Zは

$$Z=\frac{P_d}{P_c}=\frac{P_d}{P\cdot K_L\cdot K_\theta}=\frac{4070}{3030\times0.93\times0.96}=1.5 \qquad (11.19)$$

となり、2本となります。

11-5 軸の設計

課題のような軸の設計においては、ねじりモーメントと曲げモーメントについて考える必要があります。特に、曲げモーメントは回転方向により軸にかかる力の値が変わることに注意する必要があります。そこで、曲げモーメントを先に検討します。

11-5-1 ● 軸に作用する曲げモーメント

軸材料は構造用炭素鋼の中からS43C焼きならし材を使用するものとします。許容曲げ応力は $\sigma_a=60$〔MPa〕、許容せん断応力は、$\tau_a=50$〔MPa〕程度です。

(a) 入力軸

力の加わる点は、歯車とプーリですが、それを支える力として2つの軸受の力を算出する必要があります。図11.1のように軸受間の距離は100mmとし、その中央に歯数 $z_1=21$ の歯車を取り付け、さらに軸受の中心部から外側の方向80mmの位置にVプーリを取り付けています。入力軸上においては、Vベルトの張力による力、歯車の伝達力および軸受からの反力があり、これらから曲げモーメントを計算します。

作用線方向の力 F_{N1} は、接線力 F より

$$F_{N1}=F/\cos\alpha=1497/\cos20°=1593〔\mathrm{N}〕 \tag{11.20}$$

となります。ベルトの張力は式（11.15）で計算していますが、巻き掛け方向や軸の配置により、力の方向が異なります。ここでは、もっとも厳しい条件として「全ての力が1平面内で作用する」ものと考えて設計します。そこで、「ベルトの張力による力」と「作用線方向の力」の方向が❶一致する場合と、❷反対方向の場合を考えます。ここでは、下向きの力を

正（+）と考えます。

❶ 同一方向（一致する）の場合

入力軸にかかる力は、図 11.2 のようになります。

軸受反力 R_B は A 点まわりのモーメントを考えて、

$$-0.08\times 633+0.1R_B+0.05\times 1593=0 \Rightarrow R_B=-290\text{〔N〕（上向きの力）} \quad (11.21)$$

また、力のつり合いから

$$R_A+633+1593-290=0 \Rightarrow R_A=-1936\text{〔N〕（上向きの力）} \quad (11.22)$$

入力軸の荷重および曲げモーメントは図 11.2 になります。

・A点での曲げモーメント：$M_A=-0.08\times 633=-50.6$〔Nm〕

・C点での曲げモーメント：$M_C=-0.13\times 633+0.05\times 1936=14.5$〔Nm〕

・B、D 点では曲げモーメント：0

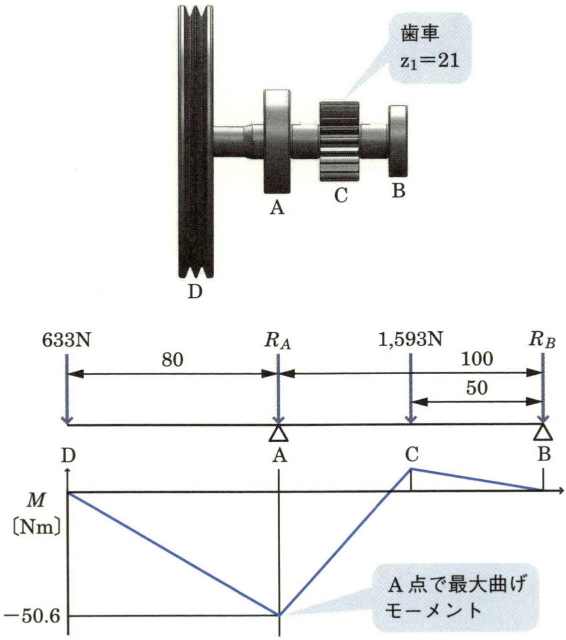

◆図 11.2　入力軸の荷重および曲げモーメント線図(1)

この結果を図 11.2 に示します。A 点で最大曲げモーメント 50.6〔Nm〕が生じます。

❷ 反対方向の場合

入力軸にかかる力は図 11.3 のようになります。

・反力：$R_A = -343$〔N〕、$R_B = 1303$〔N〕

・A点での曲げモーメント：$M_A = -0.08 \times 633 = -50.6$〔Nm〕

・C点での曲げモーメント：

$$M_C = -0.13 \times 633 + 0.05 \times 343 = -65.1 \text{〔Nm〕}$$

・B、D 点では曲げモーメント：0

図 11.3 のように、C 点で最大曲げモーメント 65.1〔Nm〕が生じます。

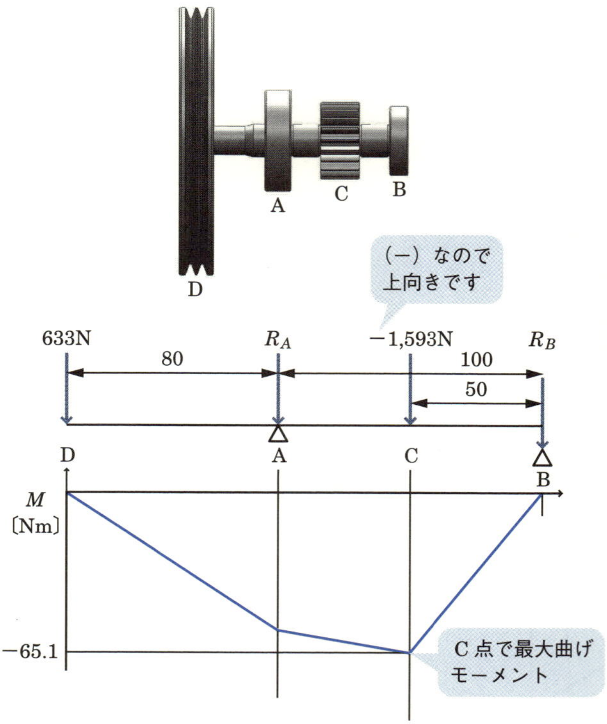

◆図 11.3　入力軸の荷重および曲げモーメント線図(2)

(b) 出力軸

図 11.4 に示すように、出力軸には歯数 $z_2=59$ の歯車、軸受および軸受の外側の一方の軸端に軸継手があります。軸受からはみ出した部分では「曲げモーメントは生じない」ので、軸受間において曲げモーメントの計算を行います。中央のC点に1,593Nの力がかかるので、$R_A=R_B=-1593/2=-796.5$〔N〕（上向きの力）となり、図 11.4 のように、中央で最大の曲げモーメント $M_C=796.5\times0.05=39.8$〔Nm〕が生じます。

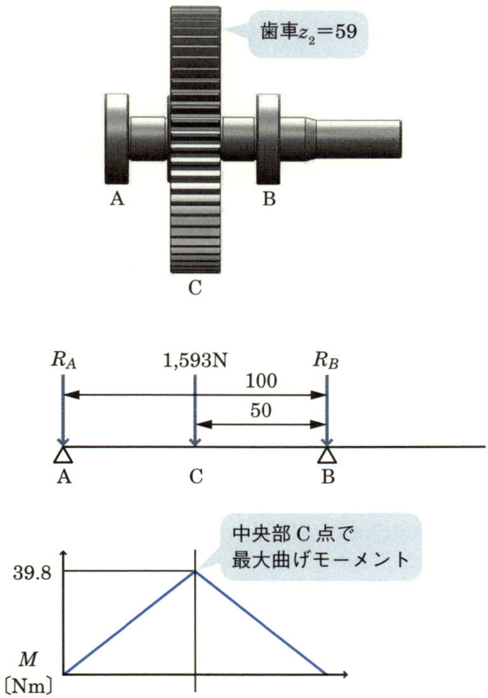

◆図 11.4　出力軸にかかる力および曲げモーメント

11-5-2 • 軸径の計算

(a) 入力軸径の計算

入力軸には曲げモーメントとねじりモーメントの複合した外力が作用します。そこで、相当ねじりモーメントおよび相当曲げモーメントを計算する必要があります。まず、ねじりモーメント T（伝達トルク）は、式(4.2)より

$$T=\frac{60H}{2\pi n}=\frac{60\times 3700}{2\pi\times 900}=39.3\,[\mathrm{Nm}] \tag{11.23}$$

であり、最大曲げモーメントは先の計算より 65.1〔Nm〕です。相当ねじりモーメントは、式(4.11)より、

$$T_e=\sqrt{M^2+T^2}=\sqrt{65.1^2+39.3^2}=76.0\,[\mathrm{Nm}] \tag{11.24}$$

のように、また相当曲げモーメントは、式(4.12)より次のようになります。

$$M_e=\frac{1}{2}(M+\sqrt{M^2+T^2})=\frac{1}{2}(65.1+\sqrt{65.1^2+39.3^2})=70.6\,[\mathrm{Nm}] \tag{11.25}$$

そこで、式(4.5)を用い相当ねじりモーメントから軸径を算出すると、軸材料の許容せん断応力は $\tau_a=50$〔MPa〕であるので、軸径は、

$$d=\sqrt[3]{\frac{16T_e}{\pi\tau_a}}=\sqrt[3]{\frac{16\times 76}{\pi\times 50\times 10^6}}=0.0198\,[\mathrm{m}]=19.8\,[\mathrm{mm}] \tag{11.26}$$

となり、式(4.9)を用い相当曲げモーメントから計算すると、軸材料の許容曲げ応力は $\sigma_a=60$〔MPa〕であるので、次のようになります。

$$d=\sqrt[3]{\frac{32M_e}{\pi\sigma_a}}=\sqrt[3]{\frac{32\times 70.6}{\pi\times 60\times 10^6}}=0.0229\,[\mathrm{m}]=22.9\,[\mathrm{mm}] \tag{11.27}$$

この結果より、軸径は 22.9mm 以上必要になります。最終的には、キーや軸受などの関係より決定されます。

(b) 出力軸径の計算

出力軸においても、入力軸と同様に計算を行います。ねじりモーメントは、

$$\text{ねじりモーメント}:T=\frac{60\times 3700}{2\pi\times 320}=110\,[\mathrm{Nm}] \tag{11.28}$$

また、最大曲げモーメントは先の計算より 39.8〔Nm〕です。そこで、相

当ねじりモーメントおよび相当曲げモーメントは、同様に計算して、

相当ねじりモーメント：$T_e=\sqrt{39.8^2+110^2}=117$〔Nm〕　(11.29)

相当曲げモーメント：$M_e=\frac{1}{2}(39.8+\sqrt{39.8^2+110^2})=78.4$〔Nm〕

(11.30)

相当ねじりモーメントよりの軸径：

$$d=\sqrt[3]{\frac{16\times117}{\pi\times50\times10^6}}=0.0228〔\mathrm{m}〕=22.8〔\mathrm{mm}〕\quad(11.31)$$

相当曲げモーメントよりの軸径：

$$d=\sqrt[3]{\frac{32\times78.4}{\pi\times60\times10^6}}=0.0237〔\mathrm{mm}〕=23.7〔\mathrm{mm}〕\quad(11.32)$$

この結果より、軸径は23.7mm以上必要となります。先と同様に、最終的には、キーや軸受などの関係より決定されます。

(c) 軸径の決定

各軸にはキー溝を加工するため、その分強度が減少します。ここでは、「キー溝を除いた部分」が上記で計算した軸径以上であるとして、表4.5より、両軸とも呼び寸法8×7（適応軸径22～30mm）のキーを用います。また、表5.4における軸受の内輪径の寸法系列より、

・入力軸の直径：$d_1=30$〔mm〕

・出力軸の直径：$d_2=30$〔mm〕

とします。

11-6 軸受の設計

一般的な減速装置なので、ラジアル玉軸受を用い表 5.3 より寿命時間を $L_{10h}=12000$〔時間〕とします。すでに軸径が決定しているので、該当軸径より寿命時間 12,000 時間以上の性能を持つ軸受を選定します。ラジアル軸受より基本動定格荷重 C は、基本動ラジアル定格荷重 C_r となります。

11-6-1 • 入力軸の軸受

本設計では平歯車を用いており、軸方向のアキシアル荷重は無視することができます。そこで半径方向のラジアル荷重について検討を行います。入力軸の 2 支点に作用する最大の荷重は、支点 A では $R_A=1936$〔N〕、支点 B では $R_B=1303$〔N〕となります。

転がり軸受の寿命の計算式(5.2)を変形し、必要な基本定格荷重を求め、それを基に選定を行います。動等価荷重 P には R_A、R_B を代入し、玉軸受を用いることで $p=3$ となります。まず支点 A においては、

$$C_r=\sqrt[p]{\frac{60nL_{10h}}{10^6}}P=\sqrt[3]{\frac{60\times900\times12000}{10^6}}\times1936=16750〔\mathrm{N}〕\qquad(11.33)$$

となり、支点 B においては、

$$C_r=\sqrt[p]{\frac{60nL_{10h}}{10^6}}P=\sqrt[3]{\frac{60\times900\times12000}{10^6}}\times1303=11280〔\mathrm{N}〕\qquad(11.34)$$

となります。各点で上記以上の動定格荷重を持つ軸受を表 5.4（基本定格荷重：C_r）より選定します。すでに、軸の計算より直径は 30mm となるので、内径の値を基準に選出します。

・支点 A：呼び番号 6206 またはそれ以上

・支点 B：呼び番号 6006 またはそれ以上

11-6-2 • 出力軸の軸受

入力軸と同じ方法で進めます。$R_A = R_B = 796.5$〔N〕より、$P = 796.5$〔N〕および出力回転速度 $n = 320$〔rpm〕を式(11.33)に代入し、

$$C_r = \sqrt[p]{\frac{60nL_{10h}}{10^6}}P = \sqrt[3]{\frac{60\times 320\times 12000}{10^6}}\times 796.5 = 4883〔N〕 \quad (11.35)$$

となり、表 5.4（基本定格荷重：C_r）より次のような軸受を用います。

・支点 A、支点 B：呼び番号 6006 またはそれ以上

図 11.5 に示すような軸受の配置となります。

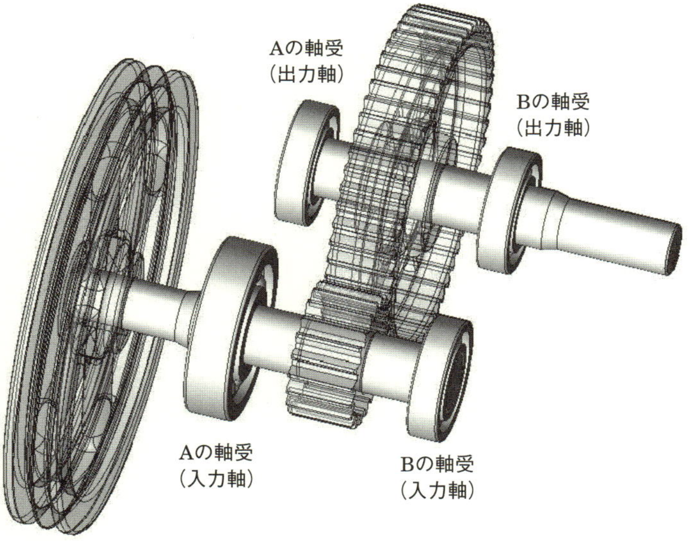

◆図 11.5　軸受の配置

11-7 キーの設計

キーは入力・出力軸上の4箇所について設計します。歯車および軸継手（出力軸端）には沈みキーの平行キーを用い、Vプーリには沈みキーの頭付き勾配キーを用います。軸径が30mmなので、すでに選択しているように呼び寸法8×7を用います。キーの材質はS45Cとし、許容圧縮応力$\sigma_a = 100$〔MPa〕および許容せん断応力$\tau_a = 20$〔MPa〕とします。

まず、「キーに生じるせん断応力」から必要な長さl_1は、式(4.26)の記号をそのまま用いて変形すると、以下のようになります。

$$l_1 = \frac{T_1}{(d/2)\,b\,\tau_a} \tag{11.36}$$

また、同様に、「キーに生じる圧縮応力」から必要な長さl_2は、式(4.27)を用いて変形すると、以下のようになります。

$$l_2 = \frac{T_2}{(d/2)(h/2)\,\sigma_c} \tag{11.37}$$

11-7-1 • 入力歯車軸のキー

入力軸にかかるトルク$T_1 = 39.3$〔Nm〕より、「キーに生じるせん断応力」から必要な長さは、式(11.36)より次のようになり、

$$l_1 = \frac{39.3}{(30\times10^{-3}/2)(8\times10^{-3})\times20\times10^6} = 0.0164〔\mathrm{m}〕 = 16.4〔\mathrm{mm}〕 \tag{11.38}$$

また、「キーに生じる圧縮応力」から必要な長さは式(11.37)より、

$$l_2 = \frac{39.3}{(30\times10^{-3}/2)(7\times10^{-3}/2)\times100\times10^6} = 0.00749〔\mathrm{m}〕 = 7.49〔\mathrm{mm}〕 \tag{11.39}$$

となります。ここでは、歯幅21mmであることより、21mm以上の値を持つこととします。

11-7-2 • 出力歯車軸のキー

出力軸にかかるトルク $T_2 = 110$〔Nm〕より、先と同様に計算して、「キーに生じるせん断応力」から必要な長さは、$l_1 = 45.8$〔mm〕、「キーに生じる圧縮応力」から必要な長さは、$l_2 = 21$〔mm〕となります。そのため、キー長さは 45.8mm 以上とします。

11-7-3 • V プーリおよび軸継手のキー

V プーリのキーは入力軸の歯車と力学的に同じ条件なので、キーの長さは 21mm 以上とします。また、軸継手のキーは出力軸の歯車と力学的に同じ条件なので、キーの長さは 45.8mm 以上とします。

図 11.6 にキーの配置を示します。

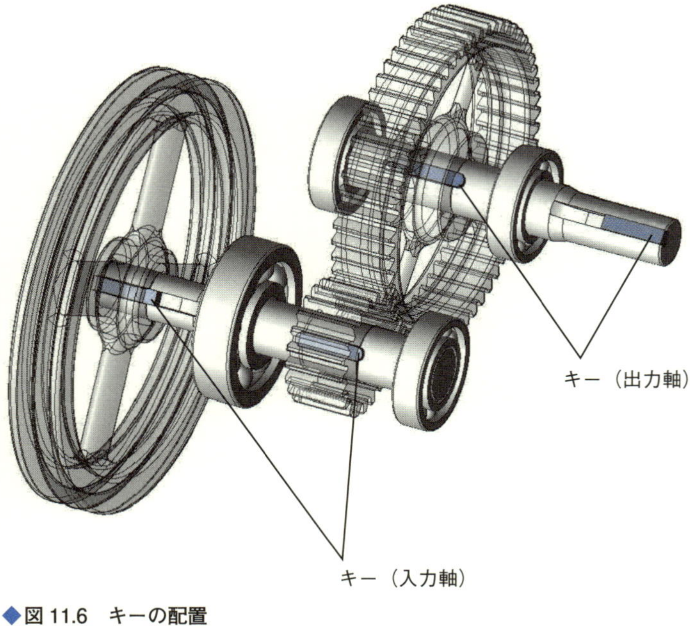

◆図 11.6　キーの配置

11-8

まとめ

以上のようにして決定した寸法および要素部品を用いて、組み立て図を作成し部品相互に干渉がないかを確かめる必要があります。さらに、歯車箱、それを組み上げるときの締結要素としてのねじなどの設計が残っていますが、ここでは主要な部品の設計について計算の概略を示しました。歯車箱の1例を追加し、全体の完成イメージを図11.7に示します。最後に、設計では未定の項目に対してある仮定をして、次の設計ステップに進むことが多くあります。ためらわず振り返り再検討し、その仮定が妥当だったかどうか確かめる必要があります。

◆図11.7　歯車減速機の構成

演習問題の解答

第 1 章：p.264
第 2 章：p.265
第 3 章：p.267
第 4 章：p.268
第 5 章：p.271
第 6 章：p.272
第 7 章：p.274
第 8 章：p.275
第 9 章：p.276
第 10 章：p.276

第1章 演習問題の解答

問1

例えば、エレベータ・エスカレータ事故、航空機事故など。

問2

・締結要素：ねじ、キー　・伝動要素軸：歯車、チェーン、スプロケット

・案内要素：軸受　・制御要素：ブレーキ　・緩衝要素：ばね

問3

ねじりモーメント：$(F_1 - F_2)r$、

最大曲げモーメント：$\sqrt{(F_1 + F_2)^2 + W^2} \times a$

問4

$\sqrt[5]{10} = 1.60$　10、16、25、40、63、100〔mm〕

公比 $10^{1/n}$ を用いると、最大寸法と最小寸法とが1桁違う場合 $n+1$ 通りの寸法をそろえることができます。

問5

穴：ϕ18K7、$-1 + \Delta = 6$、$\phi 18^{+0.006}_{-0.012}$、最大許容寸法 18.006mm

最小許容寸法 17.988mm

軸：ϕ18h6：$\phi 18^{\ 0}_{-0.011}$、最大許容寸法 18.000mm

最小許容寸法 17.989mm

最大すきま：0.017mm、最大しめしろ：0.012mm、中間ばめ

【解答の有効数字について】

機械設計では、設計対象の用途・設計方針などで求められる精度が変わってきます。また概数を見積もることもしばしばあります。

本書の解答の有効数字については、「答をチェックするのに必要な程度を示している」と考えてください。

第2章 演習問題の解答

問1

許容引張り応力：$\sigma_a = 440 / 10 = 44$〔MPa〕

$$d_1 = \sqrt{\frac{4F}{\pi \sigma_a}} = \sqrt{\frac{4 \times 10 \times 10^3}{\pi \times 44 \times 10^6}} = 1.70 \times 10^{-2}〔\mathrm{m}〕$$

谷の径が 17mm 以上の並目ねじは M20（谷の径 17.294mm）

$10 \times 10^3 = \pi \times 17.294 \times 10^{-3} \times L \times 25 \times 10^6$ より $L \geqq 7.4 \times 10^{-3}$、かみ合い長さ7.4mm以上

問2

M20：有効径18.376mm、ピッチ2.5mm

リード角：$\beta = \tan^{-1}\dfrac{2.5}{\pi \times 18.376} = 2.48$〔deg〕

見かけの摩擦角：$\rho' = \tan^{-1}\dfrac{0.15}{\cos 30°} = 9.83$〔deg〕

ねじの効率：$\eta = \dfrac{\tan\beta}{\tan(\beta + \rho')} = \dfrac{\tan 2.48°}{\tan(2.48° + 9.83°)} = 0.20$、20%

M20×1：有効径19.350mm、ピッチ 1mm

リード角：$\beta = \tan^{-1}\dfrac{1.0}{\pi \times 19.350} = 0.942$〔deg〕

見かけの摩擦角：$\rho' = 9.83$〔deg〕

ねじの効率：$\eta = \dfrac{\tan\beta}{\tan(\beta + \rho')} = \dfrac{\tan 0.942°}{\tan(0.942° + 9.83°)} = 0.086$、8.6%

問3

ボルトのばね定数：$k_b = \dfrac{(\pi/4) \times (16 \times 10^{-3})^2}{2 \times 20 \times 10^{-3}} \times 206 \times 10^9$

$= 1.035 \times 10^9$〔Pa〕

$B = 24$〔mm〕、$d_2 = 24 + \dfrac{1}{10} \times 40 = 28$〔mm〕

板の有効面積：$A_p = \dfrac{\pi}{4}(28^2 - 16^2) \times (10^{-3})^2 = 414.7 \times 10^{-6}$〔m²〕

板のばね定数：$k_p = \dfrac{414.7 \times 10^{-6}}{2 \times 20 \times 10^{-3}} \times 206 \times 10^9 = 2.136 \times 10^9$〔Pa〕

$$P_b = \frac{1.035 \times 10^9}{(1.035 + 2.136) \times 10^9} \times 1000 = 326〔N〕$$

$$P_p = \frac{2.136 \times 10^9}{(1.035 + 2.136) \times 10^9} \times 1000 = 674〔N〕$$

ボルトの張力：$2000 + 326 = 2326$〔N〕

板の締め付け力：$2000 - 674 = 1326$〔N〕

問 4

Tr32×6：$d_2 = 29.000$〔mm〕、$p = 6$〔mm〕

リード角：$\beta = \tan^{-1}\dfrac{6}{\pi \times 29} = 3.77$〔deg〕

見かけの摩擦角：$\rho' = \tan^{-1}\dfrac{0.1}{\cos 15°} = 5.91$〔deg〕

ねじの効率：$\eta = \dfrac{\tan\beta}{\tan(\beta + \rho')} = \dfrac{\tan 3.77°}{\tan(3.77° + 5.91°)} = 0.386$、38.6%

回転に必要なトルク：$T_f = Q\dfrac{d_2}{2}\tan(\rho' + \beta)$

$$= 5000 \times \frac{29 \times 10^{-3}}{2}\tan(3.77° + 5.91°)$$

$$= 12.4〔Nm〕$$

問 5

M16：有効径 $d_2 = 14.701$〔mm〕、ピッチ $p = 2$〔mm〕

$\beta = \tan^{-1}\dfrac{2}{\pi \times 14.701} = 2.48$〔deg〕、$\rho' = \tan^{-1}\dfrac{0.2}{\cos 30°} = 13.00$〔deg〕

$$T_f = Q\frac{d_2}{2}\tan(\rho' + \beta) = \frac{10 \times 10^3 \times 14.701 \times 10^{-3}}{2}\tan(2.48° + 13.00°)$$

$$= 20.36〔Nm〕$$

表 2.3 より、2 面幅：$B = 24$〔mm〕

$$T_w = \frac{1}{2}\left(\frac{B + d}{2}\right)\mu_w Q = \frac{1}{2}\left(\frac{24 + 16}{2}\right) \times 10^{-3} \times 0.2 \times 10 \times 10^3 = 20〔Nm〕$$

$F \times 200 \times 10^{-3} = 20.36 + 20$、スパナに加える力：$F = 202$〔N〕

問6

M16：谷の径 $d_1 = 13.835$〔mm〕

$$\sigma = \frac{Q}{\frac{\pi}{4}d_1^{\,2}} = \frac{10 \times 10^3 \times 4}{\pi \times 13.835^2 \times (10^{-3})^2} = 66.52〔\mathrm{MPa}〕$$

$$\tau = \frac{T_f}{Z_p} = \frac{16 \times 20.36}{\pi \times 13.835^3 \times (10^{-3})^3} = 39.16〔\mathrm{MPa}〕$$

最大引張り応力：$\sigma_e = \dfrac{\sigma}{2} + \dfrac{1}{2}\sqrt{\sigma^2 + 4\tau^2}$

$$= \left(\frac{66.52}{2} + \frac{1}{2}\sqrt{66.52^2 + 4 \times 39.16^2}\right) \times 10^6$$

$$= 84.64〔\mathrm{MPa}〕$$

最大せん断応力：$\tau_e = \dfrac{1}{2}\sqrt{\sigma^2 + 4\tau^2}$

$$= \left(\frac{1}{2}\sqrt{66.52^2 + 4 \times 39.16^2}\right) \times 10^6 = 51.38〔\mathrm{MPa}〕$$

第3章 演習問題の解答

問1

表3.1のNo.2より $\sigma = \dfrac{6 \times 1 \times 10^3 \times 200 \times 10^{-3}}{100 \times 10^{-3} \times (20 \times 10^{-3})^2} = 30〔\mathrm{MPa}〕$

$$\tau = \frac{3 \times 1 \times 10^3}{2 \times 100 \times 10^{-3} \times 20 \times 10^{-3}} = 0.75〔\mathrm{MPa}〕$$

問2

表3.2のNo.3より $\tau = \dfrac{0.707 \times 100 \times 10^3}{200 \times 10^{-3} \times 10 \times 10^{-3}} = 35.4〔\mathrm{MPa}〕$

問3

溶接部の断面二次モーメント：$I = \dfrac{1}{12}(lt^3 - l(t-2h)^3)$

断面係数：$Z = \dfrac{I}{\frac{t}{2}} = \dfrac{hl}{3t}(3t^2 - 6th + 4h^2)$、

曲げ応力：$\sigma_{b\max} = \dfrac{M}{Z} = \dfrac{3Mt}{lh(3t^2 - 6th + 4t^2)}$

問 4

断面二次極モーメント：$I_p = \frac{\pi}{32}((d+1.414s)^4 - d^4)$

ねじりの断面係数：$Z_p = \frac{I_p}{\frac{1}{2}(d+1.414s)}$

ねじり応力：$\tau = \frac{T}{Z_p} = \frac{5.1T(d+1.414s)}{(d+1.414s)^4 - d^4}$

［別解］のど断面の中心に一様なせん断力が作用すると仮定します。

のど部の面積：$\pi\left(d+\frac{s}{2}\right)h$、腕の長さ：$\frac{\left(d+\frac{s}{2}\right)}{2}$、$h = \frac{s}{\sqrt{2}}$

ねじりモーメント T との関係：$\pi\left(d+\frac{s}{2}\right)h\tau \times \frac{\left(d+\frac{s}{2}\right)}{2} = T$

せん断力 τ について解くと、$\tau = \frac{0.9T}{s\left(d+\frac{s}{2}\right)^2}$

第4章 演習問題の解答

問 1

材料力学の「はりのたわみ」を参照。解答省略

問 2

ねじりモーメント：$T = \frac{60H}{2\pi n} = \frac{60 \times 1 \times 10^3}{2\pi \times 600} = 15.9$〔Nm〕

外径：$d_2 = \sqrt[3]{\frac{16T}{\pi(1-n^4)\tau_a}} = \sqrt[3]{\frac{16 \times 15.9}{\pi \times (1-0.75^4) \times 30 \times 10^6}}$

$= 15.8 \times 10^{-3}$〔m〕、

表 4.2 より外径を 16mm とします。内径：12mm

断面二次極モーメント：

$I_p = \frac{\pi}{32} d_2{}^4 (1-n^4) = \frac{\pi}{32}(16 \times 10^{-3})^4 \times (1-0.75^4) = 4.398 \times 10^{-9}$〔m^4〕

ねじれ角：$\theta = \frac{Tl}{GI_p} = \frac{15.9 \times 0.5}{80 \times 10^9 \times 4.398 \times 10^{-9}} = 2.26 \times 10^{-2}$〔rad〕、1.3°

問3

断面積：$A=\frac{\pi}{4}d^2=\frac{\pi}{4}\times(60\times10^{-3})^2=2.83\times10^{-3}$〔$\mathrm{m^2}$〕

断面二次モーメント：

$I=\frac{\pi}{64}d^4=\frac{\pi}{64}\times(60\times10^{-3})^4=6.36\times10^{-7}$〔$\mathrm{m^4}$〕、密度：$7.8\times10^3$〔$\mathrm{kg/m^3}$〕

危険速度：$n_c=\frac{30\pi}{l^2}\sqrt{\frac{EI}{\rho A}}=\frac{30\pi}{1^2}\sqrt{\frac{210\times10^9\times6.36\times10^{-7}}{7.8\times10^3\times2.83\times10^{-3}}}$

$=7.33\times10^3$〔rpm〕

問4

軸の断面二次モーメント：$I=7.37\times10^{-8}$〔$\mathrm{m^4}$〕

軸の断面積：$A=\frac{\pi}{4}d^2=\frac{\pi}{4}\times(35\times10^{-3})^2=9.62\times10^{-4}$〔$\mathrm{mm^2}$〕

軸の自重による危険角速度：

$$\omega_0=\left(\frac{\pi}{400\times10^{-3}}\right)^2\sqrt{\frac{206\times10^9\times7.37\times10^{-8}}{7.8\times10^3\times9.62\times10^{-4}}}=2.77\times10^3\text{〔rad/s〕}$$

ホイールの質量：

$$M=\frac{\pi(D^2-d^2)b\rho}{4}=\frac{\pi\times(0.25^2-0.035^2)\times50\times10^{-3}\times7.2\times10^3}{4}$$

$=17.33$〔kg〕

ホイールによる危険角速度：

$$\omega_1=\sqrt{\frac{3EIl}{Ma^2b^2}}=\sqrt{\frac{3\times206\times10^9\times7.37\times10^{-8}\times400\times10^{-3}}{17.33\times(200\times10^{-3})^4}}$$

$=8.11\times10^2$〔rad/s〕

危険角速度：$\frac{1}{{\omega_c}^2}=\frac{1}{{\omega_0}^2}+\frac{1}{{\omega_1}^2}$より

$$\omega_c=\frac{\omega_1}{\sqrt{1+(\omega_1/\omega_0)^2}}=\frac{8.11\times10^2}{\sqrt{1+(8.11\times10^2/2.77\times10^3)^2}}$$

$=7.78\times10^2$〔rad/s〕

問 5

動力：$100 \times 9.8 \times \dfrac{500 \times 10^{-3}}{2} \times \dfrac{2\pi \times 120}{60} = 3.08 \times 10^3$〔W〕

ねじりモーメント：$100 \times 9.8 \times \dfrac{500 \times 10^{-3}}{2} = 245$〔Nm〕

曲げモーメント：$100 \times 9.8 \times 150 \times 10^{-3} = 147$〔Nm〕

相当ねじりモーメント：$T_e = \sqrt{147^2 + 245^2} = 286$〔Nm〕

相当曲げモーメント：$M_e = \dfrac{1}{2}(147 + \sqrt{147^2 + 245^2}) = 216$〔Nm〕

許容せん断応力から求められる軸径：

$$d = \sqrt[3]{\frac{16T_e}{\pi\tau_a}} = \sqrt[3]{\frac{16 \times 286}{\pi \times 40 \times 10^6}} = 33.1 \times 10^{-3} \text{〔m〕}$$

許容引張り応力から求められる軸径：

$$d = \sqrt[3]{\frac{32M_e}{\pi\sigma_a}} = \sqrt[3]{\frac{32 \times 216}{\pi \times 50 \times 10^6}} = 35.3 \times 10^{-3} \text{〔m〕}$$

35.3mm 以上の軸径で表 4.2 から選択すると、最小径は $d = 35.5$〔mm〕になります。

問 6

伝達トルク：$T = \dfrac{H}{\omega} = \dfrac{1.5 \times 10^3 \times 60}{1800 \times 2\pi} = 7.96$〔Nm〕

軸径：$d = \sqrt[3]{\dfrac{16T}{\pi\tau_a}} = \sqrt[3]{\dfrac{16 \times 7.96}{20 \times 10^6 \pi}} = 12.7 \times 10^{-3}$〔m〕

表 4.5 より呼び寸法 5 × 5 のキーを選ぶと、キー溝の深さ：3mm、有効な軸径（図 4.11）を考慮して表 4.2 から軸径 16mm を採用します。

許容せん断応力からキーの長さを決定：

$$l = \frac{2T}{db\tau_a} = \frac{2 \times 7.96}{16 \times 10^{-3} \times 5 \times 10^{-3} \times 20 \times 10^6} = 10.0 \times 10^{-3} \text{〔m〕}$$

許容圧縮応力からキーの長さを決定：

$$l = \frac{4T}{dh\sigma_c} = \frac{4 \times 7.96}{16 \times 10^{-3} \times 5 \times 10^{-3} \times 80 \times 10^6} = 5.0 \times 10^{-3} \text{〔m〕}$$

表 4.5 の欄外を参考にして、安全側を選びキーの長さ 10mm とします。

第5章 演習問題の解答

問 1

$P_r = F_r = 3400$〔N〕、$n = 800$〔rpm〕であり、また、6307 は $C_r = 33400$〔N〕であることより、これらを式(5.2)に代入し、$L_{10h} = 19700$〔h〕となります。

問 2

スラスト荷重の大きさの程度を見積もると、

$f_0 F_a / C_{0r} = 13.2 \times 900 / 19300 = 0.616$

表 5.2 より $e = 0.25$、$F_a / F_r = 900 / 3400 = 0.26 > e\,(=0.25)$ より、内挿して $X = 0.56$、$Y = 1.80$。動等価荷重は、式(5.4)より

$P_r = XF_r + YF_a = 0.56 \times 3400 + 1.80 \times 900 = 3520$〔N〕

前問と同様に式(5.2)に代入して、$L_{10h} = 17800$〔h〕

問 3

$F_a / F_r = 1500 / 2500 = 0.6$。この値は、表 5.2 の e に比べて大きく、そのため、アキシアル荷重が動等価荷重に大きく影響することが分かります。そこで、$X = 0.56$、$Y = 1.6$（平均値程度）と仮定します。

動等価荷重は、式(5.4)に代入して、

$P_r = XF_r + YF_a = 0.56 \times 2500 + 1.6 \times 1500 = 3800$〔N〕

式(5.2)より

$C_r = P_r (L_{10h} \times 60n / 10^6)^{1/p} = 3800 \times (10000 \times 60 \times 1000 / 10^6)^{1/3}$

$= 32050$〔N〕

表 5.4 で軸径 $d = 45$〔mm〕の番号を選定すると、6209 が最も近く、この軸受で寿命計算をすると $L_{10h} = 11300$〔h〕となります。6009 では $L_{10h} = 3530$〔h〕、6309 では、$L_{10h} = 30600$〔h〕より 6209 がもっとも適当であることが分かります。

第6章 演習問題の解答

問1

速度比 $i=2$ より、ピッチ円直径の比は2となり $D_2/D_1=z_2/z_1=2$、切下げを起こさないためには歯数が17枚以上必要であること、および第1系列のモジュールの値より、$z_1=20$、$z_2=40$。

中心距離：$a=m(z_1+z_2)/2=30m=120$ より、$m=4$〔mm〕

ピッチ円直径：$D=mz$ より $D_1=80$〔mm〕、$D_2=160$〔mm〕

歯先円直径：$D_a=m(z+2)$ より、$D_{a1}=88$〔mm〕、$D_{a2}=168$〔mm〕

問2

中心距離修正係数から転位係数を求める方法に従い、求め方の手順の一例を示します。

① 歯数の計算：速度比が2より、$z_2/z_1=2$。モジュールが3より、$100=m(z_1+z_2)/2=3(z_1+2z_1)/2$、$z_1=22.2$ となり、$z_1=22$、$z_2=44$ が最も近い歯数の組み合わせ

② 標準歯車とした場合の中心距離 a_0 の計算：

$a_0=m(z_1+z_2)/2=(22+44)\times 3/2=99$〔mm〕

③ 中心距離修正係数の計算：$y=(a-a_0)/m=(100-99)/3=0.333$

④ 式(6.26)を用いて、$B_v(\alpha)$ を求め、式(6.27)より、そのときの $B(\alpha)$ を求めます。

$$B_v(\alpha)=\frac{2y}{z_1+z_2}=\frac{2\times 0.333}{66}=0.0101$$

そして、$B(\alpha)=0.0105$ と計算できます。

⑤ 式(6.25)を用い (x_1+x_2) の計算：

$x_1+x_2=B(\alpha)(z_1+z_2)/2=0.0105\times(22+44)/2=0.347$

⑥ 題意より歯車の強さが接近するように考え、歯数に反比例して分配：

$$x_1=0.347\times\frac{44}{22+44}=0.231,\quad x_2=0.347-0.231=0.116$$

転位量 mx：モジュール3より、入力歯車0.693mm、出力歯車0.348mm

問3

速度比$i=1.5$より、ピッチ円直径の比が$D_2/D_1=1.5$になるので、入力歯車の直径：80mm、出力歯車の直径：120mm。$D=mz$より、歯数：$z_1=20$、$z_2=30$となります。

標準平歯車においてかみ合っている歯車では、小さい方が弱いので、入力歯車について計算を行います。

まず、ピッチ円上のトルクは、$H=T(2\pi n/60)$より、

$$T=\frac{H}{(2\pi n/60)}=\frac{2000}{2\pi\times500/60}=38.2\text{〔Nm〕}$$

となり、歯先にかかる力は、

$$F=\frac{T}{D_1/2}=\frac{38.2}{80\times10^{-3}/2}=955\text{〔N〕}$$

となります。次にかみ合い率は、式(6.33)に上記歯数を代入して$\varepsilon=1.61$となるので、荷重分配係数は$K_\varepsilon=1/\varepsilon=0.62$となります。また、$z_1=20$のときの歯形係数は、図6.10より$Y=2.8$となります。そこで、式(6.18)を変形して、

$$\sigma_F=\frac{F_0}{\dfrac{K_L}{K_VK_OK_\varepsilon}\dfrac{bm}{Y}}$$

$$=\frac{955}{\dfrac{1}{1\times1\times0.62}\dfrac{4\times10\times10^{-3}\times4\times10^{-3}}{2.8}}$$

$$=10.4\times10^6\text{〔Pa〕}$$

となります。よって、10.4MPa以上の許容曲げ応力を持った材料が必要となります。

第7章 演習問題の解答

問1

原動機と従動軸①の間の張力をF_1、従動軸間の張力をF_2、従動軸②と原動機間の張力をF_3とします。ベルト速度：$v = \pi \times 0.2 \times 1800 / 60 = 18.8$〔m/s〕、巻き掛け角：$\theta = 120° = 2\pi / 3$〔rad〕となります。最大の動力が生じる原動機で、ベルト・プーリが滑らずに動力を伝えることのできる張力を求めます。そのため、

$$(F_3 - F_1) \times 18.8 = 3000〔W〕、\frac{F_3}{F_1} = \exp(\mu\theta) = \exp\left(0.45 \times \frac{2}{3}\pi\right) = 2.57$$

したがって、$F_1 = 101.9$〔N〕、$F_3 = 261.9$〔N〕となります。また、F_2は$F_3 - F_2 = 1000 / v = 53.2$〔N〕、または$F_2 - F_1 = 2000 / v = 106.4$〔N〕を使って$F_2 = 208.3$〔N〕となります。そして、各従動軸で滑らず動力を伝えるため、$\frac{F_2}{F_1} = \frac{208.3}{101.9} = 2.04 \leqq \exp(\mu\theta) = 2.57$および$\frac{F_3}{F_2} = \frac{261.9}{208.3} = 1.26 \leqq \exp(\mu\theta) = 2.57$であることを確かめておく必要があります。$\mu$、$\theta$が各々異なる場合は特に必要で、満足しない場合は$\mu$、$\theta$を変える工夫が必要です。

問2

表7.3- 表7.5より、$K_o = 1.2$、$K_i = 0$、$K_e = 0$とします。

設計動力：$P_d = 2.0 \times 1.2 = 2.4$〔kW〕

図7.6より、ベルト形は3Vとなります。

回転比$1200 / 500 = 2.4$より標準プーリ（表7.2）の中から小プーリ径$d_e = 67$〔mm〕、$d_m = 65.8$〔mm〕と大プーリ径$D_e = 160$〔mm〕、$D_m = 158.8$〔mm〕との組み合わせを選ぶと、回転比$158.8 / 65.8 = 2.41$となり条件に近いものになります。暫定軸間距離が500mmなので、

$$L' = 2C' + 1.57(D_e + d_e) + \frac{(D_e - d_e)^2}{4C'}$$

$$= 2 \times 500 + 1.57 \times (160 + 67) + \frac{(160 - 67)^2}{4 \times 500} = 1360〔mm〕$$

表7.7より、最も近いベルトの周長は1346〔mm〕で呼び番号が530と

なります。

中心距離 C：$B=L-1.57(D_e+d_e)=1346-1.57\times(160+67)=990$ より、

$$C=\frac{B+\sqrt{B^2+2(D_e-d_e)^2}}{4}=\frac{990+\sqrt{990^2+2\times(160-67)^2}}{4}=497\text{〔mm〕}$$

問 3

表 7.8 より、H の幅 1mm 当たりの許容張力：623／25.4＝24.5〔N/mm〕、必要なベルトの幅：800／24.5＝32.7〔mm〕、表 7.9 より、ベルトの呼び幅：150

第8章 演習問題の解答

問 1

$$T=\frac{\mu P d_m}{2(\sin\alpha+\mu\cos\alpha)}=\frac{0.15\times1500\times95\times10^{-3}}{2(\sin15^\circ+0.15\times\cos15^\circ)}=26.5\text{〔Nm〕}$$

問 2

必要な押し付け力：$P=\dfrac{2T}{\mu D}=\dfrac{2\times40}{0.2\times800\times10^{-3}}=500$〔N〕

右回転：$F=(b+\mu c)\dfrac{P}{a}=\dfrac{(600+0.2\times(-100))\times10^{-3}\times500}{1800\times10^{-3}}=161$〔N〕

左回転：$F=(b-\mu c)\dfrac{P}{a}=\dfrac{(600-0.2\times(-100))\times10^{-3}\times500}{1800\times10^{-3}}=172$〔N〕

問 3

(1) $F_b=F_t-F_s=\dfrac{T}{D/2}=\dfrac{150\times2}{400\times10^{-3}}=750$〔N〕

(2) $\dfrac{F_t}{F_s}=\exp(\mu\theta)=\exp\left(0.2\times\dfrac{250}{180}\pi\right)=2.39$

$F_s=\dfrac{750}{2.39-1}=540$〔N〕、$F_t=2.39F_s=1291$〔N〕

(3) モーメントのつり合い：$lF-aF_s=0$

$F=\dfrac{aF_s}{l}=\dfrac{100\times10^{-3}\times540}{500\times10^{-3}}=108$〔N〕

第9章 演習問題の解答

問 1

解答省略

問 2

$\tan 15^\circ = \dfrac{h}{2}\dfrac{2\pi}{L} = 0.268$、$L = 2\pi\left(r_0 + \dfrac{h}{2}\right)$より、

基礎円半径：$r_0 = 13.7 \times 10^{-3}$〔m〕

第10章 演習問題の解答

問 1

ばね定数：$k = \dfrac{Gd^4}{8N_aD^3} = \dfrac{80 \times 10^9 \times (4 \times 10^{-3})^4}{8 \times 8 \times (40 \times 10^{-3})^3} = 5 \times 10^3$〔N/m〕

たわみ：$\delta = P / k = 40 / (5 \times 10^3) = 8 \times 10^{-3}$〔m〕

ばね指数：$c = 40 / 4 = 10$、応力修正係数：$\kappa = \dfrac{4 \times 10 - 1}{4 \times 10 - 4} + \dfrac{0.615}{10} = 1.145$

$\tau = 1.145 \times \dfrac{8 \times 40 \times 10^{-3} \times 40}{\pi \times (4 \times 10^{-3})^3} = 72.9 \times 10^6$〔Pa〕

問 2

表10.1より$E = 186$〔GPa〕、有効巻数：$N_a = \dfrac{\phi E d^4}{64DPR}$

$= \left(\dfrac{30\pi}{180}\right) \times \dfrac{186 \times 10^9 \times (5 \times 10^{-3})^4}{64 \times 30 \times 10^{-3} \times 80 \times 50 \times 10^{-3}} = 7.93$〔巻〕

ばね指数：$c = 30 / 5 = 6$

曲げの応力修正係数：$\kappa_b = \dfrac{4c^2 - c - 1}{4c(c-1)} = \dfrac{4 \times 6^2 - 6 - 1}{4 \times 6 \times (6-1)} = 1.142$

最大曲げ応力：$\sigma = 1.142 \times \dfrac{32 \times 80 \times 50 \times 10^{-3}}{\pi \times (5 \times 10^{-3})^3} = 372 \times 10^6$〔Pa〕

問 3

材料力学のテキスト「はりのたわみ」、「平等強さのはり」を参照。解答省略

【「機械設計」を学ぶ方のために】

〔参考書〕

畑村洋太郎編、実際の設計研究会著『実際の設計－機械設計の考え方と方法』、『続・実際の設計－機械設計に必要な知識とデータ』、『続々・実際の設計－失敗に学ぶ』、『実際の設計（第4巻）－こうして決めた』、『実際の設計（第5巻）－こう企画した』、『実際の設計（第6巻）－技術を伝える』以上、日刊工業新聞社

米山猛著『機械設計の基礎知識』日刊工業新聞社

宗孝著『機械設計技術入門マニュアル』日刊工業新聞社

〔雑誌〕

「日経ものづくり」毎月1回発行、日経BP

「機械の研究」毎月1回発行、養賢堂

〔便覧〕

大西清『JISにもとづく機械設計製図便覧 第11版』理工学社、2009

日本機械学会編『機械工学便覧　基礎編、デザイン編、応用システム編』

◆付表 1.1　穴の場合の基礎となる寸法（JIS B 0401-1）

許容差の数値

単位 μm

基準寸法 mm		基礎となる寸法許容差の数値																			
		下の寸法許容差												上の寸法許容差						
		すべての公差等級												IT6	IT7	IT8	IT8 以下	IT8を超える場合	IT8 以下	IT8を超える場合
を超え	以下	A	B	C	CD	D	E	EF	F	FG	G	H	JS	J			K		M	
−	3	+270	+140	+60	+34	+20	+14	+10	+6	+4	+2	0	寸法許容差＝±ITn/2。ここで、n は IT の番号	+2	+4	+6	0	0	−2	−2
3	6	+270	+140	+70	+46	+30	+20	+14	+10	+6	+4	0		+5	+6	+10	−1+⊿		−4+⊿	−4
6	10	+280	+150	+80	+56	+40	+25	+18	+13	+8	+5	0		+5	+8	+12	−1+⊿		−6+⊿	−6
10	14	+290	+150	+95		+50	+32		+16		+6	0		+6	+10	+15	−1+⊿		−7+⊿	−7
14	18																			
18	24	+300	+160	+110		+65	+40		+20		+7	0		+8	+12	+20	−2+⊿		−8+⊿	−8
24	30																			
30	40	+310	+170	+120		+80	+50		+25		+9	0		+10	+14	+24	−2+⊿		−9+⊿	−9
40	50	+320	+180	+130																
50	65	+340	+190	+140		+100	+60		+30		+10	0		+13	+18	+28	−2+⊿		−11+⊿	−11
65	80	+360	+200	+150																
80	100	+380	+220	+170		+120	+72		+36		+12	0		+16	+22	+34	−3+⊿		−13+⊿	−13
100	120	+410	+240	+180																
120	140	+460	+260	+200		+145	+85		+43		+14	0		+18	+26	+41	−3+⊿		−15+⊿	−15
140	160	+520	+280	+210																
160	180	+580	+310	+230																
180	200	+660	+340	+240		+170	+100		+50		+15	0		+22	+30	+47	−4+⊿		−17+⊿	−17
200	225	+740	+380	+260																
225	250	+820	+420	+280																
250	280	+920	+480	+300		+190	+110		+56		+17	0		+25	+36	+55	−4+⊿		−20+⊿	−20
280	315	+1050	+540	+330																
315	355	+1200	+600	+360		+210	+125		+62		+18	0		+29	+39	+60	−4+⊿		−21+⊿	−21
355	400	+1350	+680	+400																
400	450	+1500	+760	+440		+230	+135		+68		+20	0		+33	+43	+66	−5+⊿		−23+⊿	−23
450	500	+1650	+840	+480																

基礎となる寸法許容差 A および B を 1mm 未満の基準寸法に適用しない。
公差等級が js7～js11 の場合、IT の番号 n が奇数であるときは、すぐ下の偶数に丸めてもよい。
したがって、その結果得られる寸法許容差、すなわち、±ITn/2 は μm の単位の整数で表すことができる。
IT8 以下の公差等級に対応する値 K、M および N、並びに IT8 以下の公差等級に対する寸法許容差 P～ZC を決定するには、右側の欄から⊿の数値を用いる。
　　18～30mm の範囲の K7 は ⊿＝8μm、上の寸法許容差＝−2＋8＝＋6μm となる。
　　18～30mm の範囲の S6 は ⊿＝4μm、上の寸法許容差＝−35＋4＝−31μm となる。

◆付表 1.1 （続き）

許容差の数値　　　　単位 μm

基準寸法 mm		基礎となる寸法許容差の数値																⊿の数値					
		上の寸法許容差																					
		IT8 以下	IT8を超える場合	IT7 以下	IT7を超える公差等級													公差等級					
を超え	以下	N		P−ZC	P	R	S	T	U	V	X	Y	Z	ZA	ZB	ZC		IT3	IT4	IT5	IT6	IT7	IT8
−	3	−4	−4	IT7 を超える公差等級については、⊿を加えた値	−6	−10	−14		−18		−20		−26	−32	−40	−60		0	0	0	0	0	0
3	6	−8+⊿	0		−12	−15	−19		−23		−28		−35	−42	−50	−80		1	1.5	1	3	4	6
6	10	−10+⊿	0		−15	−19	−23		−28		−34		−42	−52	−67	−97		1	1.5	2	3	6	7
10	14	−12+⊿	0		−18	−23	−28		−33		−40		−50	−64	−90	−130		1	2	3	3	7	9
14	18									−39	−45		−60	−77	−108	−150							
18	24	−15+⊿	0		−22	−28	−35		−41	−47	−54	−63	−73	−98	−136	−188		1.5	2	3	4	8	12
24	30							−41	−48	−55	−64	−75	−88	−118	−160	−218							
30	40	−17+⊿	0		−26	−34	−43	−48	−60	−68	−80	−94	−112	−148	−200	−274		1.5	3	4	5	9	14
40	50							−54	−70	−81	−97	−114	−136	−180	−242	−325							
50	65	−20+⊿	0		−32	−41	−53	−66	−87	−102	−122	−144	−172	−226	−300	−405		2	3	5	6	11	16
65	80					−43	−59	−75	−102	−120	−146	−174	−210	−274	−360	−480							
80	100	−23+⊿	0		−37	−51	−71	−91	−124	−146	−178	−214	−258	−335	−445	−585		2	4	5	7	13	19
100	120					−54	−79	−104	−144	−172	−210	−254	−310	−400	−525	−690							
120	140	−27+⊿	0		−43	−63	−92	−122	−170	−202	−248	−300	−365	−470	−620	−800		3	4	6	7	15	23
140	160					−65	−100	−134	−190	−228	−280	−340	−415	−535	−700	−900							
160	180					−68	−108	−146	−210	−252	−310	−380	−465	−600	−780	−1000							
180	200	−31+⊿	0		−50	−77	−122	−166	−236	−284	−350	−425	−520	−670	−880	−1150		3	4	6	9	17	26
200	225					−80	−130	−180	−258	−310	−385	−470	−575	−740	−960	−1250							
225	250					−84	−140	−196	−284	−340	−425	−520	−640	−820	−1050	−1350							
250	280	−34+⊿	0		−56	−94	−158	−218	−315	−385	−475	−580	−710	−920	−1200	−1500		4	4	7	9	20	29
280	315					−98	−170	−240	−350	−425	−525	−650	−790	−1000	−1300	−1700							
315	355	−37+⊿	0		−62	−108	−190	−268	−390	−475	−590	−730	−900	−1150	−1500	−1900		4	5	7	11	21	32
355	400					−114	−208	−294	−435	−530	−660	−820	−1000	−1300	−1650	−2100							
400	450	−40+⊿	0		−68	−126	−232	−330	−490	−595	−740	−920	−1100	−1450	−1850	−2400		5	5	7	13	23	34
450	500					−132	−252	−360	−540	−660	−820	−1000	−1250	−1600	−2100	−2600							

特殊な場合：250〜315mm の範囲の公差域クラス M6 の場合、上の寸法許容差は（−11μm の代わりに）−9μm となる。
IT8 を超える公差等級に対する基礎となる寸法許容差 N を 1mm 以下の基準寸法に使用してはならない。
JIS B 0401-1:1998 財団法人日本規格協会「寸法公差及びはめあいの方式 ― 第 1 部：公差、寸法差及びはめあいの基礎」（1998）p18

◆付表 1.2　軸の場合の基礎となる寸法（JIS B 0401-1）

許容差の数値　　　　単位 μm

基準寸法 mm		基礎となる寸法許容差の数値																
		上の寸法許容差												下の寸法許容差				
		すべての公差等級												IT5及びIT6	IT7	IT8	IT4～IT7	IT3以下及びIT7を超える場合
を超え	以下	a	b	c	cd	d	e	ef	f	fg	g	h	js	j			k	
−	3	−270	−140	−60	−34	−20	−14	−10	−6	−4	−2	0	寸法許容差＝±ITn/2。ここで、nはITの番号	−2	−4	−6	0	0
3	6	−270	−140	−70	−46	−30	−20	−14	−10	−6	−4	0		−2	−4		+1	0
6	10	−280	−150	−80	−56	−40	−25	−18	−13	−8	−5	0		−2	−5		+1	0
10	14	−290	−150	−95		−50	−32		−16		−6	0		−3	−6		+1	0
14	18																	
18	24	−300	−160	−110		−65	−40		−20		−7	0		−4	−8		+2	0
24	30																	
30	40	−310	−170	−120		−80	−50		−25		−9	0		−5	−10		+2	0
40	50	−320	−180	−130														
50	65	−340	−190	−140		−100	−60		−30		−10	0		−7	−12		+2	0
65	80	−360	−200	−150														
80	100	−380	−220	−170		−120	−72		−36		−12	0		−9	−15		+3	0
100	120	−410	−240	−180														
120	140	−460	−260	−200		−145	−85		−43		−14	0		−11	−18		+3	0
140	160	−520	−280	−210														
160	180	−580	−310	−230														
180	200	−660	−340	−240		−170	−100		−50		−15	0		−13	−21		+4	0
200	225	−740	−380	−260														
225	250	−820	−420	−280														
250	280	−920	−480	−300		−190	−110		−56		−17	0		−16	−26		+4	0
280	315	−1050	−540	−330														
315	355	−1200	−600	−360		−210	−125		−62		−18	0		−18	−28		+4	0
355	400	−1350	−680	−400														
400	450	−1500	−760	−440		−230	−135		−68		−20	0		−20	−32		+5	0
450	500	−1650	−840	−480														

基礎となる寸法許容差 a およびbを 1mm 未満の基準寸法に適用しない。
公差等級が js7～js11 の場合、IT の番号 n が奇数であるときは、すぐ下の偶数に丸めてもよい。
したがって、その結果得られる寸法許容差、すなわち、±ITn/2は μm の単位の整数で表すことができる。
JIS B 0401-1:1998 財団法人日本規格協会「寸法公差及びはめあいの方式 ― 第 1 部：公差、寸法差及びはめあいの基礎」（1998）p20

◆付表 1.2 （続き）

許容差の数値　　　　単位 μm

基準寸法 mm		基礎となる寸法許容差の数値 下の寸法許容差 すべての公差等級													
を超え	以下	m	n	p	r	s	t	u	v	x	y	z	za	zb	zc
−	3	+2	+4	+6	+10	+14		+18		+20		+26	+32	+40	+60
3	6	+4	+8	+12	+15	+19		+23		+28		+35	+42	+50	+80
6	10	+6	+10	+15	+19	+23		+28		+34		+42	+52	+67	+97
10	14	+7	+12	+18	+23	+28		+33		+40		+50	+64	+90	+130
14	18								+39	+45		+60	+77	+108	+150
18	24	+8	+15	+22	+28	+35		+41	+47	+54	+63	+73	+98	+136	+188
24	30						+41	+48	+55	+64	+75	+88	+118	+160	+218
30	40	+9	+17	+26	+34	+43	+48	+60	+68	+80	+94	+112	+148	+200	+274
40	50						+54	+70	+81	+97	+114	+136	+180	+242	+325
50	65	+11	+20	+32	+41	+53	+66	+87	+102	+122	+144	+172	+226	+300	+405
65	80				+43	+59	+75	+102	+120	+146	+174	+210	+274	+360	+480
80	100	+13	+23	+37	+51	+71	+91	+124	+146	+178	+214	+258	+335	+445	+585
100	120				+54	+79	+104	+144	+172	+210	+254	+310	+400	+525	+690
120	140	+15	+27	+43	+63	+92	+122	+170	+202	+248	+300	+365	+470	+620	+800
140	160				+65	+100	+134	+190	+228	+280	+340	+415	+535	+700	+900
160	180				+68	+108	+146	+210	+252	+310	+380	+465	+600	+780	+1000
180	200	+17	+31	+50	+77	+122	+166	+236	+284	+350	+425	+520	+670	+880	+1150
200	225				+80	+130	+180	+258	+310	+385	+470	+575	+740	+960	+1250
225	250				+84	+140	+196	+284	+340	+425	+520	+640	+820	+1050	+1350
250	280	+20	+34	+56	+94	+158	+218	+315	+385	+475	+580	+710	+920	+1200	+1550
280	315				+98	+170	+240	+350	+425	+525	+650	+790	+1000	+1300	+1700
315	355	+21	+37	+62	+108	+190	+268	+390	+475	+590	+730	+900	+1150	+1500	+1900
355	400				+114	+208	+294	+435	+530	+660	+820	+1000	+1300	+1650	+2100
400	450	+23	+40	+68	+126	+232	+330	+490	+595	+740	+920	+1100	+1450	+1850	+2400
450	500				+132	+252	+360	+540	+660	+820	+1000	+1250	+1600	+2100	+2600

Index

■英数字

2条ねじ……47
CVT……113, 187
ISO……36
IT基本公差……37
JIS……36
S-N曲線……26
Vプーリ……186
Vベルト……186

■ア

アーク溶接……78
相手標準基準ラック……146
アイドラ……203
アイドラ補正係数……191
圧縮コイルばね……231
圧縮試験……24
圧力角……142, 148, 225
穴基準……40
粗さ……42
アンギュラ玉軸受……122
安全設計……34
安全率……34
板カム……223
インボリュート関数……140
インボリュート曲線……140, 164
インボリュートスプライン……108
インボリュートセレーション……108
インボリュート歯形……139
植込みキー……104
植込みボルト……51
上の寸法許容差……37
ウォームギヤ……173
打込みキー……104
内歯車……171
うねり……42
円すいクラッチ……208
円すいころ軸受……122
延性……33
延性材料……25
円筒カム……224
円板クラッチ……207
円ピッチ……143
応力修正係数……233
応力集中……21
応力集中係数……21
オープンベルト……182
押さえボルト……51
おねじ……46

■カ

角形スプライン……108
角ねじ……49
重ね板ばね……236
かじ取り機構……220
荷重分配係数……154
ガス溶接……78
硬さ……33

硬さ試験……24, 32
カットオフ値……42
過負荷係数……154
かみ合い圧力角……162
かみ合いクラッチ……206
かみ合い長さ……166
かみ合いピッチ円直径……163
かみ合い率……166
カム機構……223
カム線図……224
カムの圧力角……225
カラー軸受……131
環境補正係数……191
乾式クラッチ……207
干渉点……168
キー……103, 260
機械軸……92
機械要素……14
危険速度……100
基準円……144
基準寸法……37
基準長さ……42
基礎円……140
基礎円ピッチ……143
基礎曲線の圧力角……225
基本静定格荷重……127
基本定格寿命……123, 124
基本動定格荷重……124
球面カム……224
共振……100
許容応力……34
切欠き感度係数……27
切欠き係数……27
切下げ……168
くさび効果……186
管用テーパねじ……50
管用ねじ……50
管用平行ねじ……50
クラウニング……159
くらキー……103
クラッチ……206
クランク……218
クランク軸……92
クリープ……30
クリープ曲線……30
クリープ限度……31
クリープ試験……24
クリープ制限応力……31
グルーブ溶接……80
クロスベルト……182
限界繰り返し回数……26
原動節……218
コイルばね……231
工具圧力角……146
剛性……33
抗折試験……25
勾配キー……105
コーティング……32
国際標準化機構……36
固定軸継手……110
小ねじ……53
こま形自在軸継手……113
転がり軸受……119, 121
ころ軸受……122

■サ

サージング……233
サイクロイド歯車……141
最小許容寸法……37
最大許容寸法……37
最大高さ……43
材料試験……24

座金……55
差動歯車装置……178
作用線……142
さらばね……238
三角歯セレーション……109
算術平均高さ……43
残留応力……28, 82
思案点……219
シーム管……31
シームレス管……31
時間強度……26
軸……118
軸受……118
軸受特性係数……127
軸基準……40
軸径の強度設計……94
軸径の精度設計……96
軸継手……110
自在軸継手……112
二乗平均平方根高さ……43
沈みキー……103
下の寸法許容差……37
湿式クラッチ……207
失敗学……17
磁粉探傷……83
しまりばめ……39
締め付けナット……60
ジャーナル軸受……131
車軸……92
斜板カム……224
シャルピー衝撃試験……29
従動節……218
寿命係数……125, 154
寿命時間……124
衝撃試験……24, 29
使用条件係数……127
冗長性設計……35
正面カム……223
ショットピーニング……28, 32
自立の限界……58
靭性……33
浸炭焼入れ……32
浸透探傷……83
信頼度係数……127
すきまばめ……39
スキンパス……28
すぐばかさ歯車……171
スター型……177
ストライベック曲線……132
スプライン……108
スプロケット……200
滑りキー……103
滑り軸受……119, 131
すみ肉溶接……81, 85
スライダ……218
スライダクランク機構……222
スラスト軸受……121, 122
スロッター加工……109
寸法効果……28
寸法公差……37
静圧軸受……131, 135
静止節……218
脆性材料……25
製造物責任法……15
静定格荷重……123
静等価荷重……127
切削……54
切削加工……109
接線キー……104
セルフロッキング……212
セレーション……108
ぜんまいばね……235

創成法……147
相当ねじりモーメント……96
相当曲げモーメント……96
ソーラ型……176
測定断面曲線……42
速度係数……125
速度伝達比……149

■タ

台形ねじ……49
ダイス……54
竹の子ばね……239
多段歯車列……174
タップ……54
多板クラッチ……207
たわみ軸……92
たわみ軸継手……111
探傷検査……83
単板クラッチ……207
端面カム……224
チェーン……200
チェーン伝動装置……200
中間節……218
中間ばめ……39
中心距離修正係数……162
鋳造……54
超音波探傷……83
直動カム……223
疲れ限度……26
疲れ試験……24, 25
突合せ継手……84
突合せののど厚……81
筒形軸継手……110
強さ……33
つる巻線……46
低温脆性……30
定格……123
抵抗溶接……78
ディスクブレーキ……215
データム線……146
てこ……218
てこクランク機構……219
転位係数……162
転位歯車……161, 162, 164
転位量……162
テンショナ……203
転造……54, 109
伝動軸……92
動圧軸受……131
動荷重係数……154
等速ジョイント……113
動定格荷重……123
動等価荷重……123, 124
動力計……91
通しボルト……51
トーションバー……238
止めねじ……53
ドラムブレーキ……213
トルクコンバータ……210
トルクレンチ……67

■ナ

ナット……51
並目ねじ……49
二重フック継手……112
日本工業規格……36
ねじの効率……61
ねじ歯車……172
ねじりコイルばね……231
ねじり剛性……97
ねじり修正応力……233
のこ歯ねじ……49

ノビコフ歯車 141
伸びボルト 66
のりづけ法 175

■ハ
ハイポサイクロイド機構 177
歯形曲線 139
歯形係数 153
歯車減速機 242
歯先円直径 149
はすば歯車 170, 173
歯たけ 149
歯付き座金 55, 60
歯付きベルト 198
バックラッシ 149, 150
パッド軸受 131
ばね 231
ばね座金 55, 60
ばね指数 233
はめあい 39
半月キー 103
バンドブレーキ 214
左ねじ 46
ビッカース硬さ試験 32
ピッチ 47
ピッチ円 142, 225
ピッチ曲線 224
ピッチ線 225
ピッチ点 142
ピッチング 156
引張りコイルばね 231
引張り試験 24
ピボット軸受 131
標準基準ラック 146
標準歯車 146
平等強さのはり 152
平キー 103
平座金 55
平歯車 170
フールプルーフ 35
フェイルセーフ 35
負荷補正係数 191
深溝玉軸受 122
複合カム 223
複ブロックブレーキ 212
普通ボルト 66
フライス加工 109
プラネタリ型 176
フランジ形固定軸継手 111
ブリネル硬さ試験 32
ブレーキ 211
ブローチ加工 109
ブロックブレーキ 211
平行キー 105
放射線透過試験 83
法線ピッチ 143
ボールねじ 50
補助単位 38
ボス 53
補正定格寿命 127
細幅Vプーリ 189
細幅Vベルト 190
細目ねじ 49
ホブ 147
ホブ加工 109
ボルト 51

■マ
まがりばかさ歯車 172
曲げ試験 24, 25
曲げの応力修正係数 235
摩擦クラッチ 206

またぎ歯厚法……149, 150
丸キー……103
丸ねじ……49
右ねじ……46
溝付き六角ナット……61
無断変速機……187
メートル台形ねじ……50
メートルねじ……50
めねじ……46
モジュール……145

■ヤ

焼き割れ……81
有効径……46
有効張力……183
有効巻数……232
遊星歯車装置……174
ユニファイねじ……48
溶接……78
溶接継手……79

■ラ

ラジアル軸受……121
ラック……146, 171
リード……47
リード角……47
領域係数……157
両クランク機構……219
両てこ機構……220
リンク機構……218
レーザー溶接……78
六角ナット……52
六角ボルト……52
ロックウェル硬さ試験……32
ロックナット……60

■ワ

枠カム……223
輪ばね……239

◆著者略歴◆

有光　隆（ありみつ ゆたか）

1980 年　徳島大学大学院工学研究科修了
1990 年　工学博士（大阪大学）
1993 年　愛媛大学工学部准教授
2021 年　定年退職

八木秀次（やぎ ひでつぐ）

1974 年　愛媛大学大学院工学研究科修了
1986 年　工学博士（大阪大学）
2013 年　愛媛大学工学部教授
2016 年　愛媛大学社会共創学部教授
2020 年　愛媛大学社会共創学部非常勤講師

●カバーデザイン／デザイン集合[ゼブラ]＋坂井哲也
●本文デザイン／ SeaGrape　●本文レイアウト／明昌堂
●イラスト／時川真一

■お願い

本書に関するご質問については、本書に記載されている内容に関するもののみとさせていただきます。本書の内容と関係のないご質問につきましては、一切お答えできませんので、あらかじめご了承ください。また、電話でのご質問は受け付けておりませんので、FAX か書面にて下記までお送りください。

なお、ご質問の際には、書名と該当ページ、返信先を明記してくださいますよう、お願いいたします。

宛先：〒 162-0846
株式会社技術評論社　書籍編集部
「やさしい機械設計」質問係
FAX：03-3267-2271

ご質問の際に記載いただいた個人情報は質問の返答以外の目的には使用いたしません。また、質問の返答後は速やかに削除させていただきます。

図解 モノづくりのための
やさしい機械設計

2010 年　5 月 25 日　初版　第 1 刷発行
2022 年　9 月 30 日　初版　第 4 刷発行

著　者　有光　隆、八木　秀次
発行者　片岡　巖
発行所　株式会社技術評論社
東京都新宿区市谷左内町 21-13
電話　03-3513-6150　販売促進部
03-3267-2270　書籍編集部
印刷／製本　株式会社加藤文明社

定価はカバーに表示してあります。

本書の一部または全部を著作権法の定める範囲を超え、無断で複写、複製、転載、テープ化、ファイルに落とすことを禁じます。

©2010　有光隆

造本には細心の注意を払っておりますが、万一、乱丁（ページの乱れ）や落丁（ページの抜け）がございましたら、小社販売促進部までお送りください。送料小社負担にてお取り替えいたします。

ISBN978-4-7741-4237-1　C3053

Printed in Japan